高等职业院校信息技术应用"十三五"规划教材

计算机应用基础
——Windows 7+Office 2010
（上册）

李俊霞 史兴燕 ■ 主 编

蔡盈盈 赵小丽 ■ 副主编

张红霞 张书敏 周古月 ■ 参 编

人民邮电出版社

北 京

图书在版编目（C I P）数据

计算机应用基础 : Windows 7+Office 2010. 上册 / 李俊霞, 史兴燕主编. -- 2版. -- 北京 : 人民邮电出版社, 2017.8
高等职业院校信息技术应用“十三五”规划教材
ISBN 978-7-115-46833-8

Ⅰ. ①计… Ⅱ. ①李… ②史… Ⅲ. ①Windows操作系统－高等职业教育－教材②办公自动化－应用软件－高等职业教育－教材 Ⅳ. ①TP316.7②TP317.1

中国版本图书馆CIP数据核字(2017)第219126号

内 容 提 要

本书以 Windows 7 和 Office 2010 为蓝本，针对高职高专计算机应用基础课程的教学要求，注重学生应用能力的培养，是为适应基于工作过程的教学方法而编写的。

本书分为两部分。第一部分为 Windows 7 操作系统，内容包括认识和管理计算机；第二部分为 Word 2010 文档的制作与处理，内容包括掌握 Word 2010 的基本操作、设置与美化 Word 文档、制作表格、制作长篇文档、使用 Word 邮件合并。

本书内容由浅入深、通俗易懂，可作为高职高专院校各专业计算机公共课的教材，也可作为计算机等级考试的培训教材，还可作为计算机爱好者的自学用书。

◆ 主　　编　李俊霞　史兴燕
　副 主 编　蔡盈盈　赵小丽
　参　　编　张红霞　张书敏　周古月
　责任编辑　马小霞
　责任印制　焦志炜

◆ 人民邮电出版社出版发行　　北京市丰台区成寿寺路 11 号
　邮编　100164　　电子邮件　315@ptpress.com.cn
　网址　http://www.ptpress.com.cn
　北京鑫正大印刷有限公司印刷

◆ 开本：787×1092　1/16
　印张：13　　　　　　　2017 年 8 月第 2 版
　字数：333 千字　　　　2017 年 8 月北京第 1 次印刷

定价：36.00 元

读者服务热线：(010)81055256　印装质量热线：(010)81055316
反盗版热线：(010)81055315
广告经营许可证：京东工商广登字 20170147 号

前　言

计算机如今已成为人们工作的基本工具，计算机应用是每个大学生必备的能力。教育部《全国高等职业教育计算机应用基础课程教学基本要求》指出，每一名大学生必须具备较高的信息素养。用什么样的教学模式能提高教学效果，提高学生的操作技能，使学生能更快地适应工作，是教育工作者一直探讨的问题。本书是一线教师在总结任务驱动教学模式成功经验基础上编写的。

计算机从 1946 年问世以来，彻底改变了人们的生活方式，融入了每个人的工作、学习和生活，已在世界范围内形成了一种新的文化，构造了一种崭新的文明。计算机由中央处理器、计算机存储系统和计算机输入/输出系统组成，这些称为硬件系统。计算机仅有硬件还不能工作，还必须有一套“程序”，以确定信息处理的规则和次序。计算机的程序和相应的数据及文档合称为计算机软件，它包括计算机系统软件、计算机应用软件和计算机支持软件。计算机硬件和软件组成的有机整体称为计算机系统。计算机系统的发展日新月异，如今主流的计算机已从双核过渡到四核，我国最常用的操作系统也已由 Windows XP 发展为 Windows 7。

计算机应用基础共分上下两册，本书为上册，主要介绍目前最流行的微软公司的操作系统 Windows 7 和办公软件 Word 2010 的基本操作和使用技巧，全书共分为 6 个项目，内容包括认识和管理计算机、Word 2010 的基本操作、设置与美化 Word 文档、制作表格、制作长篇文档、使用 Word 邮件合并。

本书采用面向项目、面向任务、面向过程的教学方法，这是一种基于工作过程的学习方法，这种方法不同于基于知识点教学的知识传授型方法，也不同于案例教学法，读者如能完成本书的全部项目，将能顺利地利用计算机完成日常工作中的信息处理任务。

本书的操作过程已录制成微课视频，读者只需扫描书中的二维码，便可随扫随看，轻松掌握相关知识。

本书由河南农业职业学院李俊霞、史兴燕任主编，蔡盈盈、赵小丽任副主编，其中项目 1 的任务 1 和任务 3 由蔡盈盈编写、任务 2 由周古月编写，项目 2、项目 6 由张书敏编写，项目 3 中的任务 1 和任务 2 由李俊霞编写，任务 3 及附录由赵小丽编写，项目 4 由张红霞编写，项目 5 由史兴燕编写，全书由李俊霞、史兴燕负责统稿。

在本书的编写过程中，作者参考了很多相关图书及文献资料，同时还得到了人民邮电出版社的大力支持，在此表示衷心感谢。

由于水平有限，书中难免有不足与不妥之处，恳请读者批评指正。

编　者

2017 年 7 月

目 录 CONTENTS

第一篇 计算机操作系统

第二篇 Word 2010 文档的制作与处理

第一篇

计算机操作系统

操作系统（Operating System，OS）是管理和控制计算机硬件与软件资源的程序，同时也是计算机系统的内核与基石，它承担着诸如管理与配置内存、决定系统资源供需的优先次序、控制输入与输出设备、操作网络与管理文件系统等基本事务。Windows 系统是美国微软公司为个人计算机开发的基于图形用户界面的操作系统。通过本篇的学习，学生能够很好地掌握计算机的硬件及软件系统组成，能够对 Windows 系统进行设置、对文件进行分类管理等操作。

教学目标

- 了解计算机的产生、发展、分类及应用。
- 了解计算机的基本硬件组成。
- 掌握计算机的常用操作系统和应用软件的安装方法。
- 掌握桌面属性设置及任务栏设置。
- 掌握 Windows 7 系统中的账户创建及管理。
- 掌握文件和文件夹的基本操作。
- 掌握常见附件的使用方法。

PART 1 项目 1 认识和管理计算机

计算机的产生是当代科学技术最伟大的成就之一。自世界上第一台电子计算机于 1946 年问世以来，伴随着计算机网络的飞速发展和微型计算机的普及，计算机及其应用已迅速融入社会的各个领域。从 20 世纪 90 年代起，随着 Internet 的出现，人类开始进入信息化时代。在信息化世界中，掌握计算机应用技术已成为人才素质和知识结构不可或缺的组成部分。

本项目包含计算机认知、设置、管理 Windows 7 系统三个任务，分别从计算机的产生和发展、计算机的分类、计算机的应用和信息化以及计算机硬件的配置以及操作系统的相关设置和管理进行讲解。通过这三个任务的学习，学生能够快速掌握计算机应用的相关基础知识，学会硬件、软件的安装，以及文件的管理操作。

任务1 认识计算机

一、任务描述

刘之林是某大学2015级的一名新生，对于计算机，他的认知仅局限于玩游戏、聊天，而对计算机产生的时间及其发展过程和趋势，还有计算机的分类和应用等一概不知。只有全面了解计算机的各项功能，才能使其变成我们的助手，更好地协助我们学习和生活。因学习需要，刘之林需到电子市场上组装一台台式计算机。要求其价格适中、性能稳定，并能流畅运行主流游戏。台式计算机内部组成如图1-1所示。

图1-1 台式计算机内部组成

二、任务分析

本任务以计算机的产生为起点，将计算机的发展、分类、应用以及当今流行的计算机技术串联成一条主线，带领学生游历计算机发展长河。学生通过对硬件系统和硬件的组装的学习，对计算机将会有更深一步的理解。

三、任务目标

- 了解计算机的产生、发展、分类及应用。
- 了解计算机的基本硬件组成。

四、知识链接

（一）计算机的产生、发展、分类及应用

1. 计算机的产生与发展

（1）计算机产生的历史背景

在计算机产生之前，计算问题主要通过算盘、计算尺、手摇或电动的机械计算器、微分仪等计算工具由人工计算解决。在第二次世界大战中，美国作为同盟国参加了战争。美国陆军要求宾夕法尼亚大学莫尔学院电工系和阿伯丁弹道研究实验室每天提供六张火力表。每张表都要计算出几百条弹道，这项工作既繁重又紧迫。用台式计算器计算一道飞行时间为60秒的弹道，

图文：第一台计算机

最快也得 20 小时，若用大型微积分分析仪进行计算也要 15 分钟。阿伯丁实验室当时聘用了 200 多名计算能手，即使这样，一张火力表也往往要算两三个月，根本无法满足作战要求。

为了摆脱这种被动局面，迅速研究出一种能提高计算能力、速度的方法和工具便成了当务之急。当时主持这项研制工作的总工程师是年仅 23 岁的埃克特，他与多位科学家合作，经过两年多的努力，终于在 1946 年成功制造出了世界上第一台电子计算机（ENIAC），如图 1-2 所示。

图 1-2　世界上第一台计算机 ENIAC

（2）计算机的发展过程

电子计算机的发展阶段通常以构成计算机的电子元件来划分。从第一台计算机诞生到今天，在 60 多年的时间里计算机得到了飞速发展，每隔数年，在逻辑元件、软件及应用方面就有一次重大的发展，至今已经历了四代，目前正在向第五代过渡。每一个发展阶段在技术上都是一次新的突破，在性能上都是一次质的飞跃。

第一代（1946 年—1957 年），电子管计算机。这一时期的电子计算机的主要元件是电子管。1946 年，世界上第一台电子计算机 ENIAC 诞生于美国宾夕法尼亚大学。这台计算机是个庞然大物，共用了 18000 多个电子管、1500 个继电器，重达 30 吨，占地 170 平方米，功率达 140 千瓦，计算速度为每秒 5000 次加法运算，存储容量很小，只能存 20 个字长为 10 位的十进制数，另外，它采用线路连接的方法来编程，每次解题都要靠人工更改连接线，准备时间大大超过实际计算时间。尽管它的功能远不如今天的计算机，但 ENIAC 的成功研制还是为以后计算机科学的发展奠定了基础，并且每克服它的一个缺点，都会对计算机的发展带来巨大影响。ENIAC 作为计算机家族的鼻祖，开辟了人类计算机科学技术领域的先河，使信息处理技术进入了一个崭新的时代。

第二代（1958 年—1964 年），晶体管计算机。这一时期的电子计算机的主要元件逐步由电子管改为晶体管，使用磁芯存储器做主存储器，外设采用磁盘、磁带等作为辅助存储器，大大增加了存储容量，运算速度提高到每秒几十万次。程序设计使用 FORTRAN、COBOL、BASIC 等高级语言。与第一代计算机相比，其体积小、耗电少、性能高，除数值计算外，还用于数据处理、事务管理及工业控制等方面。

第三代（1965 年—1971 年），集成电路计算机。这一时期的电子计算机是以中、小规模集成电路为主要元件，内存除了使用磁芯存储器之外，还出现了半导体存储器，不仅性能好，而且存储容量更高。因此，机器的体积进一步缩小，速度、容量及可靠性等主要指标大为改善，速度可达每秒几十万次到几百万次。这时，计算机设计的基本思想是标准化、模块化、系统化，计算机的兼容性更好、成本更低、应用更广。

第四代（1972 年至今），大规模及超大规模集成电路计算机。这一时期的电子计算机以大规模及超大规模集成电路（VLSI）作为计算机的主要元件，采用集成度更高的半导体芯片做存储器，运算速度可达每秒几百万次至万亿次以上。这一阶段计算机的操作系统不断发展和完善，数据库管理系统也得到进一步提高，软件产业高度发达，各种实用软件层出不穷，极大地方便了用户，加之微型机所具有的体积小、耗电少、价格低、性能高、可靠性好等显著优点，使它渗透到社会生活的各个方面。第四代计算机开始进入尖端科学、军事工程、空间技术、大型事务处理等领域。

20世纪80年代开始，一些西方国家开始研制第五代计算机，其被称为“人工智能计算机”。它突破了原来的计算机体系结构模式，用大规模集成电路或其他新器件作为逻辑元件。它不仅可以进行数值计算，还能对声音、图像、文字等多媒体信息进行处理，而且具有推理、联想、学习和解释能力。随着第五代计算机研究的进展，人们又先后提出了光学计算机、生物计算机、分子计算机、量子计算机和情感计算机等新概念，这些都属于新一代计算机。

图文：未来的计算机

（3）计算机的发展方向

今后计算机的发展方向，大概有以下几类。

① 微型化。随着微电子技术的发展，微型计算机的集成程度将会得到进一步提高，人们除了把运算器和控制器集成到一个芯片之外，还要逐步发展对存储器、通道处理器、高速运算部件的集成，使其成为质量可靠、性能优良、价格低廉、体积小巧的产品。目前市场上已经出现的笔记本型、掌上型等个人便携式计算机，其快捷的使用方式、低廉的价格受到人们的广泛欢迎。微型计算机从实验室走进了人们的生活，成为人类社会的必需工具。

图文：第一台笔记本电脑

② 巨型化。巨型化是指未来计算机相比现代计算机具有更高的速度、更大的容量、更强的计算能力，而不是指体积庞大。它主要用于发展高、尖、精的科学技术事业，如国防安全研究、航天航空飞行器的设计、地球未来气候变化的研究等。它是衡量一个国家尖端技术发展水平的一项重要的技术指标。

③ 网络化。网络化是指利用现代通信技术和计算机技术，把分布在不同地点的多个计算机连接起来的信息处理系统。目前，覆盖大多数国家和地区的环球网络——Internet已经形成规模。网络化一方面可以使用户共享网络中的信息资源，另一方面可以使计算机的使用具有可扩充性和通用性。

④ 智能化。智能化，即人工智能，是新一代计算机追求的目标，即让计算机来模仿人类的高级思维活动，使计算机可以像人类一样具有阅读、分析、联想和实践等能力，甚至可以具有“情感”。智能计算机将突破传统的冯·诺依曼式机器模式，智能化的人机接口使人们不必编程，而可以直接发出指令，计算机自己加以分析和判断，并且自动执行。目前计算机正朝着智能化的方向发展，并越来越广泛地应用于我们的生活、工作和学习，它将引起社会和生活不可估量的变化。

2．计算机的分类

计算机的分类方法有很多种，可以从计算机处理信息的类型、计算机的用途、计算机的运算速度等方面进行划分。

（1）按照计算机处理信息的类型来划分

根据计算机处理信息的类型不同可分为数字计算机、模拟计算机和数模混合计算机三类。

① 数字计算机。数字计算机所处理的信息都是以二进制数字表示的不连续离散数字，具有运算速度快、准确、存储量大等优点，适用于科学计算、信息处理、过程控制和人工智能等，具有广泛的用途。我们通常所说的计算机就是指数字计算机。

② 模拟计算机。模拟计算机所处理的信息是连续的，称为模拟量。模拟计算机解题速度极快，但精度不高，而且信息不易存储，它一般用于解微分方程或自动控制系统设计中的参数模拟。

③ 数模混合计算机。数模混合计算机集数字和模拟两种计算机的优点于一身。它既能处理数字信号，又能处理模拟信号。

（2）按照计算机的用途来划分

计算机在各种行业中被广泛应用，不同行业使用计算机的目的也不尽相同，但总的来说可以分为通用计算机和专用计算机两类。

① 通用计算机。通用计算机广泛应用于一般科学运算、学术研究、工程设计和数据处理等方面，具有功能多、配置全、用途广、通用性强的特点，市场上销售的计算机多属于通用计算机。

② 专用计算机。专用计算机是为适应某种特殊需要而专门设计的计算机。它的硬件和软件配置由解决特定问题的需要而定，其通常增强某些特定的功能，而忽略了一些次要要求，所以专用计算机能高速度、高效率地解决特定问题，具有功能单一、使用面窄甚至专机专用的特点。

（3）按照由 IEEE 的科学巨型机委员会提出的运算速度分类法来划分

按照由 IEEE 的科学巨型机委员会提出的运算速度分类法可以将计算机划分为巨型机、大型机、小型机、微型计算机、服务器和工作站等。

① 巨型机（super computer）。巨型机是指运算速度超过每秒 1 亿次的高性能计算机，即目前功能最强、运算速度最快、价格最昂贵的计算机。它主要解决诸如国防安全、能源利用、天气预报等尖端科学领域中的复杂计算问题。它的研制开发水平是衡量一个国家综合国力的重要技术指标。我国研制的银河Ⅰ、银河Ⅱ就属于巨型机。

② 大型机（mainframe）。它包括我们通常所说的大、中型计算机。这种计算机也有很高的运算速度和很大的存储容量，并允许相当多的用户同时使用。当然在量级上不及巨型计算机，在结构上也较巨型机简单些，价格也相对巨型机来得便宜，因此其使用的范围比巨型机更广泛，是事务处理、商业处理、信息管理、大型数据库和数据通信的主要支柱。IBM 公司一直在大型机市场处于霸主地位，富士通公司也生产大型机。

③ 小型机（minicomputer）。小型机是指采用精简指令集处理器，性能和价格介于 PC 服务器和大型主机之间的一种高性能 64 位计算机。在中国，小型机习惯上用来指 UNIX 服务器。1971 年贝尔实验室发布多任务多用户操作系统 UNIX，随后被一些商业公司采用，成为后来服务器的主流操作系统。在国外，小型机是一个已经过时的名词，20 世纪 60 年代由 DEC（数字设备公司）首先开发，并于 90 年代消失。

④ 微型计算机（Personal Computer，PC）。微型计算机简称微机，是当今使用最普及、产量最大的一类计算机，其体积小、功耗低、成本低、灵活性大，性价比明显优于其他类型的计算机，因而得到了广泛应用。微型计算机可以按结构和性能划分为单片机、单板机、个人计算机等几种类型。

- 单片机。把微处理器、一定容量的存储器以及输入/输出接口电路等集成在一个芯片上，就构成了单片机。可见单片机仅是特殊的、具有计算功能的集成电路芯片。单片机体积小、功耗低，使用方便，但存储容量较小，一般用作专用机或用来控制高级仪表、家用电器等。
- 单板机。把微处理器、存储器、输入/输出接口电路安装在一块印刷电路板上，就成为单板计算机。一般在这块板上还有简易键盘、液晶和数码管显示器以及外存储器接口等。单板机的价格低廉且易于扩展，广泛用于工业控制、微机教学和实验，也可作为计算机控制网络的前端执行机。

- 个人计算机。个人计算机称为 PC，其特点是轻、小、价廉、易用。在过去的这些年中，PC 使用的 CPU 芯片的集成度平均每两年增加一倍，处理速度提高一倍，价格却降低一半。随着芯片性能的提高，PC 的功能越来越强大。今天，微机的应用已遍及各个领域，从工厂的生产控制到政府的办公自动化，从商店的数据处理到个人的学习娱乐，它几乎无处不在。目前，微机占整个计算机装机量的 95%以上。

⑤ 服务器（server）。随着计算机网络的日益推广和普及，一种可供网络用户共享的高性能计算机应运而生，这就是服务器。服务器一般具有大容量的存储设备和丰富的外部设备，在其上运行网络操作系统，要求较高的运行速度，对此很多服务器都配置了双 CPU 或多 CPU。服务器上的资源可供网络用户共享。

⑥ 工作站（workstation）。工作站是介于微型计算机和小型计算机之间的一种高档微型计算机。工作站通常配有高档 CPU、高分辨率的大屏幕显示器和大容量的内外存储器，具有较高的运算速度和较强的网络通信能力，有大型机或小型机的多任务和多用户功能，同时兼有微型计算机的操作便利和人机界面友好的特点。目前，许多厂商都推出了适合不同用户群体的工作站，比如 IBM、联想、DELL（戴尔）、HP（惠普）、Wiseteam、正睿（国产）等。而工业级一体化工作站的生产厂家有国内的诺达佳（NODKA）和台湾的研华等。

3．计算机的应用

随着计算机的飞速发展，计算机应用已经从科学计算、数据处理、实时控制等扩展到办公自动化、生产自动化、人工智能等领域，计算机已经成为人类不可缺少的重要工具。

（1）科学计算

进行科学计算是发明计算机的初衷，世界上第一台计算机就是为进行复杂的科学计算而研制的。科学计算的特点是计算量大、运算精度高、结果可靠，可以解决烦琐且复杂，甚至人工难以完成的各种科学计算问题。虽然科学计算在计算机应用中所占的比例不断下降，但在国防安全、空间技术、气象预报、能源研究等尖端科学中仍占有重要地位。

（2）数据处理

数据处理又称信息处理，是目前计算机应用的主要领域。信息处理是指用计算机对各种形式的数据进行计算、存储、加工、分析和传输的过程。数据处理不仅拥有日常事物处理的功能，还是现代管理的基础，支持科学管理与决策，被广泛地应用于企业管理、情报检索、档案管理、办公自动化等方面。

（3）实时控制

实时控制也称过程控制，是指用计算机作为控制部件对单台设备或整个生产过程进行控制。利用计算机的高速运算能力和超强的逻辑判断功能，可及时地采集数据、分析数据、制订方案，从而进行自动控制。实时控制在极大地提高自动控制水平、提高产品质量的同时，既降低了生产成本又减轻了劳动强度。因此，实时控制在军事、冶金、电力、化工以及各种自动化部门得到广泛应用。

（4）计算机辅助系统

计算机辅助工程的应用，可以提高产品设计、生产和测试过程的自动化水平，降低成本、缩短生产周期、改善工作环境、提高产品质量，使人们获得更高的经济效益。

① 计算机辅助设计（CAD）是指设计人员利用计算机来进行产品和工程的设计，以提高设计工作的自动化程度，节省人力和物力。目前，此技术已经在机械设计、集成电路设计、土木建筑设计、服装设计等各个方面得到了广泛应用。

② 计算机辅助制造（CAM）是指利用计算机来进行生产设备的管理和控制，如利用计算机辅助制造自动完成产品的加工、包装、检测等过程，大大地缩短了生产周期，降低了生产成本，从而提高产品质量，并改善工作人员的工作条件。

③ 计算机辅助教学（CAI）是指利用计算机帮助教师讲授和帮助学生学习。如利用计算机辅助教学制作的多媒体课件可以使教学内容生动、形象逼真，活跃课堂气氛，达到事半功倍的效果。

④ 计算机辅助测试（CAT）是指利用计算机进行繁杂而大量的产品测试工作。

（5）网络与通信

计算机技术与现代通信技术的结合构成了计算机网络。利用计算机网络进行通信是计算机应用最为广泛的领域。国际互联网 Internet 已经成为覆盖全球的基础信息设施，在世界上任何地方，人们都可以彼此进行通信，如收发电子邮件、网络聊天、拨打 IP 电话等。

（6）人工智能

人工智能（Artificial Intelligence，AI），是指利用计算机来模拟人类的大脑，使其具有识别语言、文字、图形和进行推理、学习以及适应环境的能力，以便自动获取知识，解决问题，它是应用系统方面的一门新技术。

图文：人工智能

（7）电子商务

电子商务是在 Internet 与传统信息技术系统相结合的背景下应运而生的一种网上相互关联的动态商务活动。通俗地讲，电子商务就是利用计算机和网络进行交易的商务活动。电子货币将传统的货币贸易改变为“电子贸易”，使人们在网上可进行股票、投资、购物和房地产交易，还可用来对职工工资、失业社会保障、保险业务等进行电子支付等。这种电子交易不仅方便快捷，现金的流通量也随之减少，还避免了货币交易的风险和麻烦。它是近年来新兴的、也是发展最快的应用领域之一。

（8）文化教育与休闲娱乐

随着计算机的飞速发展和应用领域的不断扩大，它对社会的影响已经有了文化层次的含义。所以在各级学校的教学中，人们已经把计算机应用作为“文化基础”课程安排在教学计划中。

人们利用计算机网络实现了远距离双向交互式教学和多媒体结合的网上教学方式，改变了传统的教师课堂传授，学生被动学习的方式，使学习的内容和形式更加丰富灵活。多媒体计算机还可用于欣赏电影、观看电视、玩游戏等。

4．多媒体技术

多媒体时代的来临，为人们勾勒出一个多姿多彩的视听世界。多媒体技术的应用是 20 世纪 90 年代以来计算机技术的又一次革命。它不是某个设备所要进行的变革，也不是某种应用所需要的特殊支持，而是在信息系统范畴内的一次革命。关于信息处理的思想、方法乃至观念都由于多媒体的引入而产生极大的变化。

（1）多媒体的基本概念

多媒体的英文是 multimedia，它由 multi 和 media 两部分组成。一般被理解为“多种媒体的综合”。它是数字、文字、声音、图形、图像和动画等各种媒体的有机组合，并与先进的计算机通信和广播电视技术相结合，形成一个可组织、存储、操作和控制多媒体信息的集成环境和交互系统。

（2）多媒体技术

多媒体技术是当今信息技术领域发展最快、最活跃的技术，是新一代电子技术发展和竞争的焦点。多媒体技术是将文字、图像、动画、视频、音乐、音效等数字资源通过编程方法整合在一个交互式的整体中，具有图文并茂，生动活泼的动态形式，给人以很强的视觉冲击力，同时留下深刻的印象。多媒体技术能够利用多种交互手段，使原本枯燥无味的单向传递变成互动的双向交流。它极大地改变了人们获取信息的传统方法，符合人们在信息时代的阅读方式。

（3）媒体分类

媒体应按其形式划分为平面、电波、网络三大类，即

① 平面媒体：主要包括印刷类、非印刷类、光电类等。

② 电波媒体：主要包括广播、电视广告（字幕、影视）等。

③ 网络媒体：主要包括网络索引、动画、论坛等。

（4）多媒体技术的特点

多媒体技术借助日益普及的高速信息网，可实现计算机的全球联网和信息资源共享，因此被广泛应用在咨询服务、图书、教育、通信、军事、金融、医疗等诸多行业，并正潜移默化地改变着人们的生活。多媒体技术总体来说具有以下五个特点。

① 多样性。多样性是指具有多种媒体表现形式，多种感官作用，多学科交汇，多种设备支持，多领域应用。

② 集成性。集成性是指多种媒体是通过一定的技术整合在一起的，而不是简单地把各媒体元素堆积在一起的。

③ 交互性。交互性是多媒体的关键特性，在很多时候当我们要判断一种媒体是否是多媒体时，首先就要判断其是否具有交互性。

④ 实时性。实时性是指多媒体的传输、交互等要能达到同步效果。

⑤ 人机互补性。人机互补性是指多媒体在应用的过程中应和人相互配合，以达到最佳效果。

（5）多媒体的关键技术

多媒体的关键技术包括压缩/解压缩技术、模拟数据数字化技术、大容量数据存储技术、数据传输技术、触摸屏技术和多媒体创作工具技术。

总的来看，多媒体技术正向两个方向发展：一是网络化，通过与宽带网络通信等技术相互结合，使多媒体技术进入科研设计、企业管理、办公自动化、远程教育、远程医疗、检索咨询，文化娱乐、自动测控等领域；二是多媒体终端的部件化、智能化和嵌入化，借此可提高计算机系统本身的多媒体性能，开发智能化家电。

（6）多媒体计算机系统

多媒体计算机系统是指能把视、听和计算机交互式控制结合起来，对音频信号、视频信号的获取、生成、存储、处理、回收和传输进行综合数字化处理的一个完整的计算机系统。

一个多媒体计算机系统由以下 4 个部分的内容组成。

① 多媒体硬件平台：包括计算机硬件、声音/视频处理器、多种媒体输入/输出设备及信号转换装置、通信传输设备及接口装置等。其中，最重要的是根据多媒体技术标准而研制的多媒体信息处理芯片和板卡、光盘驱动器等。

② 多媒体操作系统：也称为多媒体核心系统（multimedia kernel system），具有实时任务调度、多媒体数据转换、多媒体设备的驱动和控制及图形用户界面管理等功能。

③ 图形用户接口：根据多媒体系统终端用户要求而定制的应用软件或面向某一领域用户的应用软件系统，它是面向大规模用户的系统产品。

④ 多媒体数据开发的应用工具软件：也称为多媒体系统开发工具软件，是多媒体计算机系统的重要组成部分。

（7）多媒体技术的应用

多媒体技术是以计算机技术为核心，将现代音像技术和通信技术融为一体，以追求更自然、更丰富的接口界面，同时以具有高速运算和大量存储能力的商用和工业用机器为目标的不断发展的新技术。目前，多媒体技术的发展可谓日新月异，新产品不断涌现，堪称计算机技术的一场革命。多媒体技术的开发和应用，使人类社会的方方面面都沐浴着它所带来的阳光，新技术所带来的新感觉、新体验是人们在以往任何时候都无法想象的。

多媒体技术的应用领域十分广泛，它对人们的工作、学习和生活都产生了深刻的影响，其主要应用表现在以下几个方面。

① 商业应用方面。多媒体的商业应用包括商业简报、市场开拓、产品广告、产品演示和视频会议等。

② 家庭应用方面。近年来随着多媒体技术的快速发展，多媒体逐步走向家庭，从工作、学习、购物到娱乐等各方面都对人们产生影响。

③ 教育和培训方面。多媒体丰富的表现形式以及其传播信息的巨大能力，赋予了现代化教育培训以崭新的面貌。多媒体辅助教学软件以图文并茂、绘声绘色的语言、生动逼真的教学环境以及交互式的操作模式使学习者产生极大兴趣和热情。

④ 电子出版方面。与传统的书本比起来，电子书不但存储量大，而且还能将内容以声音、文字、图像、动画等形式表现出来。除此之外，电子书还可以利用计算机的特点进行查询和复制等操作，学生可以在短时间内获取更多的知识。

⑤ 网络与通信方面。当前计算机网络在人类社会的进步中发挥着重大作用，电子邮件被普遍采用，在此基础上发展起来的可视电话、视频会议、聊天工具等为人类提供了更好的服务。

（8）其他应用

实际上，多媒体的应用还有很多，如声光艺术品的创作、虚拟现实舞台技术等都属于多媒体的具体应用。

多媒体技术的应用以极强的渗透力进入了教育、娱乐、档案、图书、展览、房地产、建筑设计、家庭、现代商业、通信、艺术等人类工作和生活的各个领域，正改变着人类的生活和工作方式，它成功地塑造了一个绚丽多彩的、划时代的多媒体世界。

图文：虚拟现实舞台

（二）计算机的硬件系统

1．计算机的主要技术指标

一台计算机性能的好坏是由多方面的指标决定的，而主要的技术性能指标包含字长、存储容量、主频、运算速度、存取周期、兼容性、可靠性和可维护性等。

（1）字长

字长是指计算机的运算器一次能直接处理的二进制数据的位数，是计算机的重要技术性能指标之一。字长决定了计算机的运算精度，字长越长，其运算精度越高，运算速度也就越快。微型计算机的字长主要有 32 位、64 位，表示其能处理的最大二进制数为 2^{32} 位、2^{64} 位。

（2）存储容量

存储器容量是指存储器中所能容纳信息的总字节数。字节（Byte）是用来计量计算机存储容量和传输容量的一种计量单位，通常以 8 个二进制位作为一个字节，简记为 B。常见的单位还有 KB、MB、GB 和 TB。在计算机中，字长决定了指令的寻址能力，存储容量的大小决定了存储数据和程序量的多少。存储容量越大，计算机所能运行的软件功能越多，信息处理能力也就越强。

（3）主频

主频是指计算机在单位时间（s）内发出的脉冲数，也称时钟频率，单位为赫兹（Hz）。如 Pentium 4 的主频在 1GHz 以上。CPU 的主频在很大程度上决定着计算机的运算速度，时钟频率越高，计算机在一个时钟周期里能完成的指令数也越多，即其运算速度越快。

（4）运算速度

运算速度指计算机每秒能执行的指令数。一般用百万次每秒（MIPS）来描述。

（5）存取周期

存储器完成一次信息读/写所需的时间称为存储器的存取时间，其连续进行读/写操作所允许的最短时间间隔，称为存取周期。存取周期是反映存储器性能的一个重要技术指标，存取周期越短，则计算机的存取速度越快。

（6）兼容性、可靠性和可维护性

兼容性是指协调性，包括对硬件的兼容和对软件的兼容，其决定了计算机是否能很好地协调运作。可靠性是指在一定的时间内，计算机系统正常运转的能力。可维护性是指计算机的维修效率。

此外，还有一些评价计算机性能的综合指标，例如系统的价格性能比，系统外设配置的完整性、安全性、可用性等。综合评价计算机系统的一个指标是性能价格比，其中性能是包括硬件、软件的综合性能，价格是指整个计算机系统的价格。

2．计算机系统的组成

计算机系统通常由硬件系统和软件系统两大部分组成，如图 1-3 所示。硬件是指实际的物理设备，包括计算机的主机和外部设备。软件是指实现算法的程序和相关文档，包括计算机本身运行所需的系统软件和用户完成特定任务所需的应用软件。其中硬件的性能决定计算机的运行速度；软件决定计算机可以进行的工作。两者相互渗透、相互促进，只有两者得到了充分结合才能发挥计算机的最大功能。可以说硬件是基础、软件是灵魂。只有将硬件和软件结合成统一的整体，才能称其为一个完整的计算机系统。

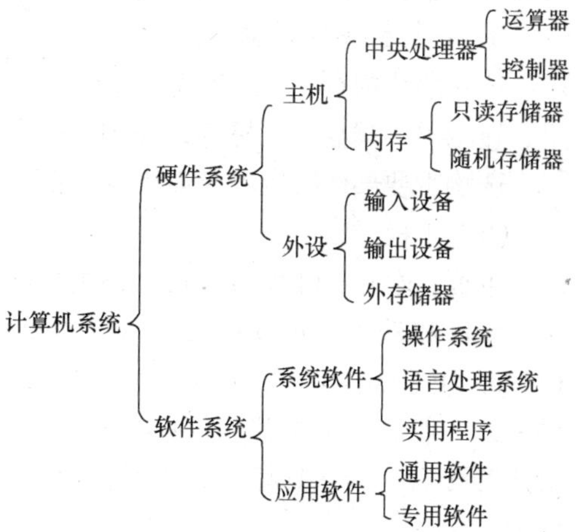

图 1-3　计算机系统的组成

计算机的基本工作原理是程序存储与程序控制，如图 1-4 所示。到目前为止，尽管计算机发展经历了四代变革，但其基本工作原理仍然没有改变。根据程序存储和程序控制的概念，在计算机运行过程中，实际上有两种信息在流动。一种是数据流，其包括原始数据和指令，它们在程序运行前已经被预先送至主存，而且都是以二进制形式编码的。在运行程序时数据被送往运算器参与运算，指令被送往控制器。另一种是控制信号，它是由控制器根据指令的内容发出的，指挥计算机各部件执行指令规定的各种操作或运算，并对执行流程进行控制。这里的指令必须能被该计算机直接理解和执行。

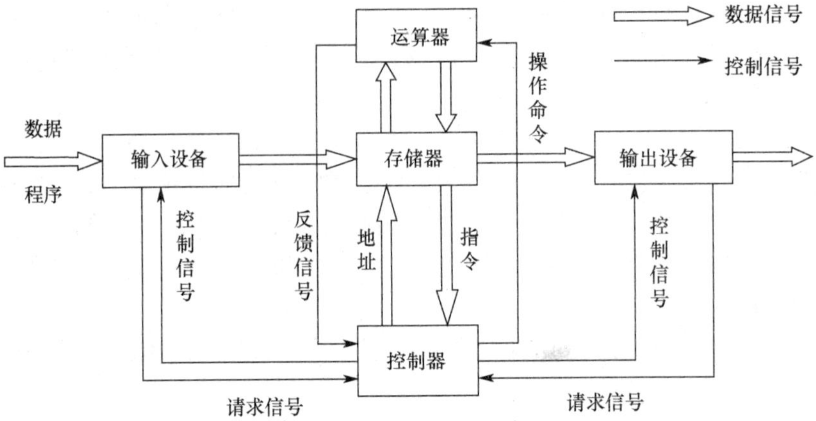

图 1-4　计算机的基本工作原理

“程序控制”原理的基本内容如下。

（1）用二进制形式表示数据和指令。

（2）指令与数据都存放在存储器中，使计算机在工作时控制器能够自动高速地从存储器中取出指令，并分析指令的功能，进而发出各种控制信号。程序中的指令通常是按一定顺序存放的，计算机工作时，只要知道程序中第一条指令放在什么地方，就能依次取出每一条指令。通过取出指令、分析指令、执行指令的步骤重复执行操作，直到完成程序中的全部指令操作为止。

（3）计算机系统由运算器、控制器、存储器、输入设备和输出设备五大部分组成。

计算机的程序控制理论是由美籍科学家冯·诺依曼提出的。现代计算机基本仍采用此原理设计制造，因而冯·诺依曼被称为“计算机之父”。

3．计算机硬件系统

从外部结构看，一台台式计算机所包括的硬件主要有主机、显示器、键盘、鼠标等，如图 1-5 所示。

图 1-5　台式计算机

选购主要部件时应考虑以下几方面。

（1）主板

主板，又叫主机板（mainboard）或母板（motherboard），它安装在机箱内，是微机最基本的也是最重要的部件。主板一般为矩形电路板，上面安装了组成计算机的主要电路系统，一般有 BIOS 芯片、I/O 控制芯片、键盘和面板控制开关接口、指示灯插接件、扩充插槽、主板及插卡的直流电源供电接插件等，如图 1-6 所示。

主板对计算机的性能影响是很大的。曾经有人将主板比喻成建筑物的地基，其质量决定了建筑物是否坚固耐用；也有人形象地将主板比作高架桥，其好坏关系着交通的畅通力与流速。

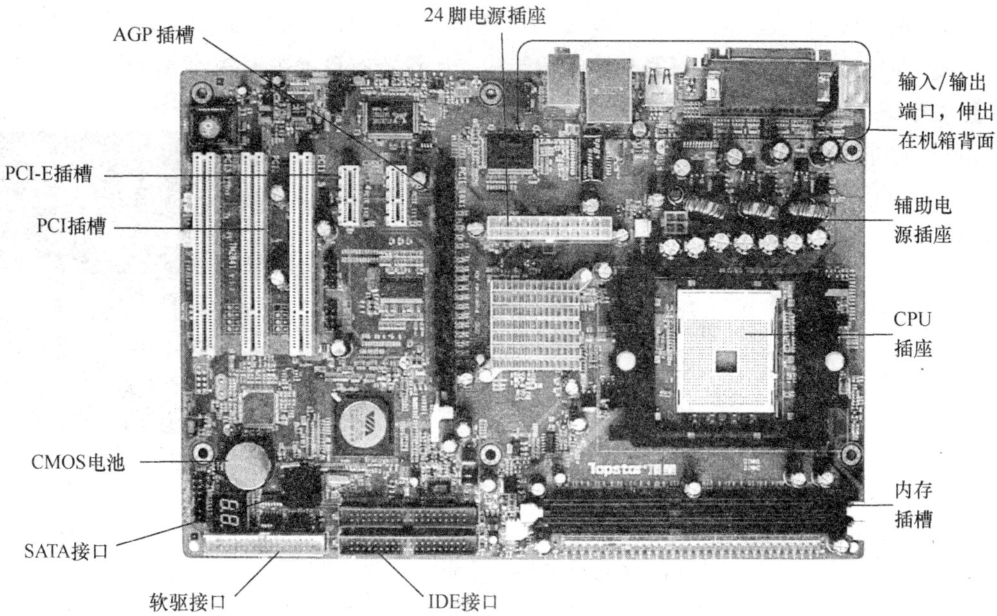

图1-6　主板

主板的性能指标有以下几种。

① 主板芯片组的类型：主板芯片组是主板的灵魂与核心，芯片组性能的优劣决定了主板性能的好坏与级别的高低。CPU 是整个计算机系统的控制运行中心，而主板芯片组的作用不仅要支持 CPU 的工作而且要控制协调整个系统的正常运行。主流芯片组主要分支持 Intel 公司的 CPU 芯片组和支持 AMD 公司的 CPU 芯片组两种。

图文:技 GA-Z170 X-Gaming 3 主板

② 主板的 CPU 插座：主板上的 CPU 插座主要有 Socket 478、LGA 775 等，引脚数越多，表示主板所支持的 CPU 性能越好。

③ 是否为集成显卡：在一般情况下，对于配置相同的机器来说，集成显卡的性能不如相同档次的独立显卡，但集成显卡的兼容性和稳定性较好。

④ 其所支持前端总线的最高频率：前端总线是处理器与主板北桥芯片或内存控制集线器之间的数据通道，其频率高低直接影响 CPU 访问内存的速度。

⑤ 其所支持内存的最高容量和频率：其支持的内存容量和频率越高，计算机性能越好。

选购主板时应注意以下几点。

① 对 CPU 的支持：看主板和 CPU 是否配套。

② 对内存、显卡、硬盘的支持：要求兼容性和稳定性好。

③ 扩展性能与外围接口：考虑计算机的日常使用，主板除了有 AGP 插槽和 DIMM 插槽外，还应有 PCI、AMR、CNR、ISA 等扩展槽。

④ 主板的用料和制作工艺：就主板电容而言，全固态电容的主板好于半固态电容的主板。

⑤ 品牌：最好选择知名品牌的主板，目前知名的主板品牌有：华硕（ASUS）、微星（MSI）、技嘉（GIGABYTE）等。

（2）CPU

中央处理器（CPU）由运算器和控制器组成。运算器有算术逻辑部件 ALU 和寄存器；控制器有指令寄存器、指令译码器和指令计数器等。CPU 的外观如图 1-7 所示。

图 1-7　CPU

CPU 的性能指标直接决定了由它构成的微型计算机系统性能指标。CPU 的性能指标主要包括主频、缓存、字长和制作工艺等。

① 主频：也叫时钟频率，以 MHz（兆赫）为单位。通常所说的“某某 CPU 是多少兆赫的”，其中“多少兆赫”就是指 CPU 的主频。主频的大小在很大程度上决定了计算机运算速度的快慢，主频越高，微机的运算速度就越快。在启动计算机时，BIOS 自检程序会在屏幕上显示出 CPU 的工作频率。

② 缓存：缓存大小也是 CPU 的重要指标之一，而且缓存的结构和大小对 CPU 速度的影响非常大，在实际工作时，CPU 往往需要重复读取同样的数据块，而缓存容量的增大，可以大幅度提升 CPU 内部读取数据的命中率，而不用再到内存或者硬盘上寻找，以此提高系统性能。现在 CPU 的缓存分一级缓存（L1）、二级缓存（L2）和三级缓存（L3）。

③ 字长：CPU 在单位时间内（同一时间）能一次处理的二进制数的位数称为字长。所以能处理字长为 8 位数据的 CPU 通常就称为 8 位的 CPU。字长的长度是不固定的，对于不同的 CPU、字长的长度也不一样。8 位的 CPU 一次只能处理一个字节，而 32 位的 CPU 一次就能处理 4 个字节，同理字长为 64 位的 CPU 一次可以处理 8 个字节。字长越长，CPU 处理速度越快。

④ 制作工艺：制造（作）工艺的趋势是向高密集度的方向发展。高密度的 IC（Integrated Circuit，集成电路）电路设计，意味着同样面积的 IC，可以拥有密度更高、功能更复杂的电路设计。总之，制造工艺越精细，CPU 越好。

选购 CPU 时应注意以下几点。

① 确定 CPU 的品牌，可以选用 Intel 或 AMD，AMD 的性价比较高，而 Intel 则是稳定性较高。

② CPU 和主板配套：CPU 的前端总线的频率应不大于主板的前端总线的频率。

③ 查看 CPU 的参数：主要看主频、前端总线频率、缓存、工作电压等，如 Pentium D 2.8GHz/2MB/800/1.25V，Pentium D 指 Intel 奔腾 D 系列处理器，2.8GHz 指 CPU 的主频，2MB 指二级缓存的大小，800 指的是前端总线频率为 800MHz，1.25V 指的是 CPU 的工作电压，工作电压越小越好，因为工作电压越低，CPU 产生的热量越少。

④ CPU 风扇转速：风扇转得越快，风力越大，降温效果越好。

（3）内存条

内存（memory）又称主存，是计算机中重要的部件，它是计算机与 CPU 进行沟通的桥梁。计算机所需处理的全部信息都是由内存传递给 CPU 的，因此内存的性能对计算机的影响非常大。内存也被称为内存储器，其作用是暂时存放 CPU 中的运算数据及与硬盘等外部存储器交换的数据。当计算机需要处理信息时，即把外存的数据调入内存。内存条如图 1-8 所示。

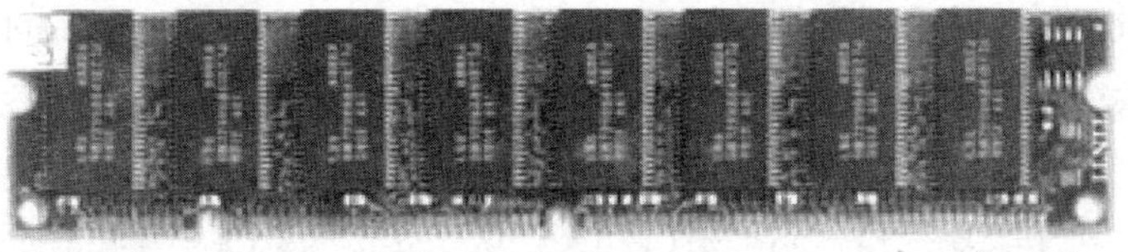

图 1-8　内存条

内存的性能指标有以下几种。

① 传输类型：传输类型实际上是指内存的规格，即通常说的 DDR2 内存和 DDR3 内存。DDR3 内存在传输速率、工作频率和工作电压等方面都优于 DDR2 内存。

② 主频：内存主频和 CPU 主频一样，习惯上被用来表示内存的存取速度，它代表该内存所能达到的最高工作频率。内存主频是以 MHz（兆赫）为单位来计量的。内存主频越高，在一定程度上代表着内存所能达到的速度越快。目前较为主流的内存主频是 1600MHz 的 DDR3 内存，以及一些内存频率更高的 DDR4 内存。

③ 存储容量：即一根内存条可以容纳的二进制信息量，当前常见的内存容量有 512MB、1GB、2GB 和 4GB 等。

④ 可靠性：内存的可靠性用平均故障间隔时间来衡量，可以将其理解为两次故障之间的平均时间间隔。

选购内存时应注意以下几点。

① 确定内存的品牌：最好选择名牌厂家的产品。如 Kingston（金士顿），其兼容性好、稳定性高；三星、ADATA（威刚）、Apacer（宇瞻）也是不错的品牌。

② 内存容量的大小。

③ 内存的工作频率。

④ 仔细辨别内存的真伪。

⑤ 内存做工的精细程度。

（4）硬盘

硬盘是计算机中最重要的外存储器，它用来存放大量数据，由一个或者多个铝制或者玻璃制的碟片组成。这些碟片外覆铁磁性材料。绝大多数硬盘都是固定硬盘，被永久性地密封固定在硬盘驱动器中，如图 1-9 所示。

图 1-9　硬盘

硬盘的性能指标有以下几种。

① 容量：一张盘片具有正、反两个存储面，两个存储面的存储容量之和就是硬盘的单碟容量，单碟容量越大，单位成本越低，平均访问时间也越短。

图文：硬盘分类

② 转速：转速指的是硬盘内电机主轴的旋转速度，也就是硬盘盘片在一分钟内所能完成的最大转数。转速的快慢是标示硬盘档次的重要参数之一，它是决定硬盘内部传输率的关键因素之一，在很大程度上直接影响到硬盘的速度。硬盘的转速越快，硬盘寻找文件的速度也就越快，硬盘的传输速度也就得到了提高。硬盘转速以每分钟多少转来表示，单位表示为 RPM，RPM 是 Revolutions Per Minute 的缩写，表示转每分钟。

③ 平均访问时间：是指磁头从起始位置到达目标磁道位置，并且从目标磁道上找到要读写的数据扇区所需的时间。

④ 传输速率：指硬盘读写数据的速度，单位为兆字节每秒（MB/s），硬盘的传输速率取决于硬盘的接口，常用的接口有 IDE 接口和 SATA 接口，SATA 接口的传输速率普遍较高，因此现在的硬盘大多采用 SATA 接口。

⑤ 缓存：缓存（cache memory）是硬盘控制器上的一块内存芯片，具有极快的存取速度，它是硬盘内部存储和外界接口之间的缓冲器。一般缓存较大的硬盘在性能上会有更突出的表现。

选购硬盘时应注意以下几点。

① 硬盘容量的大小。

② 硬盘的接口类型：硬盘接口的优劣直接影响着程序运行的快慢和系统性能的好坏，目前流行的是 SATA 接口。

③ 硬盘数据缓存及寻道时间：对于大缓存的硬盘，在存取零碎数据时具有非常大的优势，因为当硬盘存取零碎数据时需要不断地在硬盘与内存之间交换数据，如果有大缓存，则可以将那些零碎数据暂存在缓存中，这样一方面可以减小外系统的负荷，另一方面也可以提高硬盘数据的传输速度。

④ 硬盘的品牌：目前市场上知名的品牌有希捷（SEAGATE）、三星（SAMSUNG）、西部数据（Western Digital）、日立（HITACHI）等。

（5）显卡

显卡是主机与显示器连接的“桥梁”，是连接显示器和主板的适配卡，作用是控制显示器的显示方式，显卡分集成显卡和独立显卡，图 1-10 所示为独立显卡。

图 1-10　显卡

显卡的性能指标有以下几种。

① 分辨率：显卡的分辨率表示显卡在显示器上所能描绘的像素的最大数量，一般以“横向点数×纵向点数”来表示，分辨率越高，显示器上所显示的图像越清晰，图像和文字可以更小，显示器上可以显示出更多东西。

② 色深：像素的颜色数称为色深，该指标用来描述显示卡在某一分辨率下，每一个像素能够显示的颜色数量，一般以多少色或多少“位”色来表示。

③ 显存容量：显存与系统内存一样，其容量也是越多越好，因为显存越大，可以存储的图像数据就越多，支持的分辨率与颜色数也就越高，做设计或玩游戏时运行起来就更加流畅。现在主流显卡基本具备了 4G 显存容量，一些中高端显卡则配备了 8GB、12GB 的显存容量。

④ 刷新频率：刷新频率是指图像在显示器上更新的速度，也就是图像每秒在屏幕上出现的帧数，其单位为 Hz。刷新频率越高，屏幕上图像的闪烁感就越小，图像越稳定，视觉效果也越好。一般刷新频率在 75Hz 以上时，人眼对影像的闪烁才不易察觉。

⑤ 核心频率与显存频率：核心频率是指显卡视频处理器（CPU）的时钟频率，显存频率则是指显存的工作频率。显存频率一般比核心频率略低，或者与核心频率相同。显卡的核心频率和显存频率越高，显卡的性能越好。

选购显卡时应注意以下几点。

① 显存的容量和速度。

② 显卡芯片：主要有 NVIDIA 和 ATI。

③ 散热性能。

④ 显存位宽：目前市场上的显存位宽有 64 位、128 位和 256 位三种，人们习惯说的 64 位显卡、128 位显卡和 256 位显卡就是指其相应的显存位宽。显存位宽越高，显卡性能越好，价格也就越高。

⑤ 显卡的品牌：目前市场上知名的显卡品牌有 Colorful（七彩虹）、GALAXY（影驰）、ASUS（华硕）、MSI（微星）。

（6）显示器

显示器是属于计算机的 I/O 设备，即输入/输出设备。它可以分为阴极射线管显示器（CRT）（如图 1-11 所示）、液晶显示器（LCD）（见图 1-12）、等离子体显示器（PDP）、真空荧光显示器（VFD）等多种。不同类型的显示器应配备相应的显示卡。显示器有显示程序执行过程和结果的功能。

图 1-11　CRT 显示器

图 1-12　LCD 显示器

目前，一般购置计算机时都选择液晶显示器，其性能指标主要有以下几种。

① 可视面积：液晶显示器所标示的尺寸就是实际可以使用的屏幕范围。例如，一个 15.1 英寸[①]的液晶显示器约等于 17 英寸 CRT 屏幕的可视范围。

② 可视角度：液晶显示器的可视角度左右对称，而上下则不一定对称。大多数从屏幕射

① 1 英寸=0.0254 米。

出的光具备垂直方向，而从一个非常斜的角度观看一个全白的画面，我们可能会看到黑色或是色彩失真。

③ 点距：人们常说液晶显示器的点距是多大，如 14 英寸 LCD 显示器的可视面积为 285.7mm×214.3mm，它的最大分辨率为 1024×768，那么点距就等于：可视宽度/水平像素（或者可视高度/垂直像素），即 285.7mm/1024≈0.279mm。

④ 色彩度：自然界中的任何一种色彩都是由红、绿、蓝三种基本色组成的。高端液晶使用所谓的 FRC（Frame Rate Control）技术，以仿真的方式来表现全彩的画面，也就是每个基本色（R、G、B）能达到 8 位，即 256 种颜色，那么每个独立的像素有高达 256×256×256=16777216 种色彩。

⑤ 亮度和对比度：液晶显示器的亮度越高，其显示的色彩就越鲜艳。对比度是最大亮度值（全白）除以最小亮度值（全黑）的比值，CRT 显示器的对比值通常高达 500：1，所以在 CRT 显示器上呈现真正全黑的画面是很容易的。但这对 LCD 显示器来说就不是很容易了，由冷阴极射线管所构成的背光源很难去做快速的开关动作，因此背光源始终处于点亮的状态。为了要得到全黑画面，液晶模块必须完全把由背光源而来的光完全阻挡，但在物理特性上，这些组件并无法完全达到这样的要求，总是会有漏光发生。一般来说，人眼可以接受的对比值约为 250：1。

⑥ 响应时间：响应时间是指液晶显示器各像素点对输入信号反应的速度，此值当然是越小越好。如果响应时间太长，就有可能使液晶显示器在显示动态图像时有尾影拖曳的感觉。一般的液晶显示器的响应时间在 20～30ms。

选购显示器时应注意以下几点。

① 液晶显示器的对比度和亮度。

② 灯管的排列。

③ 液晶显示器的响应时间和视频接口。

④ 液晶显示器的分辨率和可视角度。

⑤ 品牌：目前比较知名的显示器品牌有三星、LG、AOC、飞利浦等。

（7）光驱

光驱是计算机用来读写光碟内容的设备，在安装系统软件、应用软件、数据保存等情况经常用到光驱。目前，光驱可分为 CD-ROM 驱动器、DVD 光驱（DVD-ROM）、康宝（COMBO）和刻录机等，如图 1-13 所示。

图 1-13　光驱

光驱的性能指标有以下几种。

① 数据传输率：指光驱在 1s 内所能读取的数据量，一般用 kbit/s（千字节/秒）表示。该数据量越大，则光驱的数据传输率就越高。双速、四速、八速光驱的数据传输率分别为 300kbit/s、600kbit/s 和 1.2Mbit/s。

② 平均访问时间：又称平均寻道时间，是指 CD-ROM 光驱的激光头在从原来位置移动到一个新指定的目标（光盘的数据扇区）位置并开始读取该扇区上的数据这个过程中所花费的时间。

③ CPU 占用时间：指 CD-ROM 光驱在维持一定的转速和数据传输速率时所占用 CPU 的时间。

（8）音箱

音箱指将音频信号变换为声音的一种设备。通俗地讲，其工作过程就是指音箱主机箱体或低音炮箱体内自带功率放大器，对音频信号进行放大处理后由音箱本身回放出声音，如图 1-14 所示。

音箱的性能指标有以下几种。

① 功率。

② 信噪比：是指功放的最大不失真输出电压和残留噪声电压之比。

③ 频率范围。

目前市场上知名的音箱品牌有漫步者（EDIFIER）、麦博（Microlab）、三星（SAMSUNG）等。

（9）机箱

机箱是计算机主机的“房子”，它起到容纳和保护 CPU 等计算机内部配件的重要作用，从外观上其分立式和卧式两种。机箱一般包括外壳、用于固定软硬盘驱动器的支架、面板上必要的开关、指示灯和显示数码管等，机箱内还配套有电源，如图 1-15 所示。

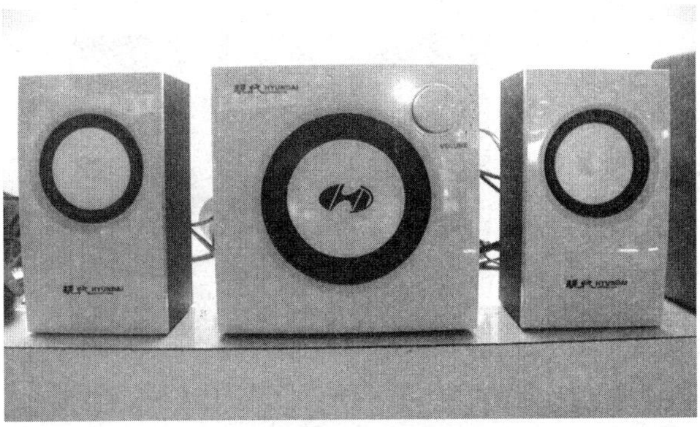

图 1-14 音箱

图 1-15 机箱

在选购机箱时应注意以下几方面。

① 制作材料。

② 制作工艺。

③ 使用的方便度。

④ 机箱的散热能力。

⑤ 机箱的品牌。

（10）键盘和鼠标

图 1-16 键盘和鼠标

键盘是计算机最常用的输入设备，包括数字键、字母键、功能键、控制键等，如图 1-16 所示。

鼠标的全称是显示系统纵横位置指示器，因形似老鼠而得名“鼠标”，英文名为“mouse”。使用鼠标是为了使计算机的操作更加简便，以代替键盘的烦琐指令。

鼠标按键数分类可以分为传统双键鼠、三键鼠和新型的多键鼠标；按内部构造分类可以分为机械式、光机式和光电式三大类；按接口分类可以分为 COM、PS/2、USB 三类。

在一般情况下，键盘和鼠标的市场价格都比较便宜，由于键盘和鼠标的使用率较高，容易损坏，建议选择价格适中的产品。

五、任务实施

计算机硬件的组装步骤如下。

STEP 1 在主板上安装CPU。

① 找到主板上安装CPU的插座，稍微向外、向上拉开CPU插座上的拉杆，拉到与插座垂直的位置，如图1-17所示。

② 仔细观察，可看到在靠近阻力杆的插槽一角与其他三角不同，上面缺少针孔。取出CPU，仔细观察CPU的底部会发现在其中一角上也没有针脚，这与主板CPU插槽缺少针孔的部分是相对应的，只要让两个没有针孔的位置对齐就可以正常安装CPU了。

③ 看清楚针脚的位置以后就可以把CPU安装在插槽上了。安装时用拇指和食指小心夹住CPU，然后缓慢下放到CPU插槽中，在安装过程中要保证CPU始终与主板垂直，不要产生任何角度和错位，而且在安装过程中如果觉得阻力较大的话，就要拿出CPU重新安装。当CPU顺利的安插在CPU插槽中后（如图1-18所示），使用食指下拉插槽边的阻力杆至底部卡住。至此，CPU的安装就大功告成了。

图1-17　拉开插座拉杆

图1-18　安装上CPU

STEP 2 安装散热器。

在安装之前应先确保CPU插槽附近的4个风扇支架没有松动的部分。然后将风扇两侧的压力调节杆搬起，小心地将风扇垂直轻放在4个风扇支架上，并用两手扶中间支点轻压风扇的四周，使其与支架慢慢扣合，在听到四周边角扣具发出扣合的声音后就可以松手了。最后将风扇两侧的双向压力调节杆向下压至底部扣紧风扇，保证散热片与CPU紧密接触。在安装完风扇后，千万要记得将风扇的供电接口安装回去。

STEP 3 安装内存条。

① 安装内存前先要将内存插槽两端的白色卡子向两边扳动，将其打开，然后再插入内存条，内存条的一个凹槽必须直线对准内存插槽上的一个凸点（隔断）。

② 向下按入内存，在按的时候需要稍稍用力，如图1-19所示。

图1-19　安装内存条

STEP 4 将主板安装到机箱中。

① 在安装主板之前，先装机箱提供的主板垫脚螺母安放到机箱主板托架的对应位置（有些机箱在购买时就已经安装好了）。

② 将 I/O 挡板安装到机箱的背部，然后双手平托住主板，将主板放入机箱中，如图 1-20 所示。

③ 拧紧螺钉，固定主板。注意，螺钉不能一次性拧紧，以避免扭曲主板。

STEP 5 安装电源。

先将电源放到机箱上的电源位，并将电源上的螺钉固定孔与机箱上的固定孔对正。然后先拧上 1 颗螺钉（固定住电源即可），然后将剩下 3 颗螺钉孔对正位置，再拧上剩下的螺钉即可，如图 1-21 所示。

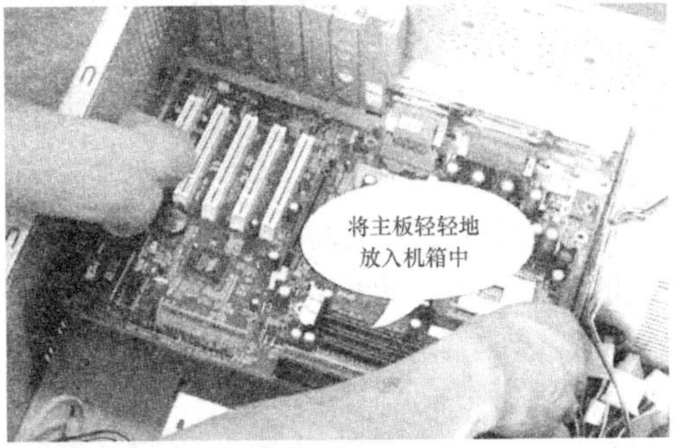

图 1-20　将主板放入机箱中

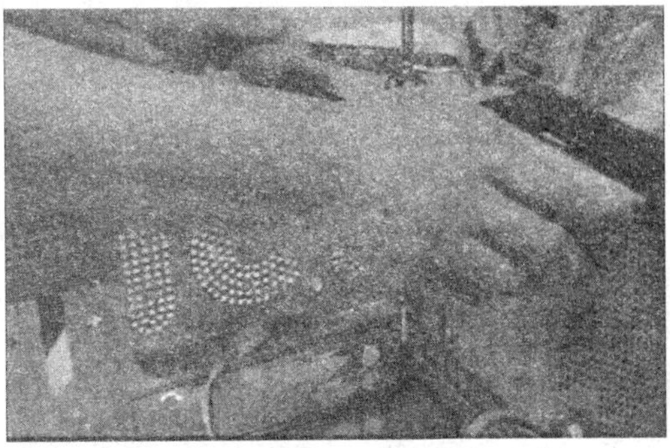

图 1-21　电源的安装

STEP 6 安装光盘驱动器。.

从机箱的面板上取下一个五英寸槽口的塑料挡板，为了便于散热，应尽量把光驱安装在最上面的位置。先把机箱面板的挡板去掉，然后把光驱从前面放进去，安装光驱后再固定光驱螺钉。

STEP 7 安装硬盘。

① 在机箱内找到硬盘驱动器舱。将硬盘插入驱动器舱内，并使硬盘侧面的螺钉孔与驱动器舱上的螺钉孔对齐。

② 用螺钉将硬盘固定在驱动器舱中。在安装的时候，要尽量把螺钉拧紧，把它固定得稳一点，因为硬盘经常处于高速运转的状态，这样可以减少噪声以及防止震动。

STEP 8 安装显卡。

将显卡插入插槽中后，用螺钉固定显卡，如图 1-22 所示。在固定显卡时，要注意显卡挡板下端不要顶在主板上，否则无法插到位。插好显卡后，在固定挡板螺钉时要松紧适度，注意不要影响显卡插脚与 PCI/PCE-E 槽的接触，更要避免引起主板变形。安装声卡、网卡或内置调制解调器与之相似，在此不再赘述。

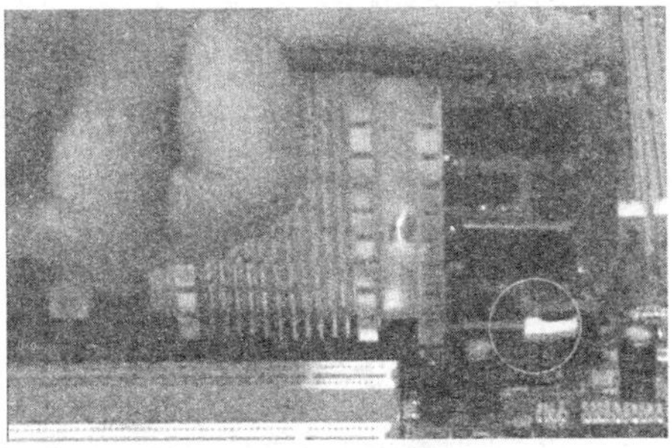

图 1-22　显卡的安装

STEP 9 连接相关数据线。

① 找到插头上标有 AUDIO 的前置音频跳线。在主板上找到 AUDIO 插槽并插入，这个插槽通常在显卡插槽附近。

② 找到报警器跳线 SPEAKER，然后在主板上找到 SPEAKER1 插槽并将线插入。这个插

槽在不同品牌主板上的位置可能是不一样的。

③ 找到标有 USB 字样的 USB 跳线，将其插入 USB 跳线插槽中。

④ 找到主板跳线插座，其一般位于主板右下角，共有 9 个针脚，其中最右边的针脚是没有任何用处的。将硬盘灯跳线 H.D.D.LED、重启键跳线 RESET SW、电源信号灯跳线 POWER LED、电源开关跳线 POWER SW 分别插入对应的接口。

⑤ 连接电源线：主板上一般提供 24PIN 的供电接口或 20 PIN 的供电接口，以连接硬盘和光驱上的电源线。

⑥ 连接数据接口：硬盘一般采用 SATA 接口或 IDE 接口，光驱采用 IDE 接口，现在的大多主板上都有多个 SATA 接口和一个 IDE 接口。

STEP 10 连接电源线。

为整个主板供电的电源线的插头共有 24 个针脚，将带有卡子的一侧对准电源插座凸出来的一侧插进去。

STEP 11 整理内部连线和合上机箱盖。

机箱内部的空间并不宽敞，加之设备的发热量都比较大，如果机箱内的线路比较混乱，会影响空气流动与散热，同时容易发生连线松脱、接触不良或信号紊乱的现象。装机箱盖时，要仔细检查各部分的连接情况，确保无误后，把主机的机箱盖盖上，拧好螺钉，主机安装就完成了。

STEP 12 连接外设。

主机安装完成后，把相关的外部设备如键盘、鼠标、显示器、音箱等同主机连接起来，如图 1-23 所示。

至此，所有的计算机设备都已经安装好，接通电源，按下机箱正面的开机按钮启动计算机，可以听到 CPU 风扇和主机电源风扇转动的声音，还有硬盘启动时发出的声音。这时显示器上开始出现开机画面，并且进行自检。

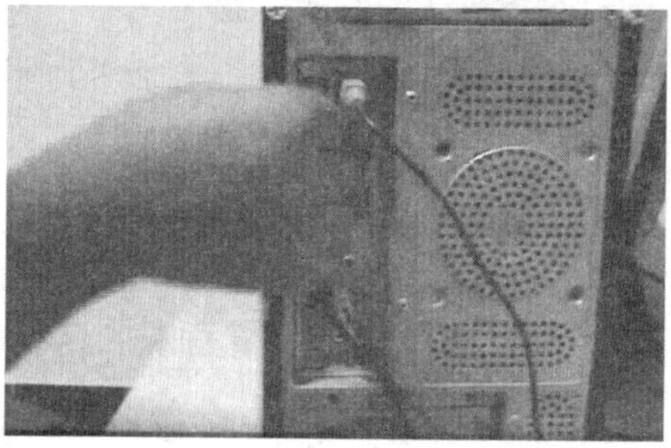

图 1-23 连接外设

牛刀小试

打开“计算机应用基础（上册）\项目素材\项目 1\素材文件”目录下的“组装电脑配置清单”文档，按照下列要求补充完成。

要求：

（1）预算为人民币 4000 元左右（误差在 150 元内）；

（2）写出每个配件的型号、品牌、参考价格（以太平洋电脑网价格为准）和至少三个关键参数；

（3）所选配件的接口、参数是否匹配。

任务 2 设置 Windows 7 操作系统

一、任务描述

刘之林的计算机硬件安装好后，他想自己安装计算机操作系统——Windows 7 及常用的应用软件。他首先到市场上买了一张 Windows 7 的系统盘，然后试着安装系统，并掌握系统的启动和退出方法。操作系统装好后，刘之林根据个人喜好对计算机进行个性化的设置，如图 1-24 所示。

图 1-24 桌面的个性化设置效果图

二、任务分析

计算机系统软件和应用软件的安装也是计算机使用过程中的一个重要方面。除了必需应用软件的安装，还要学会对计算机的桌面、任务栏、控制面板等进行设置，这样才能更好、更方便地让计算机服务于我们的学习和工作。

三、任务目标

- 掌握计算机的常用操作系统和应用软件的安装方法。
- 掌握 Windows 7 系统设置。
- 学会设置桌面属性及显示方式。
- 学会设置和使用任务栏。

四、知识链接

（一）常用操作系统

常用的操作系统大致分为五种：DOS 操作系统，Mac OS X 操作系统，Window 操作系统、Linux 操作系统、UNIX 操作系统。

1. DOS 系统

DOS 是 Disk Operating System 的缩写，意思是磁盘操作系统。DOS 是 1981—1995 年的个人计算机（PC）上使用的一种主要的操作系统。由于早期的 DOS 系统是由微软公司为 IBM 的个人计算机开发的，故而即称之为 PC-DOS，又以其公司命名为 MS-DOS，因此后来其他公司开发的与 MS-DOS 兼容的操作系统，也延用了这种称呼方式，如 DR-DOS、Novell-DOS，以及国人开发的汉字 DOS（CC-DOS）等。DOS 系统是字符式的操作系统，所有操作都通过键盘输入“命令行”来执行。

微软公司推出它的 Windows 操作系统以后，由于 Windows 操作系统的几乎所有操作都可以通过鼠标的点击来完成，不必再去记忆繁杂的命令，也省去了键盘输入“命令行”的操作。这种对用户友好的操作界面，使得 Windows 操作系统很快就占据了 PC 舞台上主角位置，而把 DOS 推到了舞台的边缘。

但是，为了一些特定的需要，Windows 操作系统里保留了 DOS 命令形式，在需要时从系统的内存中拿出 640KB 的内存，开辟出虚拟一个 DOS 运行的环境（“虚拟机”）来执行 DOS 命令。这种 Windows 操作系统里开辟的 DOS 运行环境，只不过是 Windows 操作系统里面的许多窗口中的一个窗口而已，它与 Windows 操作系统出现之前 DOS 独占系统的全部资源的情况已大不相同。

“纯 DOS”就是相对于这种情况而言的：不打开 Windows 系统，只用光盘、U 盘等启动机器，进入 DOS 系统，这时的 DOS 独享系统的全部资源，这时的环境状态称为“纯 DOS”状态。由于没有打开 Windows 系统，所以与 Windows 有关的一切软件、病毒、木马都不能起作用，不能控制用户的任何资源，从而用户可以在这种环境里，把那些不想要的东西清理干净。

2. Mac 操作系统

Mac OS 是一套运行于苹果 Macintosh 系列计算机上的操作系统。Mac OS 是首个在商用领域成功的图形用户界面操作系统。现行的最新的系统版本是全新的 Mac OS Sierra，重点改进与 iPhone 手机、iPad 平板、Apple Watch 手表的互通性，以及云服务，还有各种用户体验。

图片：Mac OS X 10.7 操作系统

Mac 系统是基于 UNIX 内核的图形化操作系统；一般情况下在普通 PC 上无法安装的操作系统，由苹果公司自行开发。苹果机的操作系统已经到了 OS 10，代号为 Mac OS X（X 为 10 的罗马数字写法），这是 Mac 计算机诞生 15 年来最大的变化。新系统非常可靠；它的许多特点和服务都体现了苹果公司的理念。

另外，疯狂肆虐的计算机病毒几乎都是针对 Windows 的，由于 Mac 的架构与 Windows 不同，所以很少受到病毒的袭击。Mac OS X 操作系统界面非常独特，突出了形象的图标和人机对话。苹果公司不仅自己开发系统，也涉及硬件的开发。

2011 年 7 月 20 日 Mac OS X 已经正式被苹果改名为 OS X。Mac OS Sierra（10.12 版本）是 2016 年 6 月苹果在全球开发者大会（WWDC 2016）发布的新一代 Mac 操作系统，该版本延续了前代扁平化的设计风格，并在功能上进行了诸多改进与优化。苹果系统具有以下四大优点。

（1）Mac OS 全屏模式。

全屏模式是新版操作系统中最为重要的功能。一切应用程序均可以在全屏模式下运行。这并不意味着窗口模式将消失，而是表明在未来有可能实现完全的网格计算。iLife 11 的用户界面也表明了这一点。这种用户界面将极大地简化计算机的操作，减少多个窗口带来的困扰。它将使用户获得与 iPhone、iPod touch 和 iPad 用户相同的体验。计算体验并不会因此被削弱；相反，苹果正帮助用户更为有效地处理任务。从新版本系统的演示来看，苹果或许已经找到了一个巧妙的方法：与触摸手势结合的任务控制。全屏模式的优点在于，简化了计算体验，以用户感兴趣的当前任务为中心，减少了多个窗口带来的困扰，并为全触摸计算铺平了道路。

（2）Mac OS 任务控制。

任务控制整合了 Dock 和控制面板，并可以窗口和全屏模式查看各种应用。

（3）Mac OS 快速启动面板。

快速启动面板的工作方式与 iPad 完全相同。它以类似于 iPad 的用户界面显示计算机中安装的一切应用，并通过 App Store 进行管理。用户可滑动鼠标，在多个应用图标界面间切换。与网格计算一样，它的计算体验以任务本身为中心。但它也带来了一个问题，即：Mac 计算机的资源管理器 Finder 是否会从 Mac OS X 中消失？所有文件均将由文件对话框管理吗？当前，取消 Finder 并不现实。它很有可能将继续存在一段时间。但它最终会消失，文件管理将由数据库负责，所有应用可在数据库中分享图片、音乐、文本、PDF 文件及其他内容。快速启动面板简化了操作，用户可以很容易地找到各种应用。但是，某些高端用户可能更喜欢用文件夹树状目录管理应用程序。

（4）Mac OS 应用商店。

Mac App Store 的工作方式与 iOS 系统的 App Store 完全相同。它们具有相同的导航栏和管理方式。这意味着，无需对应用进行管理。当用户从该商店购买一个应用后，Mac 计算机会自动将它安装到快速启动面板中。对高端用户而言，这可能显得很愚蠢；但对于普通用户而言，即使利用 Mac 计算机的拖放系统，安装应用程序仍有可能是一件很困难的事情。

3．Windows 操作系统

Microsoft Windows 是美国微软公司研发的一套操作系统，它问世于 1985 年，起初仅仅是 Microsoft-DOS 模拟环境，后续的系统版本由于微软不断地更新升级，不但易用，也慢慢地成为人们最喜爱的操作系统。

Windows 采用了图形化模式 GUI，比起从前的 DOS 需要键入指令使用的方式更为人性化。随着计算机硬件和软件的不断升级，微软的 Windows 也在不断升级，从架构的 16 位、32 位再到 64 位，系统版本从最初的 Windows 1.0 到大家熟知的 Windows 95、Windows 98、Windows ME、Windows 2000、Windows 2003、Windows XP、Windows Vista、Windows 7、Windows 8、Windows 8.1、Windows 10 和 Windows Server 服务器企业级操作系统，不断持续更新，微软一直在致力于 Windows 操作系统的开发和完善。

4．Linux 操作系统

Linux 是一套免费使用和自由传播的类 Unix 操作系统，是一个基于 POSIX 和 UNIX 的多用户、多任务、支持多线程和多 CPU 的操作系统。它能运行主要的 UNIX 工具软件、应用程序和网络协议。它支持 32 位和 64 位硬件。Linux 继承了 UNIX 以网络为核心的设计思想，是一个性能稳定的多用户网络操作系统。

图片：Suse Linux 11 立方体截图

Linux 操作系统诞生于 1991 年 10 月 5 日（这是第一次正式向外公布时间）。Linux 存在着许多不同的版本，但它们都使用了 Linux 内核。Linux 可安装在各种计算机硬件设备中，如手机、平板电脑、路由器、视频游戏控制台、台式计算机、大型机和超级计算机。

严格来讲，Linux 这个词本身只表示 Linux 内核，但实际上人们已经习惯了用 Linux 来形容整个基于 Linux 内核，并且使用 GNU 工程各种工具和数据库的操作系统。

Linux 的基本思想有两点：第一，一切都是文件；第二，每个软件都有确定的用途。其中第一条详细来讲就是系统中的所有都归结为一个文件，包括命令、硬件和软件设备、操作系统、进程等对于操作系统内核而言，都被视为拥有各自特性或类型的文件。至于说 Linux 是基于 UNIX 的，很大程度上也是因为这两者的基本思想十分相近。

5．UNIX 操作系统

UNIX 操作系统是一个强大的多用户、多任务操作系统，支持多种处理器架构，按照操作系统的分类，属于分时操作系统，最早由 Ken Thompson、Dennis Ritchie 和 Douglas McIlroy 于 1969 年在 AT&T 的贝尔实验室开发。目前它的商标权由国际开放标准组织所拥有，只有符合单一 UNIX 规范的 UNIX 系统才能使用 UNIX 这个名称，否则只能称为类 UNIX（UNIX-like）。UNIX 现在单独使用的基本只在服务器领域，我们把 UNIX 的派生系统大致分成两组。

一组 UNIX 派生系统是学术界开发的。首先是 BSD（伯克利软件发布版），一个开源的类 UNIX 操作系统。BSD 如今还存在于 FreeBSD、NetBSD 和 OpenBSD 等系统中。NeXTStep 基于最初版的 BSD 开发，苹果的 Mac OS X 基于 NeXTStep，iOS 基于 Mac OS X。许多其他操作系统，包括运行在 PlayStation 4 上的 Orbis OS，也源于各种 BSD 操作系统。Richard Stallman 建立 GNU 项目的目的是为了反对 AT&T 的 UNIX 软件协议条款日渐严格的限制。MINIX 是一个类 UNIX 操作系统，为教育目的而实现的，而 Linux 则是受到了 MINIX 的启发。我们今天所熟悉的 Linux 其实应该叫 GNU/Linux，因为它是由 Linux 内核和大量 GNU 应用组成的。GNU/Linux 不是直接从 BSD 继承下来的，但是它继承了 UNIX 的设计而且根植于学术界。如今，许多操作系统，包括 Android、Chrome OS、Steam OS，以及数量巨大的在各种设备上使用的嵌入式操作系统，都基于 Linux。

另一组是商用的 UNIX 操作系统。AT&T UNIX、SCO UnixWare、Sun Microsystem Solaris、HP-UX、IBM AIX、SGI IRIX——许多大型企业都希望建立并授权自己版本的 UNIX。它们如今并不常见，但其中一些仍然存在。

（二）Windows 7 系统简介

在安装操作系统前，首先必须对 Windows 7 操作系统有一定的了解，熟悉操作系统的功能、特色、对计算机硬件配置的基本要求等，检验 Windows 7 操作系统是否符合用户的需要，以及用户的计算机是否适合安装 Windows 7 操作系统。

1．Windows 7 系统简介

Windows 7 是由微软公司开发的操作系统。Windows 7 可供家庭及商业工作环境、笔记本电脑、平板电脑、多媒体中心等使用。微软在 2009 年 10 月 22 日于美国、2009 年 10 月 23 日于中国正式发布 Windows 7，2011 年 2 月 22 日发布 Windows 7 SP1（Build 7601.17514.101119-1850）。Windows 7 同时也发布了服务器版本——Windows Server 2008 R2。同 2008 年 1 月发布的 Windows Server 2008 相比，Windows Server 2008 R2 继续提升了虚拟化、系统管理弹性、网络存取方式，以及信息安全等领域的应用，其中有不少功能需搭配 Windows 7。

Windows 7 系统的特色如下。

① 易用。Windows 7 做了许多方便用户的设计，如快速最大化，窗口半屏显示，跳转列表（Jump List），系统故障快速修复等。

② 快速。Windows 7 大幅缩减了 Windows 的启动时间。据实测，在 2008 年的中低端配置下运行，系统加载时间一般不超过 20 秒，这与 Windows Vista 的 40 余秒相比，是一个很大的进步。

③ 简单。Windows 7 将会让搜索和使用信息更加简单，包括本地、网络和互联网搜索功能，直观的用户体验将更加高级，它还会整合自动化应用程序和交叉程序的数据的透明性。

④ 安全。Windows 7 改进了功能合法性，还把数据保护和管理扩展到外围设备。Windows 7 改进了基于角色的计算方案和用户账户管理，在数据保护和坚固协作的固有冲突之间搭建沟通桥梁，同时也开启了企业级的数据保护和权限许可。

⑤ Aero 特效。Windows 7 的 Aero 效果更华丽，有碰撞效果、水滴效果，还有丰富的桌面小工具。这些都比 Vista 出色不少。但是，Windows 7 的资源消耗却是最低的。它不仅执行效率快人一筹，其使笔记本的电池续航能力也大幅增加。

⑥ Windows 7 及其桌面窗口管理器（DWM.exe）能充分利用 GPU 的资源进行加速，而且支持 Direct 3D 11 API。

2. Windows 7 系统配置要求

① 最低配置。Windows 7 系统配置的最低要求如表 1-1 所示。

表 1-1　Windows 7 系统配置的最低要求

设备名称	基本要求	备　注
CPU	1GHz 及以上	
内存	1GB 及以上	安装识别的最低内存是 512MB
硬盘	20GB 以上可用空间	
显卡	集成显卡 64MB 以上	128MB 为打开 Aero 最低配置，不打开的话 64MB 也可以
其他设备	DVD R/RW 驱动器或者 U 盘等其他储存介质	安装用，如果需要可以用 U 盘安装 Windows 7，这需要制作 U 盘引导
	互联网连接/电话	需要联网/电话激活授权，否则只能进行为期 30 天的试用评估

② 推荐配置。安装 Windows 7 操作系统的推荐配置如表 1-2 所示。

表 1-2　安装 Windows 7 操作系统的推荐配置

设备名称	基本要求	备注
CPU	64 位双核以上等级的处理器	Windows 7 包括 32 位及 64 位两种版本，如果希望安装 64 位版本，则需要支持 64 位运算的 CPU
内存	DDR2G 以上	4G 更佳
硬盘	20GB 以上可用空间	因为应用软件和各类文件还需存储空间
显卡	支持 DirectX 10/Shader Model 4.0 以上级别的独立显卡	显卡支持 DirectX 9 就可以开启 Windows Aero 特效
其他设备	DVD R/RW 驱动器或者 U 盘等其他储存介质	安装使用
	互联网连接/电话	需要在线激活，如果不激活，最多只能使用 30 天

3. 安装 Windows 7

① 重启计算机后，插入安装光盘，进入 Windows 7 的安装界面，如图 1-25 所示。单击“下一步”按钮，在随后出现的界面中单击“现在安装”按钮，如图 1-26 所示。

② 确认接受许可条款，单击“下一步”按钮继续，如图 1-27 所示。

③ 选择安装类型，如图 1-28 所示。

④ 选择安装方式后，需要选择安装位置。默认将 Windows 7 安装在第一个分区（如果磁盘未进行分区，则安装前要先对磁盘进行分区），单击“下一步”按钮继续，如图 1-29 所示。开始安装 Windows 7，如图 1-30 所示。

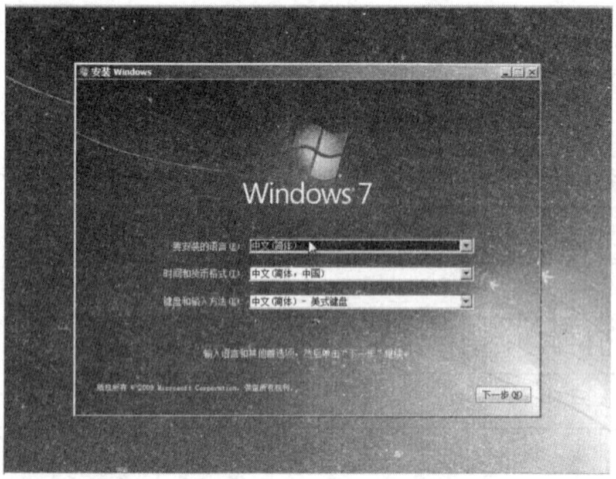

图 1-25　Windows 7 的安装界面

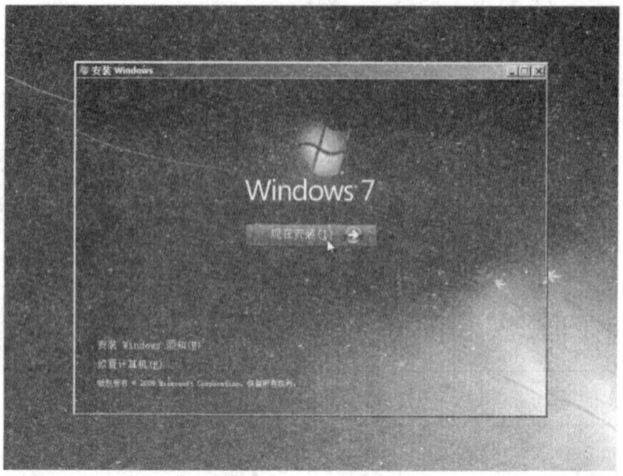

图 1-26　开始安装

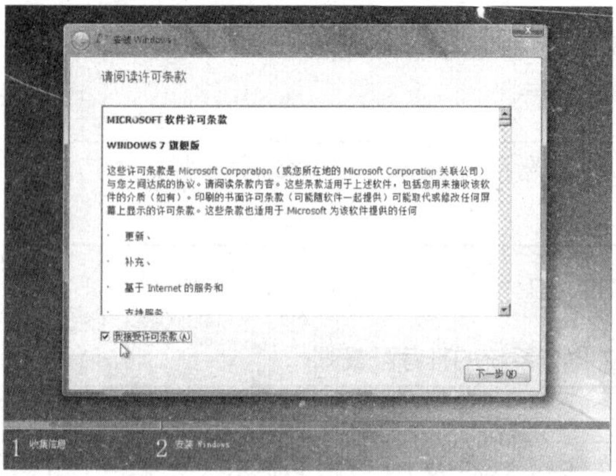

图 1-27　许可条件

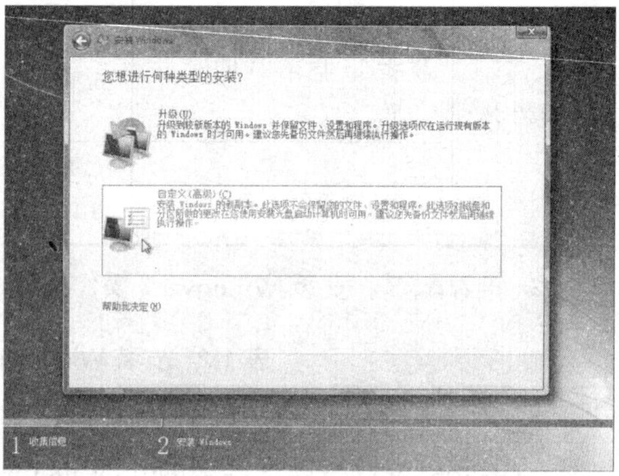

图 1-28　选择安装类型

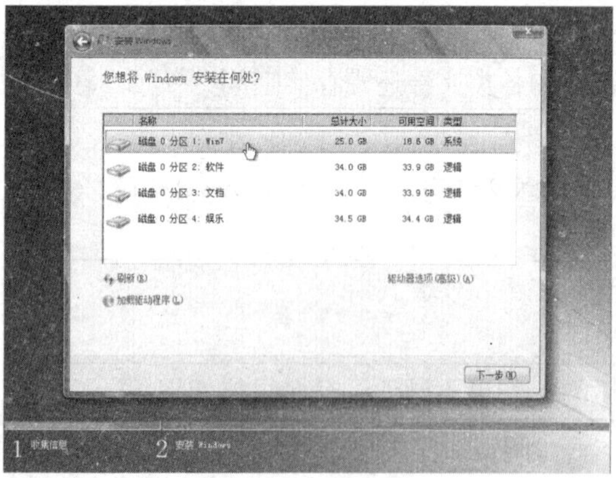

图 1-29　分区选择

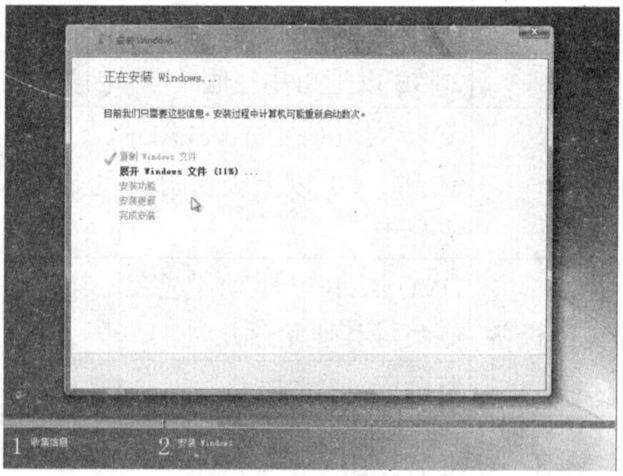

图 1-30　安装过程

⑤ 计算机会重启数次，完成所有安装操作后进入 Windows 7 的设置界面，设置用户名和计算机名称，如图 1-31 所示。

⑥ 为 Windows 7 设置密码，如图 1-32 所示。输入产品密钥，如图 1-33 所示。

⑦ 选择“帮助您自动保护计算机以及提高 Windows 的性能”选项，如图 1-34 所示。

⑧ 对时区、时间、日期进行设定，如图 1-35 所示。

⑨ 等待 Windows 完成设置，完成安装后，首次登录 Windows 7 的界面如图 1-36 所示。

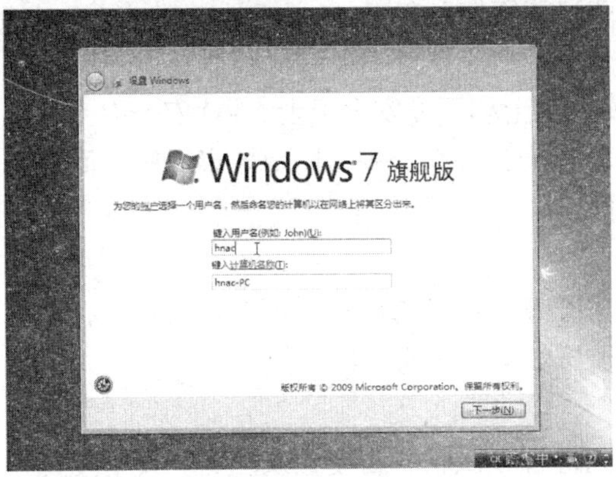

图 1-31　用户名和计算机名设置界面

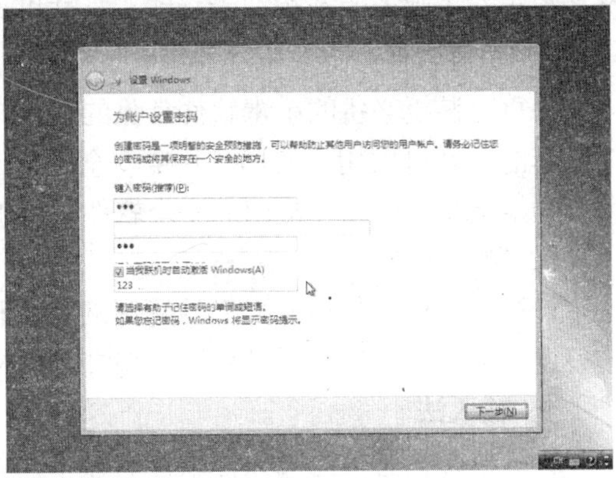

图 1-32　密码设置

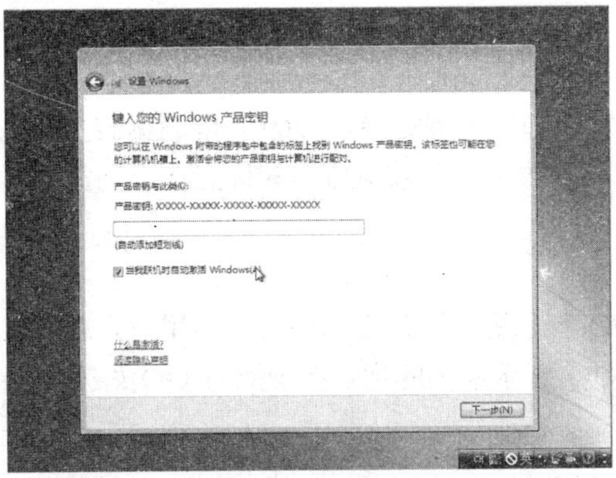

图 1-33　输入产品密钥

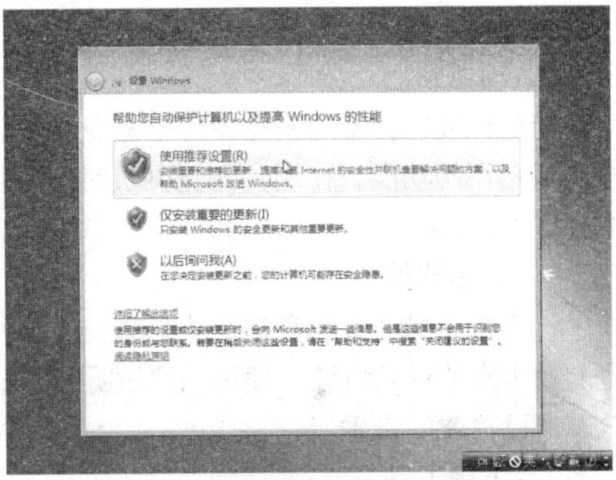

图 1-34　“帮助您自动保护计算机以及提高 Windows 的性能”选项

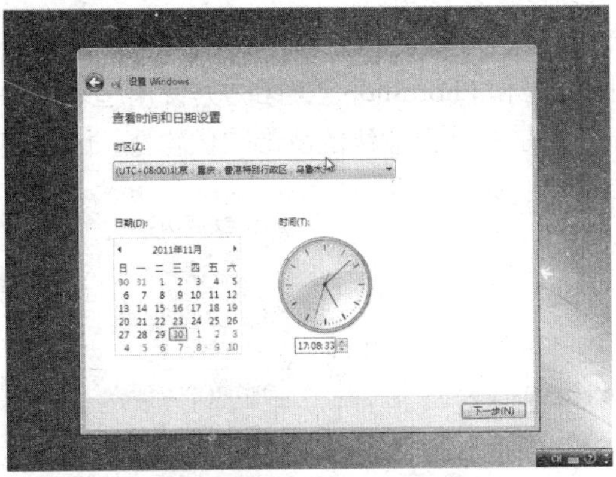

图 1-35　时区、时间、日期设定

图 1-36　Window 7 操作界面

（三）Windows 装机必备软件

计算机除了必备的系统软件，还包括一些常用的应用软件，安装完操作系统后还需要下载各种各样的应用软件。下面来介绍一下装机必备软件。

1．视频类软件

计算机装机必备的视频软件有很多种，如爱奇艺、暴风影音、快播等。爱奇艺内的视频十分的丰富，用户可以看电视、电影、体育直播等，而且播放很流畅，下载速度也很快。快播的优点在于强大的视频搜索功能，是装机不可或缺的软件。

2．杀毒软件

计算机装机必备的杀毒软件常见的有：360 安全卫士和百度安全卫士。360 安全卫士有很多配套的插件可供用户使用。百度安全卫士的功能也十分齐全，安全防范效果很好，而且百度安全卫士是百度公司推出的安全软件，更加有保障。

3．聊天工具

计算机装机必备的聊天工具是腾讯 QQ 和阿里旺旺。腾讯 QQ 属于即时通信软件，用于与好友聊天。阿里旺旺则是用户在淘宝购物时用于与卖家沟通的工具。

4．输入法

计算机装机必备的输入法软件有很多，如搜狗拼音、微软和百度输入法等。其中搜狗和百度输入法特别适合于中国用户的使用，是免费的输入法软件，在输入文字时十分的流畅，一直是主流的输入法软件。

5．浏览器

计算机装机必备的浏览器应该是 360 安全浏览器和谷歌浏览器了。360 安全浏览器主打安全浏览网页的功能，在用户浏览网页时能阻挡木马等攻击。谷歌浏览器的优点在于浏览网页的速度很快。

6．音乐软件

计算机装机必备的音乐软件为酷狗音乐和 QQ 音乐等。酷狗音乐一直深受用户的喜爱，拥有着丰富的音乐资源，提供用户试听和下载。QQ 音乐最大的优点在于能与 QQ 好友直接分享自己喜欢的音乐。

7．下载工具

计算机装机必备的下载工具推荐的是迅雷。迅雷一直是国内用户最多的下载工具，下载视频、文件等时下载的速度快、稳定，而且下载的资源十分丰富。

8．图形图像软件

计算机装机必备的图形图像软件推荐的是美图秀秀和 Photoshop。美图秀秀使用起来十分简单，能够非常容易地美化照片和图片。Photoshop 则是一款专业级的图形图像软件，因此使用起来相对有难度，但是处理图片的能力更强，功能更多。

（四）Windows 7 系统设置

1．“个性化”和“控制面板”窗口

在 Windows 7 操作系统中，用户有更大的调整设置的自由度和灵活性，桌面的设置是用户个性化工作环境最明显的体现。

Windows 7 系统设置离不开“个性化”和“控制面板”窗口，具体设置步骤如下。

（1）在桌面空白处单击鼠标右键，在弹出的快捷菜单中选择“个性化”命令，如图 1-37 所示。

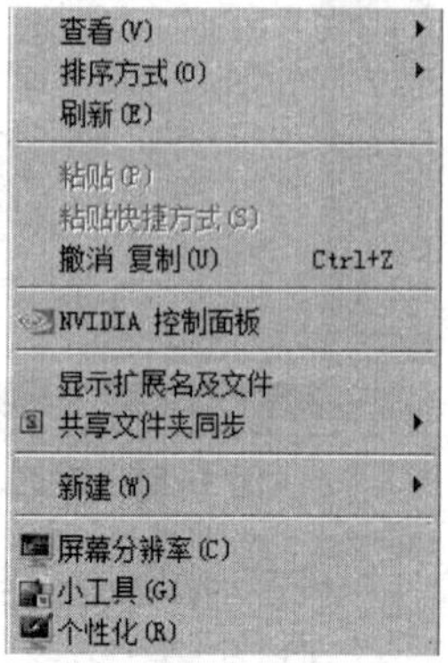

图 1-37　快捷菜单

（2）此时会弹出“个性化”窗口，如图 1-38 所示。如果要进入

“控制面板”窗口，可单击图 1-38 左上方所示的“控制面板主页”选项。

（3）也可从“开始”菜单中进入“控制面板”窗口，如图 1-39 所示，“控制面板”窗口如图 1-40 所示。

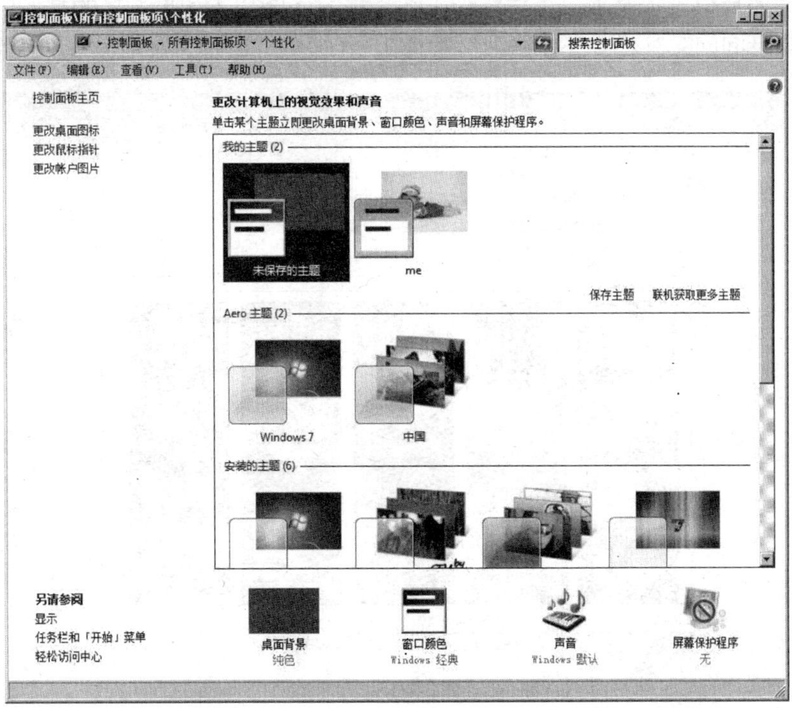

图 1-38 “个性化”窗口

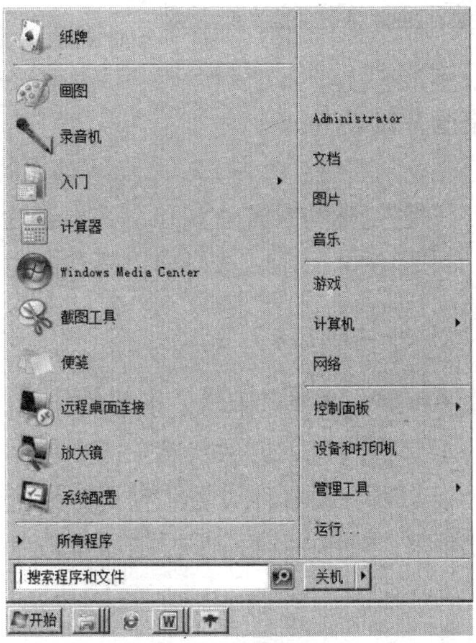

图 1-39 “开始”菜单

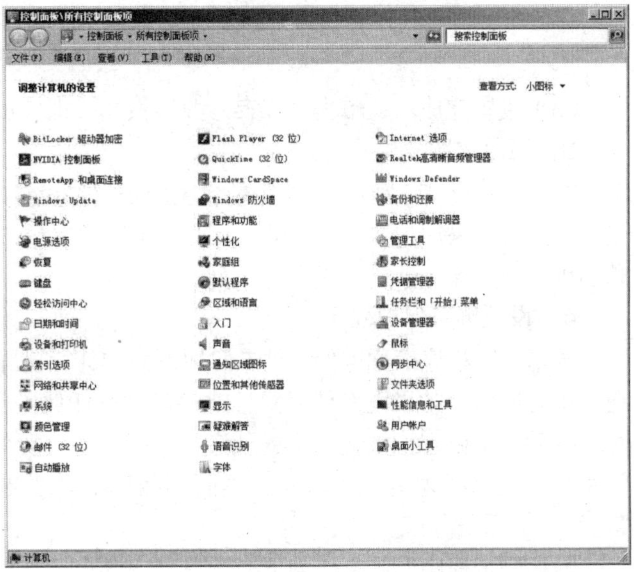

图 1-40 “控制面板”窗口

2．更改桌面背景

桌面背景就是 Windows 7 操作系统桌面的背景图案，也称为墙纸。新安装的系统桌面背景采用的是系统安装时默认的设置，用户可以根据自己的喜好更换桌面背景。下面介绍设置桌面背景的方法。

（1）打开“个性化”窗口，单击左下方的“桌面背景”选项，进入“桌面背景”窗口即可设置桌面背景，如图 1-41 所示。

（2）在“图片位置”选项，可选择一组图片或一张图片（如果选择的是一组图片则可设置“更改图片时间间隔”和“无序播放”选项），在“图片位置”选项设置图片填充类型。

图 1-41 “桌面背景”窗口

（3）设置完成后，单击“保存修改”按钮，即完成桌面背景设置。

3. 更改主题

Windows 7 自带多个系统主题，主题是已经设计好的一套完整的系统外观和系统声音的设置方案。如果用户要更改主题，打开“个性化”窗口，如图 1-38 所示，选择自己喜欢的主题即可。

4. 设置屏幕保护程序

屏幕保护程序简称屏保，是专门用来保护计算机屏幕的程序，以使显示器处于节能状态。在一定时间内，如果没有使用鼠标或键盘进行任何操作，显示器将进入屏保状态。需要使用时，晃动一下鼠标或按键盘上的任意键，即可退出屏保。若屏幕保护程序设置了密码，则需要用户输入密码才能进入原先的桌面。如果不需要使用屏保，可以将屏幕保护程序设置为“无”。

屏幕保护程序设置方法如下。

（1）单击“个性化”窗口右下角的“屏幕保护程序”选项，进入“屏幕保护程序设置”对话框，如图 1-42 所示。

（2）在“屏幕保护程序”下拉框中选择一种屏幕保护程序，设置好“等待”时间，单击“确定”按钮即完成屏幕保护程序的设置。

5．更改显示器分辨率

显示器的设置主要包括显示器的分辨率和刷新率，分辨率是指显示器所能显示点的数量，计算机显示画面的质量与屏幕分辨率息息相关。

不同尺寸的显示器的分辨率是不同的。目前液晶显示器的屏幕多是 16∶10 或 16∶9 比例。16∶10 屏幕的对应分辨率有 1280×800、1440×900、1680×1050、1920×1200 等规格，16∶9 屏幕的对应分辨率有 1280×720、1440×810、1680×945、1920×1080 等规格。

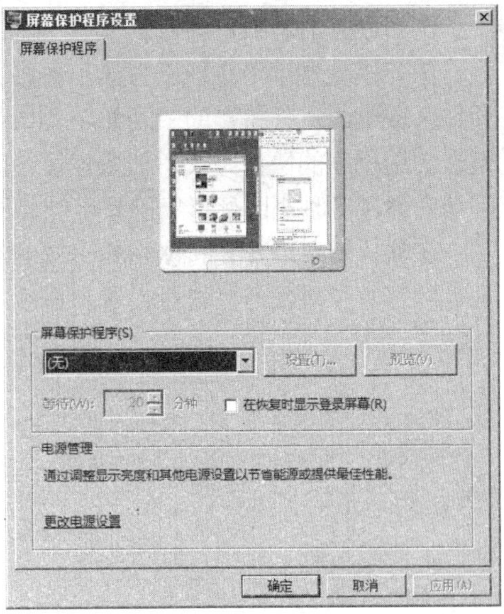

图 1-42 “屏幕保护程序设置”对话框

如何确定自己显示器的最佳分辨率的方法非常简单。对液晶显示器而言，如果是原配显示屏和显卡，只需要把分辨率调整到范围最大值即可（注：其一般与物理分辨率相同）；如果是自配组装机，在未安装显示器驱动的前提下，只需参照以上比例选择一个最佳分辨率（一般也是最大值），保证可以满屏显示即可。如果对设置分辨率没有把握，最好查看一下显示器的说明书，里面有明确的分辨率支持列表。

屏幕分辨率设置方法如下。

（1）在桌面空白处单击鼠标右键，在弹出的快捷菜单中选择“屏幕分辨率”命令，进入“屏幕分辨率”对话框，如图 1-43 所示。

（2）点住小滑动块向下拖动，即可设置分辨率。

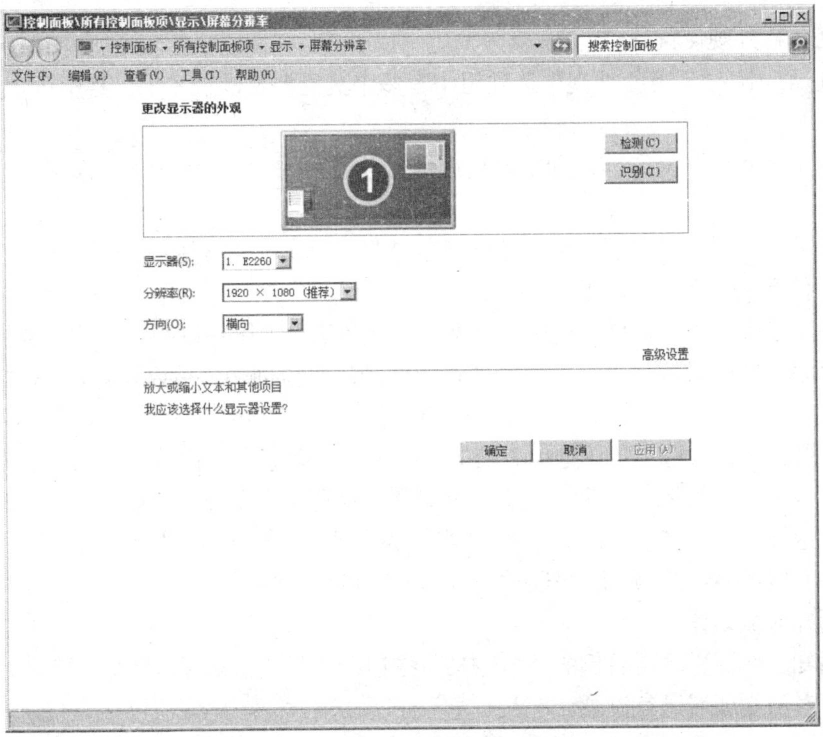

图 1-43 “屏幕分辨率”对话框

6．设置与使用任务栏

任务栏就是位于桌面下方的小长条，主要由“开始”菜单、快速启动栏、任务按钮区及通知区域组成。任务栏的“开始”菜单可以打开大部分已安装的软件，快速启动栏中存放的是最常用程序的快捷方式，任务栏按钮区是用户进行多任务工作时的主要区域之一，而通知区域则通过各种小图标形象地显示计算机软硬件的重要信息。

在默认情况下安装的 Windows 7 操作系统中，任务栏主要显示“开始”菜单和快速启动栏等内容。要对任务栏进行设置，在任务栏空白处单击鼠标右键，在弹出的快捷菜单中选择“属性”命令，如图 1-44 所示，即可打开“任务栏和‘开始’菜单属性”对话框，如图 1-45 所示。

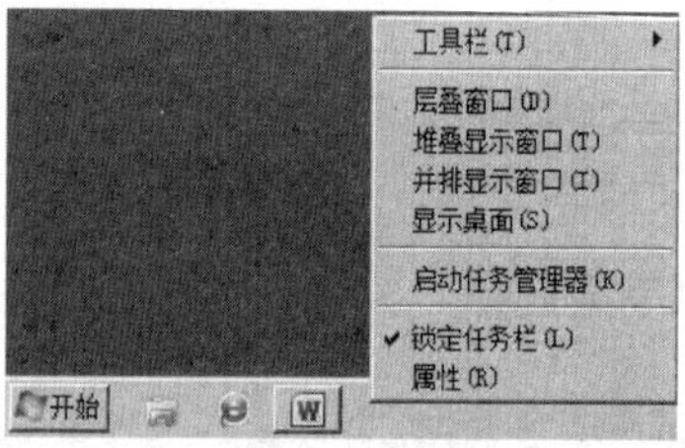

图 1-44 “属性”命令

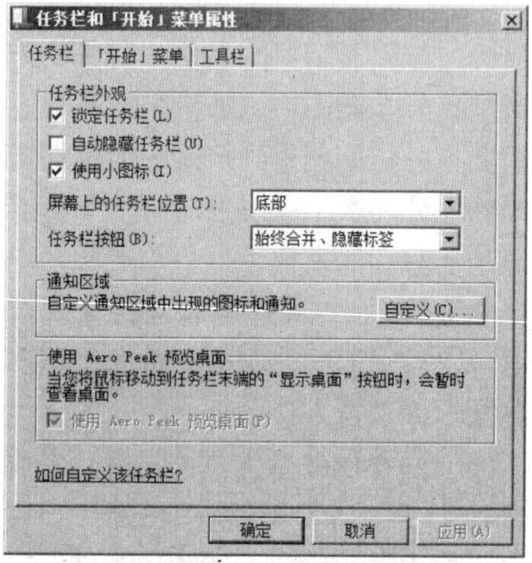

图 1-45 “任务栏和‘开始’菜单属性”对话框

（1）任务栏外观设置

在图 1-45 中，“任务栏外观”选项组中有多个复选框及设置效果，其中每个复选框的含义如下。

①“锁定任务栏”复选框：选中该复选框，任务栏的大小和位置将固定不变，用户不能对其调整。

②“自动隐藏任务栏”复选框：选中该复选框，任务栏将被隐藏起来，只有将鼠标靠近任务栏时，任务栏才会显示出来。

③“使用小图标”复选框：选中该复选框，任务栏上的图标以小图标的形式显示。

④“屏幕上的任务栏位置”选项：通过该选项的下拉列表，可以设置任务栏在屏幕上的位置。

⑤“任务栏按钮”选项：该选项右侧的下拉列表中有三个设置项。“始终合并、隐藏”可以把用户打开的内容按照文件夹、网页、文档等分类组合并隐藏，在任务栏上只以小图标的形式显示，这样可以节省任务栏的空间。“当任务栏被占满时合并”则只有在任务栏被占满时才进行合并。“从不合并”则不对任务栏上的内容进行合并。

（2）通知区域设置

在“通知区域”栏单击右侧的“自定义”按钮，打开“通知区域图标”窗口，如图 1-46 所示，即可对通知区域进行设置。

图 1-46　“通知区域图标”窗口

“通知区域图标”窗口显示所有正在执行的应用程序的图标和名称。可以在“行为”下拉列表中设定如何显示图标和通知。

7．输入法和时间设置

计算机的输入法和计算机的显示时间是用户在使用计算机时最常用的两个基本功能，如果它们出现问题会对用户的使用造成很大的麻烦，因此我们必须掌握对输入法和时间进行设置的基本方法。

（1）设置键盘输入法

在“控制面板”中单击打开“区域和语言”选项，打开“区域和语言”对话框，选择“键盘和语言”选项卡，如图 1-47 所示。单击“更改键盘”按钮，打开“文本服务和输入语言”对话框，如图 1-48 所示；在该对话框中可以添加、删除输入法，并且可以通过“上移”和“下移”按钮更改输入法的顺序。

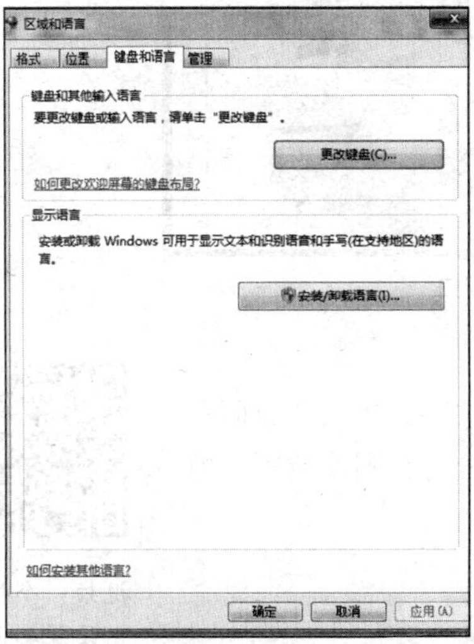

图 1-47　“键盘和语言”选项卡

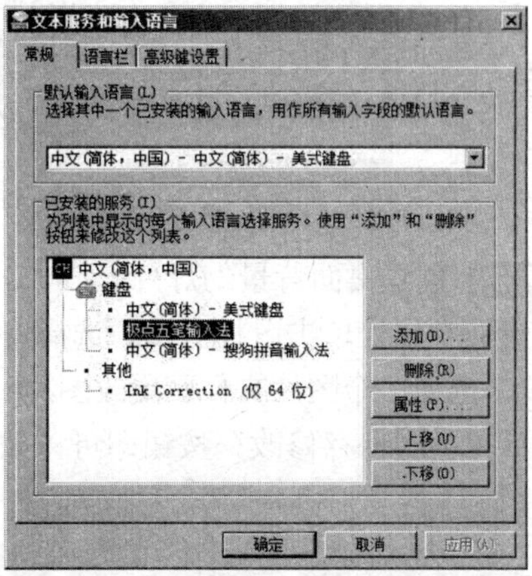

图 1-48　“文本服务和输入语言”对话框

（2）日期和时间设置

计算机的日期和时间默认显示在桌面的右下角，在“控制面板”中单击“日期和时间”选项，打开“日期和时间”对话框，如图 1-49 所示；单击“更改日期和时间”按钮，打开“日期和时间设置”对话框，如图 1-50 所示；通过该对话框可以设置系统的日期和时间。

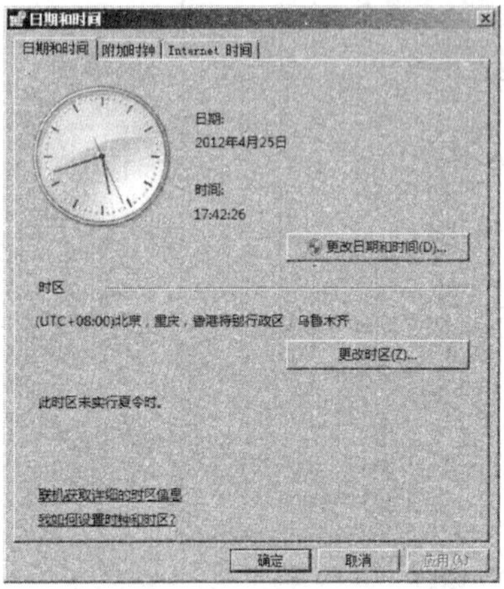

图 1-49 “日期和时间”对话框

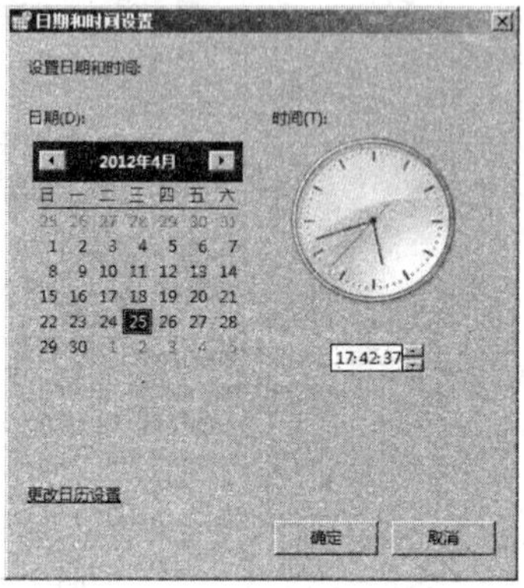

图 1-50 “日期和时间设置”对话框

五、任务实施

个性化设置计算机桌面及任务栏步骤如下。

STEP 1 更换桌面主题。

在桌面空白处单击鼠标右键，选择“个性化设置”选项，系统中预先提供数十款不同的主题，选择 Aero 主题“Windows 7”，单击“保存修改”按钮，如图 1-51 所示。

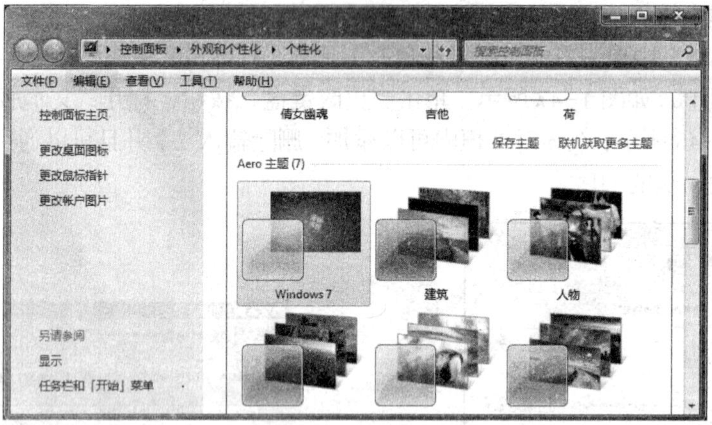

图 1-51 更换桌面主题窗口

STEP 2 创建桌面背景幻灯片。

在桌面空白处单击鼠标右键，选择“个性化设置”选项，单击“桌面背景”；单击选择多个图片文件；更改图片时间间隔为 30 分钟；图片位置为填充；最后单击“保存修改”按钮即可，如图 1-52 所示。

视频：个性化设置桌面

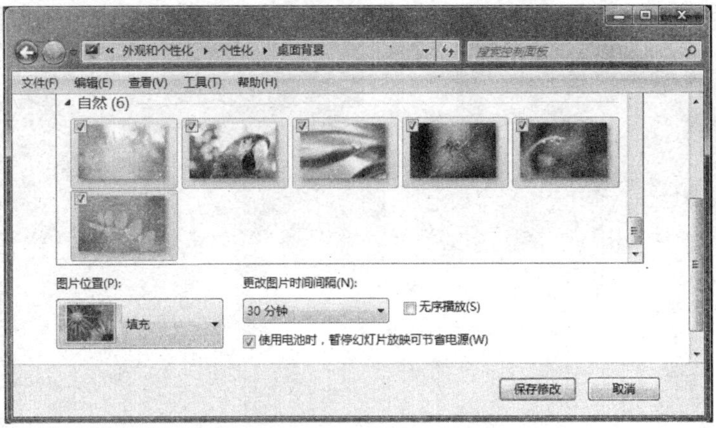

图 1-52 设置桌面幻灯片窗口

STEP 3 移动任务栏。

在任务栏空白处单击鼠标右键，选择“属性”，弹出“任务栏和‘开始’菜单属性”对话框，单击“任务栏”选项卡中的任务栏位置，在下拉列表中选择所需的位置“左侧”，单击“确定”按钮，如图 1-53 所示。

STEP 4 添加应用程序到任务栏。

单击“开始”按钮，选择“QQ”应用程序，单击鼠标右键锁定到任务栏，单击“保存”按钮。

STEP 5 添加桌面小工具。

Windows 7 用户可以在工具集中选择某项功能，然后将其放置在桌面的任何位置。时钟工具显示当前时间，日历则显示当前日期。此外，微软还提供更多的在线支持服务。

在桌面空白处单击鼠标右键，选择“小工具”，弹出桌面小工具窗口，如图 1-54 所示，将“时钟”和“日历”拖到桌面适当位置。

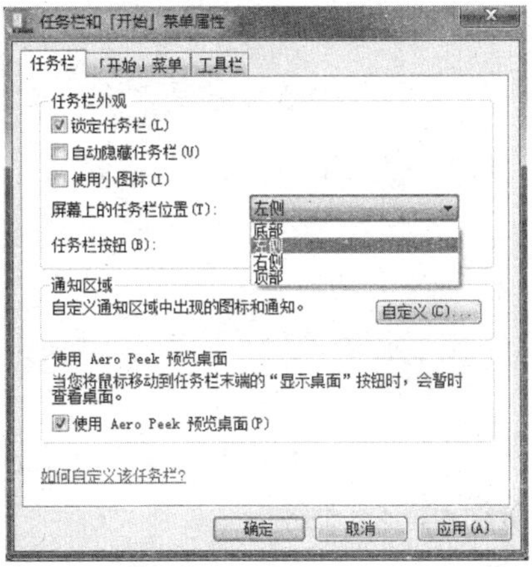

图 1-53 “任务栏和‘开始’菜单属性”对话框

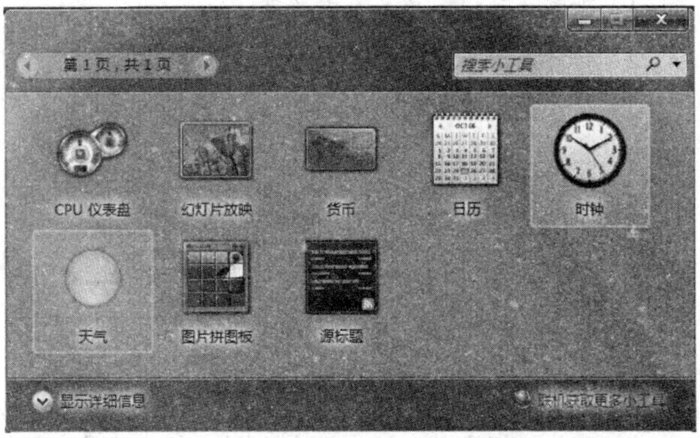

图 1-54 设置桌面小工具窗口

STEP 6 最终桌面效果如图 1-55 所示。

图 1-55　桌面个性化设置效果图

牛刀小试

1. 按照如下步骤进行桌面个性化设置。

要求:

(1) 更改桌面主题设置;

(2) 更改桌面墙纸设置;

(3) 设置屏幕保护，时间间隔为 5 分钟。

2. 按照如下步骤对任务栏进行设置。

要求:

(1) 设置桌面任务栏为自动隐藏;

(2) 将“桌面”设置到工具栏;

(3) 将记事本程序锁定到任务栏;

(4) 改变任务栏图标的显示方式;

(5) 改变任务栏位置到桌面左边;

(6) 在通知区域隐藏扬声器图标和通知。

3. 按照如下步骤对控制面板进行如下操作。

要求:

(1) 创建一个新用户，身份为计算机管理员，名称自定，并为新用户设置密码;

(2) 不关机切换 Windows 用户，用新创建的用户登录，查看变化;

(3) 查看本机系统设置，查看系统基本配置信息、计算机名等;

(4) 添加一种拼音输入法。

任务 3 管理 Windows 系统

一、任务描述

刘之林买回来了计算机并安装好系统软件和应用软件后，对于系统的资源管理及文件管理还很迷茫。学校给大学一年级学生开设了五门专业课程，每门课程每周都有作业，这些文件都杂乱堆放在桌面上，刘之林为此感到心烦意乱。他希望对计算机中的文件进行有序管理。

二、任务分析

系统管理在计算机应用中起着非常重要的作用，系统管理主要包括账户管理、文件和文件夹管理以及系统中软件的管理。能够熟练地组织和管理好计算机中的文件，才能充分发挥计算机的作用。

三、任务目标

- 掌握 Windows 7 系统中的账户创建及管理。
- 掌握文件和文件夹的基本操作。
- 掌握 Windows 7 常用附件的使用方法。

四、知识链接

（一）Windows 7 的账户管理

1. 创建新账户

视频：新建账户

用户要进行账户管理操作，可单击“控制面板”中的“用户账户”选项，进入“用户账户”窗口对账户进行管理，如图 1-56 所示。

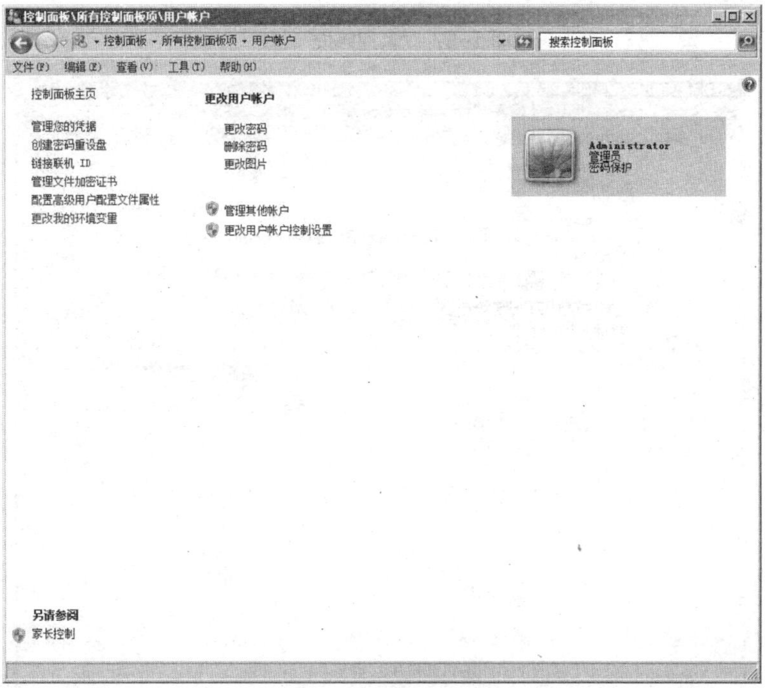

图 1-56 “用户账户”窗口

如果第一次使用某台计算机，并且想拥有自己的账户，就必须创建新账户。创建方法为：在“用户账户”窗口中，单击“管理其他账户”选项，打开“管理账户”窗口，如图 1–57 所示，选择“创建一个新账户”选项，此时会弹出“创建新账户”窗口，如图 1–58 所示。在“命名账户”文本框中填写自己的用户名，仔细阅读“标准用户”和“管理员”的说明信息后，选择适合该用户的权限，设置完成后，单击“创建账户”按钮，便创建了一个新账户，如图 1–59 所示。

图 1–57 “管理账户”窗口

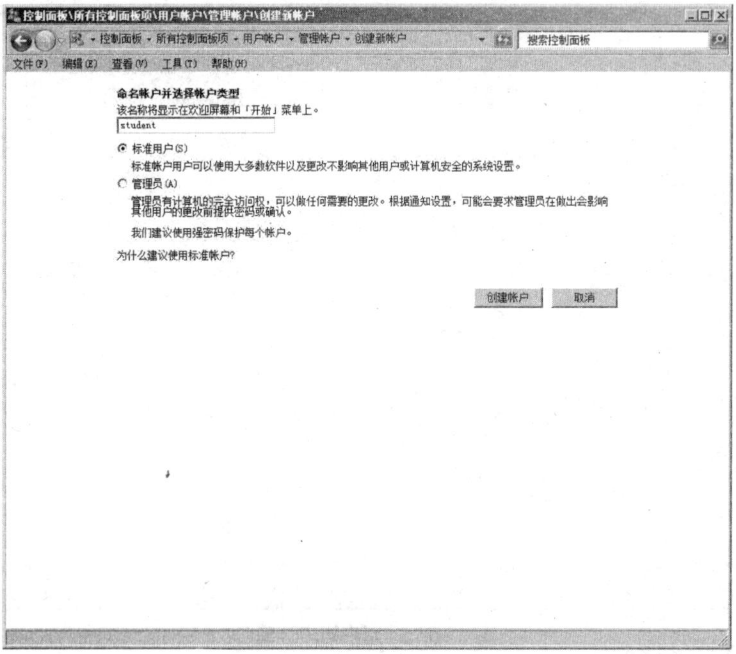

图 1–58 “创建新账户”窗口

图 1-59 创建新账户

2. Windows 账户管理

在“管理账户” 窗口中可以对计算机的账户进行管理。

如果是新账户，为了保证账户的安全，必须为账户创建一个密码。单击刚才创建的 student 账户，进入“更改账户”窗口，如图 1-60 所示，单击“创建密码”选项，打开“创建密码”窗口，如图 1-61 所示，按照要求在文本框中输入密码及密码提示，单击“创建密码”按钮，完成密码的创建。此外，通过“更改账户”窗口，还可以执行更改密码、删除密码、删除账户、更改账户类型等操作。

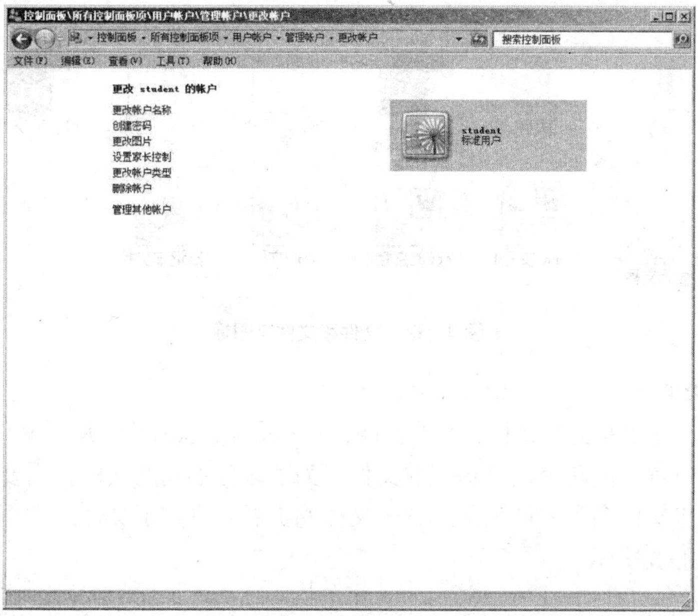

图 1-60 “更改账户”窗口

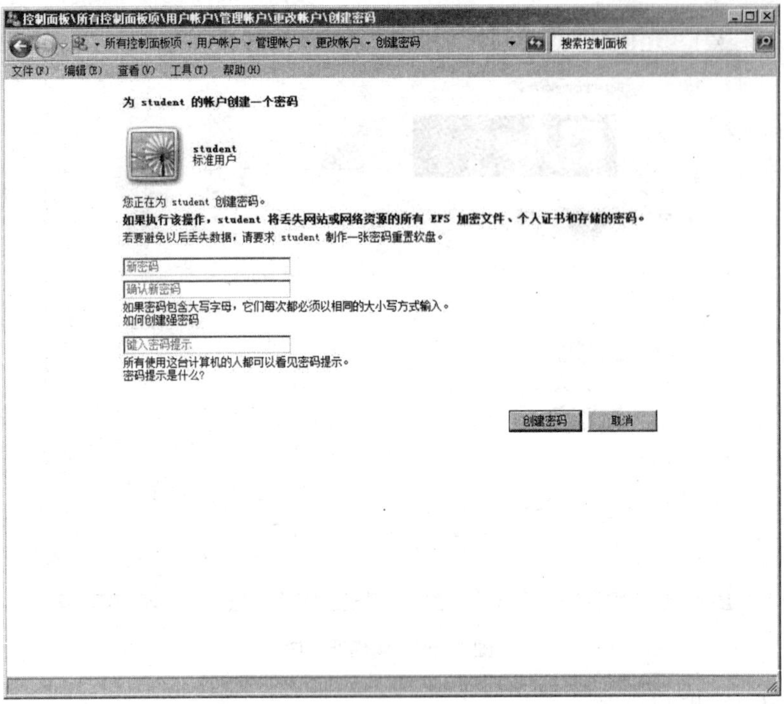

图 1-61 “创建密码”窗口

（二）认识文件和文件夹

1．文件与文件夹的概念

文件是存储在计算机硬盘上的一系列数据的集合，用来存储一套完整的数据资料。文件夹也称为目录，是用来存储文件的，它可以存放单个或多个文件，而它本身也是一个文件。在 Windows 7 操作系统中，文件用文件名和图标来表示，同一类型的文件具有相同的图标，如图 1-62 所示。

图 1-62 文件和文件夹图标

2．文件的类型

在计算机中，存储的文本文档、电子表格、数字图片、歌曲等都属于文件。在 Windows 7 中不允许同一个位置存储两个名字相同的文件，为了区分不同的文件，需要给不同的文件命名，文件名包含主文件名和扩展名两部分，文件的扩展名决定了文件的类型，常用的文件类型和扩展名如表 1-3 所示。

表 1-3　常用文件类型和扩展名对照表

文件类型	扩展名	文件含义
图像文件	.jpg、.bmp、.gif、.tif	记录图像信息，如扫描后存在计算机中的图片
声音文件	.mp3、.wav、.wma、.mid	记录声音和音乐的文件
Office 文档	.docx、.doc、.xls、.xlsx、.ppt	Mcrosoft Office 办公软件使用的文件格式
文本文件	.txt	只记录文字的文件
字体文件	.fon、.ttf	为系统和其他应用程序提供字体的文件
可执行文件	.exe、.com、.bat	双击此类文件，可执行程序
压缩文件	.rar、.zip	由压缩软件将文件压缩后形成的文件
网页动画文件	.swf	可用 IE 浏览器打开，是网上常用的文件
PDF 文件	.pdf	Adobe Acrobat 文档
网页文件	.html	Web 网页文件
动态链接库文件	.dll	为多个程序共同使用的文件
影视文件	.avi、.rm、.flv、.mov、.mpeg	记录动态变化的画面，同时支持声音

3．文件的属性

选择文件，在文件上单击鼠标右键，在弹出的快捷菜单中选择“属性”命令，可以打开“属性”对话框，如图 1-63 所示。

“属性”对话框包含了文件的基本信息，如文件类型、位置、大小及创建、修改、访问的时间；还包括了文件的两种属性：只读、隐藏。因为文件类型的不同，其文件属性对话框也会有所不同。

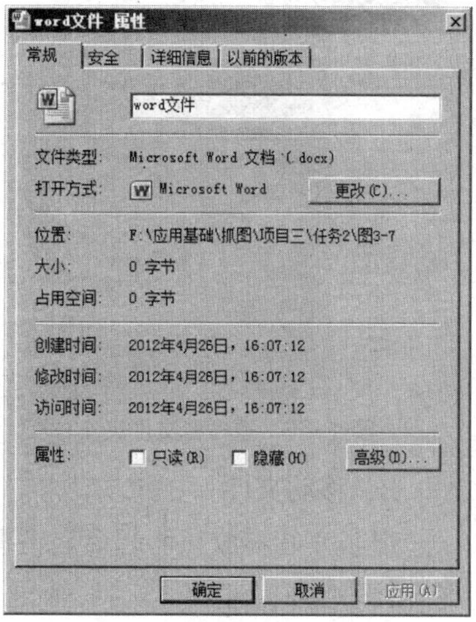

图 1-63　“属性”对话框

（三）文件夹的操作

1．新建文件或文件夹

为了存储不同的文件和将不同的文件分类存储，用户需要新建文件或文件夹，新建文件或文件夹的方法通常有两种。

（1）通过单击鼠标右键弹出的快捷菜单创建。在空白处单击鼠标右键，在弹出的快捷菜单中选择“新建”命令，选择要新建的文件类型或文件夹，如图 1-64 所示。

（2）通过计算机窗口菜单创建。在计算机窗口下，单击“文件”→“新建”命令，选择要新建的文件类型或文件夹，如图 1-65 所示。

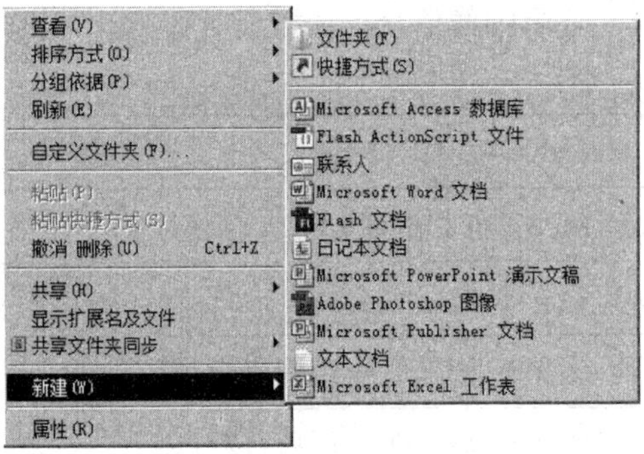

图 1-64 通过单击鼠标右键打开“新建”命令

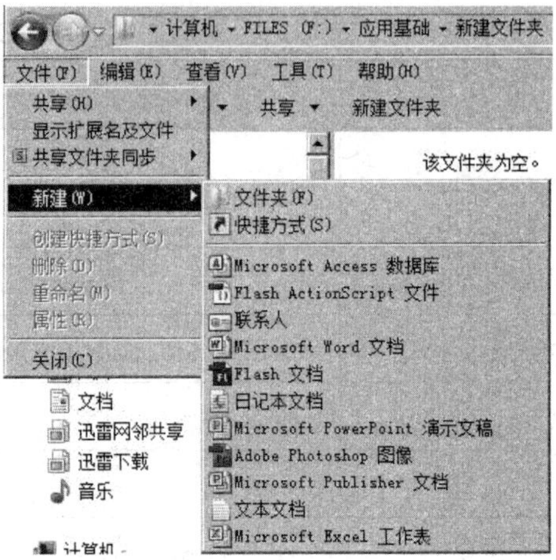

图 1-65 通过“文件”菜单打开“新建”命令

2．创建个人工作目录

打开计算机窗口，选择“磁盘驱动器 H”，在右侧空白处单击鼠标右键，在弹出的快捷菜单中选择“新建”→“文件夹”命令，新建一个文件夹，输入文件夹名为“影视”，若文件夹新建后没有立即命名，则需要选中文件夹并单击鼠标右键，在弹出的快捷菜单中选择“重命名”命令，即可修改文件夹的名称，如图 1-66 所示。依次创建“影视”“软件”“图片”“文件”“学习”“音乐”“游戏”文件夹，组建自己的工作目录，如图 1-67 所示。

图 1-66 重命名文件夹

图 1-67 工作目录

3．移动文件

很多文件堆放在一起会显得很乱，不方便用户管理，当个人工作目录建好后，就可以将文件分类存储。

下面将图 1-68 所示的文件分别移动到之前创建好的相应分类目录内，例如，要将 4 个 MP3 类型的音乐文件移动到“音乐”文件夹内，首先选中 4 个文件，在空白处右键单击，在弹出的快捷菜单中选择“剪切”命令，然后进入“音乐”文件夹，在空白处单击鼠标右键，在弹出的快捷菜单中选择“粘贴”命令，这些文件就被移动到了“音乐”文件夹内。同样，可依次将其他文件按类型移动到相应的文件夹内。

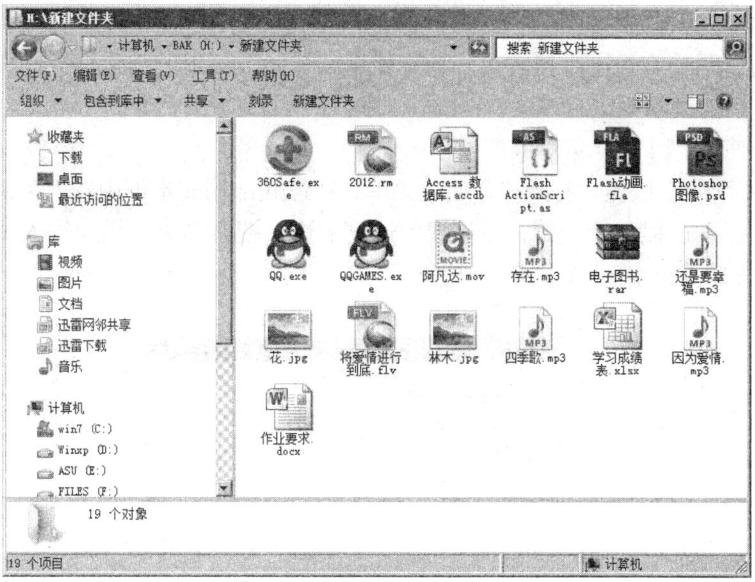

图 1-68 “文件夹”窗口

4. 创建快捷方式

对于经常使用的文件或文件夹人们往往希望能快速访问，此时用户可以通过创建“快捷方式”，并把此快捷方式放到桌面上，来实现快速访问。

例如，要在桌面上为“学习”工作目录创建快捷方式，其操作方法为选中“学习”文件夹并单击鼠标右键，在弹出的快捷菜单中选择“发送到”→“桌面快捷方式”命令，如图 1-69 所示。回到桌面就可以看到“学习”文件夹的快捷方式了，双击该快捷方式就可以快速访问“学习”文件夹了。

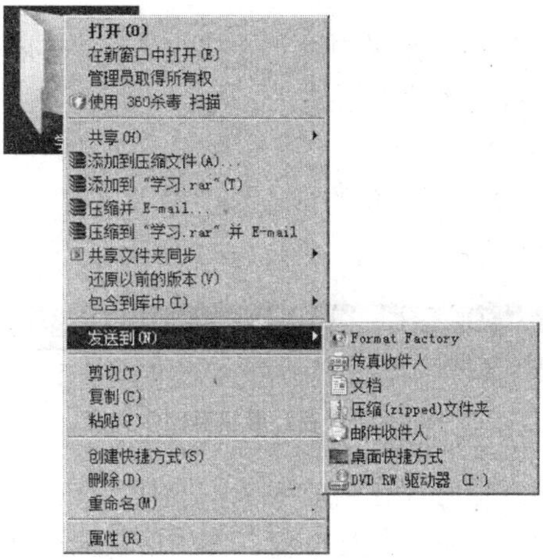

图 1-69 创建桌面快捷方式

（四）文件夹的查找和属性设置

计算机中可以存储的文件很多，因此用户难免会忘记文件所在的位置，在需要使用该文件时可以使用 Windows 7 的搜索功能将其找出。Windows 7 的搜索功能十分强大，搜索界面也更加人性化。

（1）搜索文件和文件夹

用户可通过两种方式进行搜索，一种是使用“开始”菜单的搜索框进行搜索，另一种是使用计算机窗口的搜索框进行搜索。

方式一：使用“开始”菜单的搜索框。

① 单击“开始”按钮，打开“开始”菜单，在最底部的文本框中输入关键字。在输入关键字的同时，搜索过程已经开始，而且搜索速度很快，搜索结果在用户输入关键字之后会立刻显示在“开始”菜单中，如图 1-70 所示。

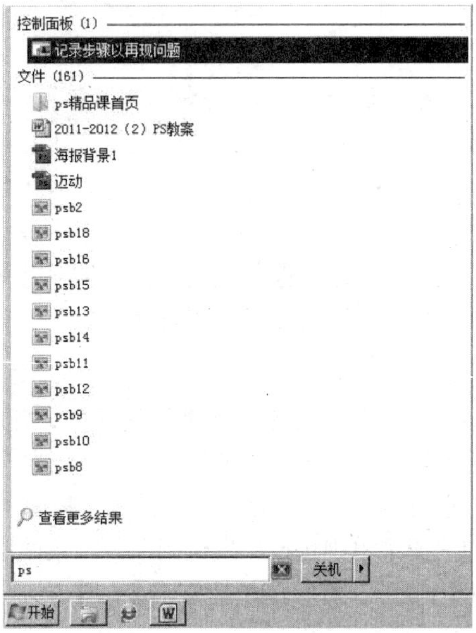

图 1-70　在“开始”菜单中搜索

② 如果在“开始”菜单的搜索结果中没有要找的文件，可以单击“查看更多结果”选项，在打开的文件夹窗口中可查看更多搜索结果。

方式二：使用计算机窗口搜索。

① 启动计算机窗口，在窗口右上角的搜索框中输入关键字，在输入关键字的同时系统开始进行搜索。进度条显示了搜索的进度，如图 1-71 所示。

图 1-71　在计算机窗口中搜索

使用计算机窗口中的搜索框时仅在当前目录中搜索，因此只有在根目录“计算机”下才会以整台计算机为搜索范围。例如，进入 D 盘，使用搜索框进行搜索，则系统只在 D 盘中搜索目标文件。如果想在某个特定文件夹中搜索文件，应首先进入该文件夹，然后在搜索框中输入关键字即可。

② 用户可以通过单击搜索框启动“添加搜索筛选器”选项，通过设置“搜索筛选器”可提高搜索精度，如图 1-72 所示。

（2）以不同方式显示文件

文件夹窗口可用不同方式显示文件，以便于用户查阅文件。在文件夹窗口右侧单击

“查看”按钮，在弹出的下拉列表中提供了 8 种显示方式，如图 1-73 所示，用户可改变文件显示方式。单击“显示预览窗格”按钮可以控制是否显示预览窗格，如图 1-74 所示。

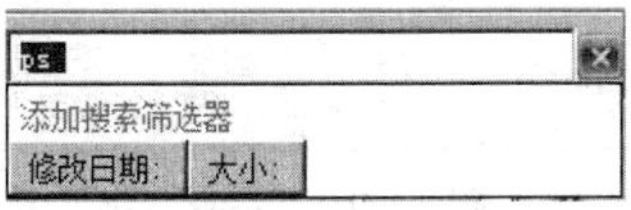

图 1-72 通过“搜索筛选器”搜索

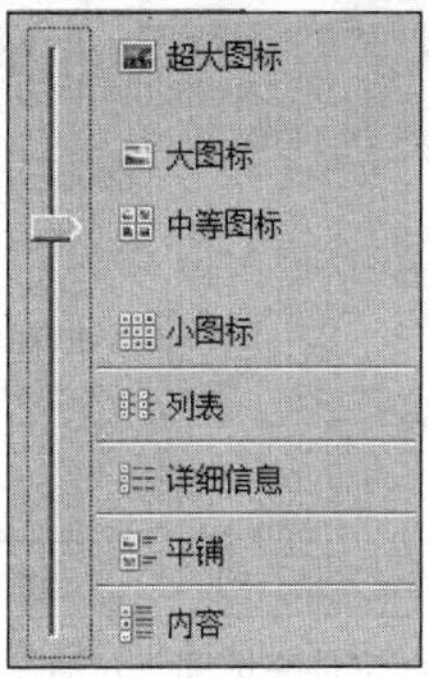

图 1-73 “显示方式”命令

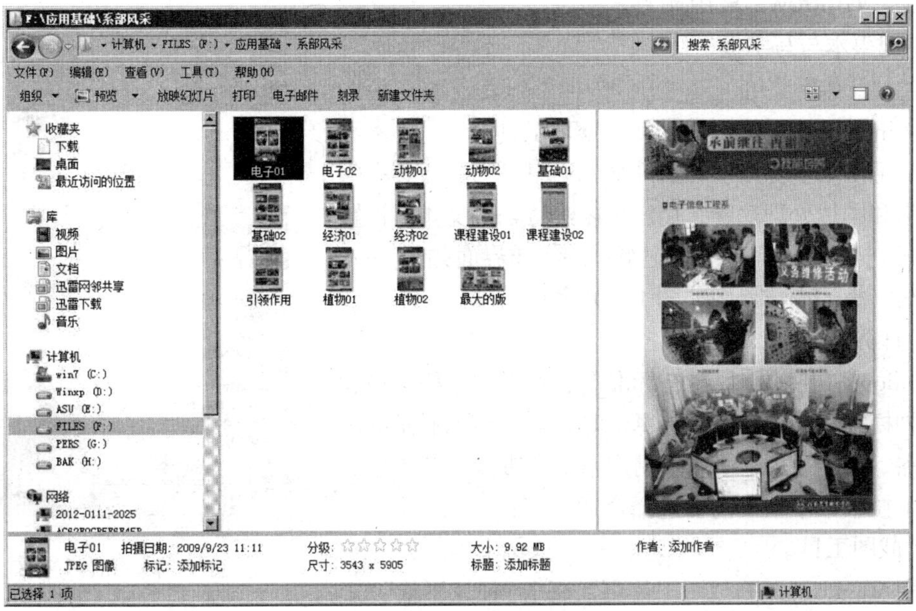

图 1-74 “文件夹”的预览窗格

（3）查看隐藏文件

在计算机中，有些文件和文件夹被隐藏了起来（用户也可自己隐藏文件），如果要显示隐藏的文件或文件夹，操作方法如下。

视频：隐藏及显示文档

① 在计算机窗口的菜单中，选择“工具”→“文件夹选项”命令，打开“文件夹选项”对话框，如图 1-75 所示。

② 单击“查看”选项卡，选中“显示隐藏的文件、文件夹和驱动器”选项，如图 1-76 所示，单击“确定”或“应用”按钮，即可显示隐藏的文件。相反，如果不想显示隐藏的文件，可选择“不显示隐藏的文件、文件夹或驱动器”选项。

③ 选择“隐藏受保护的操作系统文件（推荐）”，可以隐藏操作系统中受保护的重要文件，选择“隐藏已知文件类型的扩展名”，可以隐藏文件的扩展名，若要执行相反操作只需去掉相应选项即可。

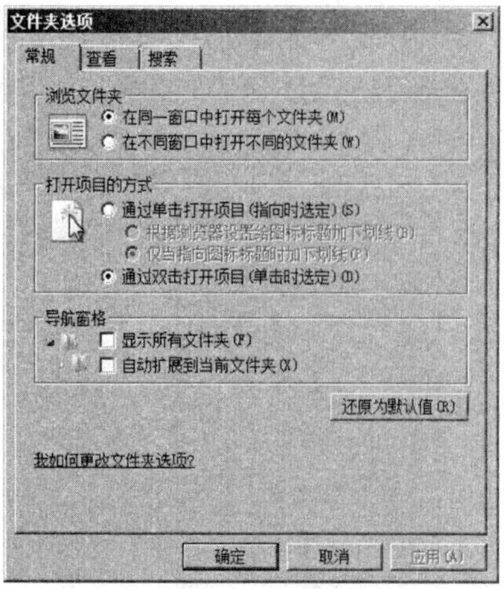

图 1-75 “文件夹选项”对话框

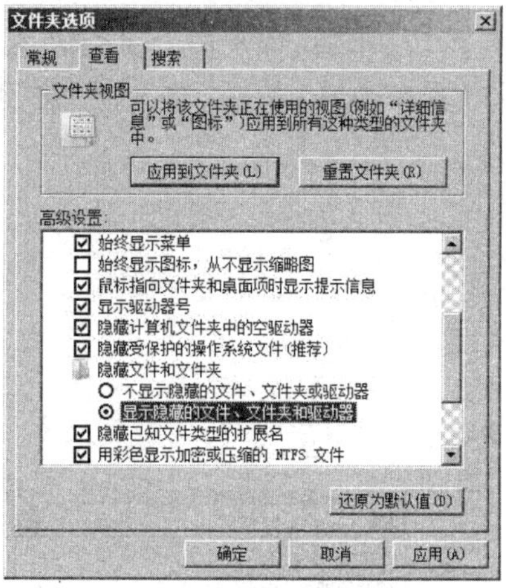

图 1-76 “查看”选项卡

（五）Windows 常用附件

1. 记事本与写字板

通过“开始”菜单可以打开“附件”列表，如图 1-77 所示。Windows 7 系统自带了文字处理工具——记事本和写字板。记事本主要用于编辑纯文本信息。写字板具有强大的文字和图片处理功能，用户可以进行输入文本、设置文本格式、插入图片等操作。记事本的操作界面如图 1-78 所示，写字板的操作界面如图 1-79 所示。

2. 计算器

Windows 7 中的计算器有标准型、科学型、程序员和统计 4 种模式，当初次打开计算器时，默认显示的是标准型计算器，如图 1-80 所示。用户单击“查看”菜单项，可以在下拉菜单中根据需要选择合适的模式。

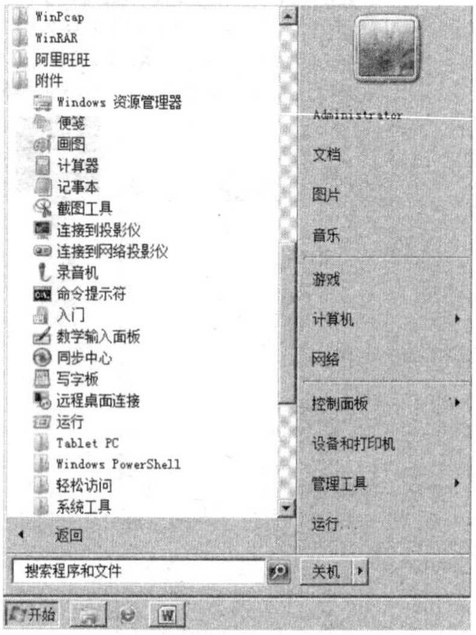

图 1-77 “附件”列表

3. 截图工具

使用 Windows 7 的截图工具可以获取“任意形状”“矩形”“窗口”“全屏幕”4 种类别的截图，截图工具的操作界面如图 1-81 所示。

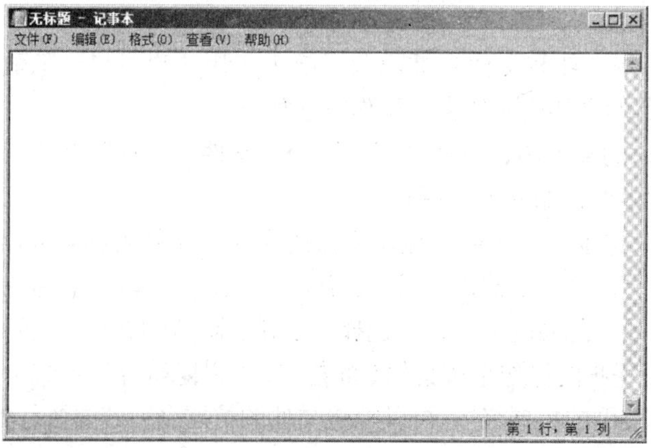

图 1-78 “记事本”操作界面

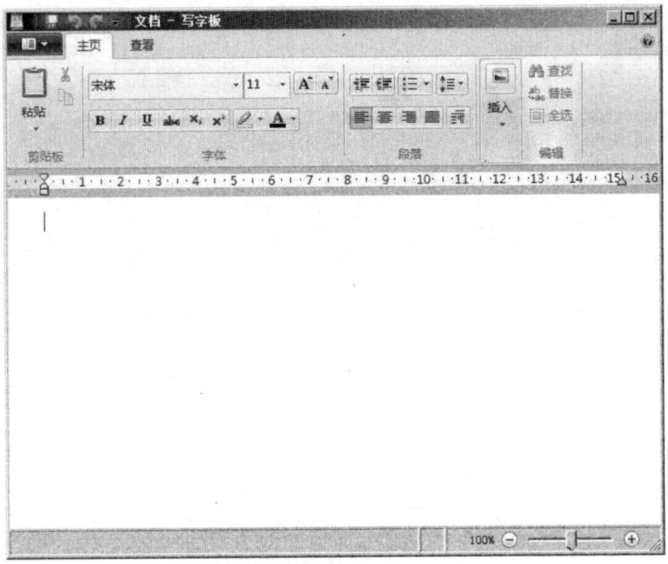

图 1-79 “写字板”操作界面

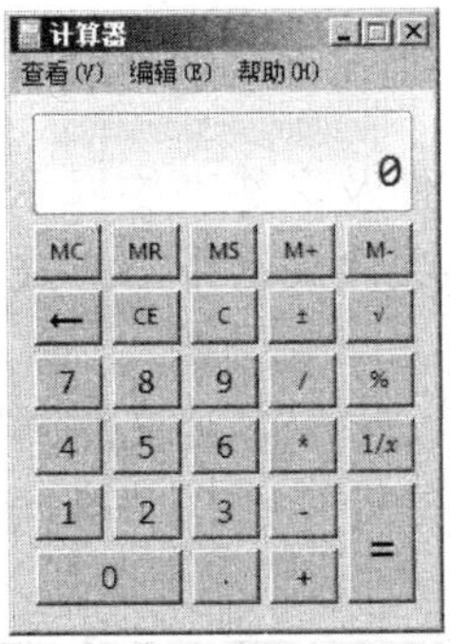

图 1-80 标准型计算器

图 1-81 “截图工具”界面

单击“新建”按钮右侧的下拉列表，可选择截图的类别，如图 1-82 所示。单击“选项”按钮可以打开“截图工具选项”对话框，进行选项的设置，如图 1-83 所示。

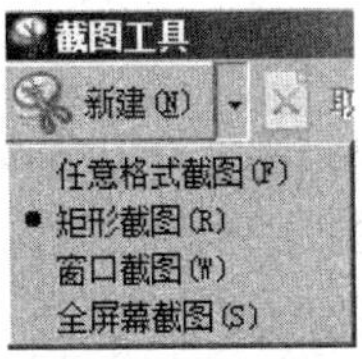

图 1-82 截图的类别

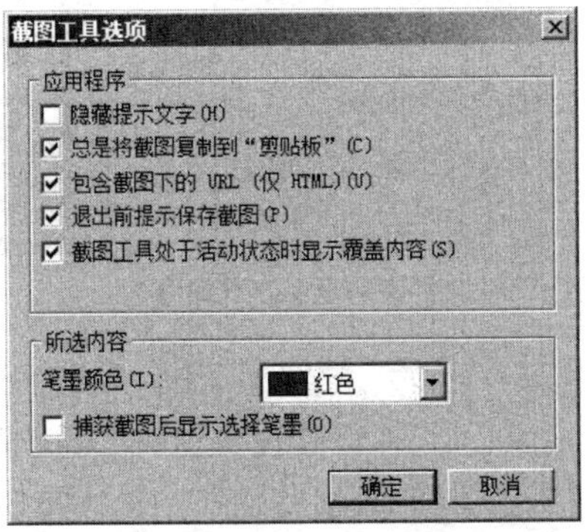

图 1-83 “截图工具选项”对话框

4．画图

画图程序是 Windows 7 自带的用于画图、编辑图片的程序。通过画图程序，用户可以轻松地对图片进行添加文字、调整大小等操作，画图程序的界面如图 1-84 所示。

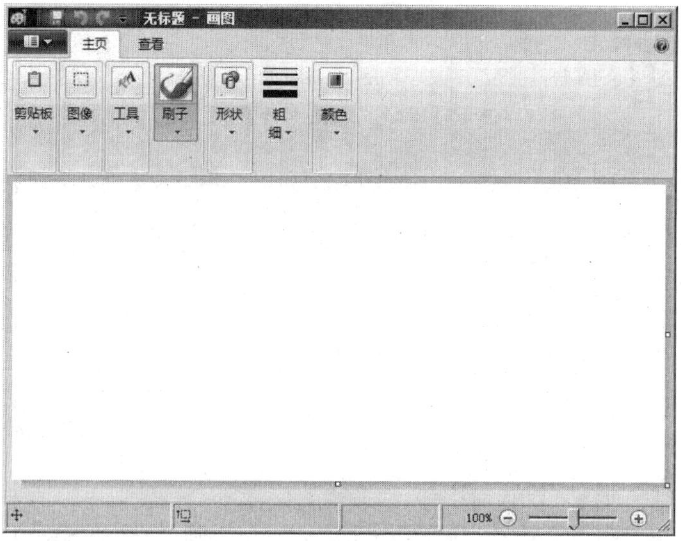

图 1-84　画图程序的界面

五、任务实施

创建及管理私密文件夹步骤如下。

STEP 1 启动 Windows 7 资源管理器，浏览 F 盘，将文件及文件夹的显示方式设置为“详细信息”，如图 1-85 所示。将 F 盘文件和文件夹的排列方式设置为“大小递增”。

STEP 2 在 F 盘下空白处单击鼠标右键，弹出快捷菜单，选择“新建文件夹”，创建两个文件夹，分别命名为“我的故事”和“我的故事备份”，如图 1-86 所示。

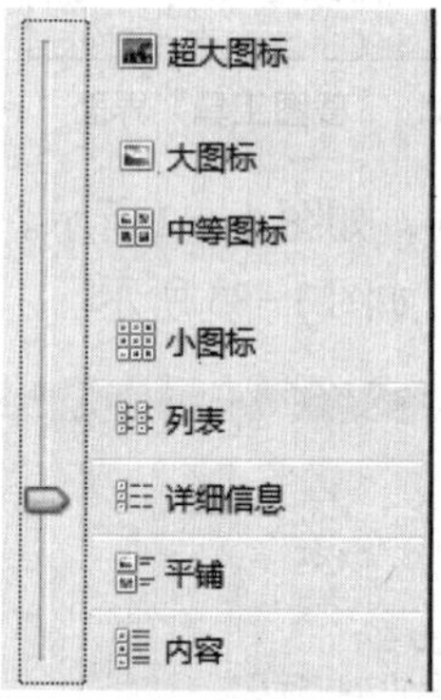

图 1-85　文件夹的显示方式命令

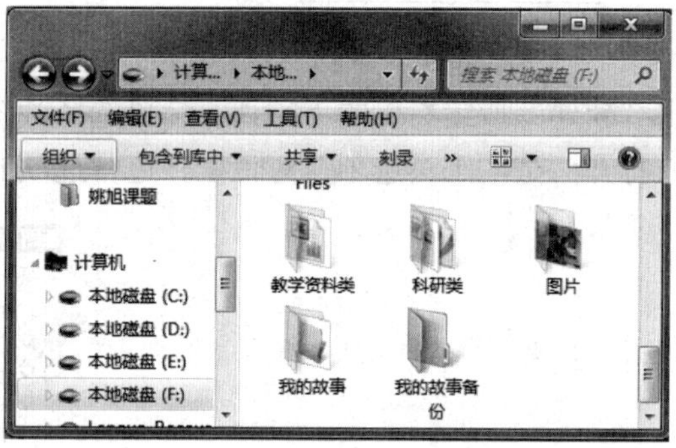

图 1-86　创建文件夹窗口

STEP 3 单击“开始”按钮，选择“所有程序”，打开附件中的“记事本”程序，输入文本“心情”，保存在文件夹“我的故事”中，如图 1-87 所示。将“心情.txt”复制到“我的故事备份”中，并重命名为“心情备份.txt”。

STEP 4 打开 “我的故事备份”文件夹，选择“心情备份.txt”，单击鼠标右键，通过弹出的快捷菜单打开“属性”对话框并设置文件“属性”为隐藏；单击菜单栏中的工具选项，如图 1-88 所示，选择“文件夹选项”子菜单，单击“查看”选项卡，将文件夹的查看方式设置为“不显示隐藏文件和文件夹”。

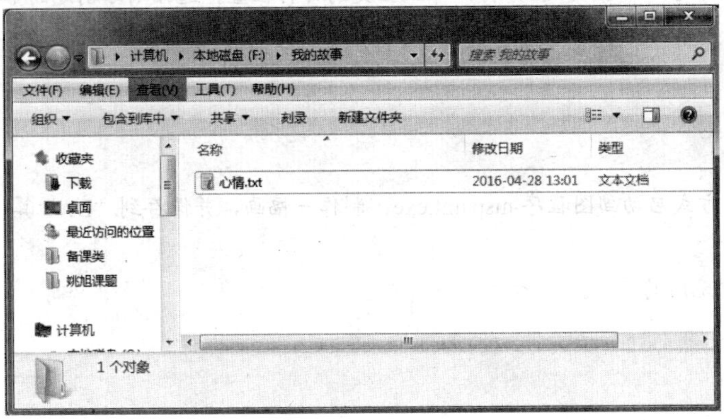

图 1-87 创建“心情”文件后窗口

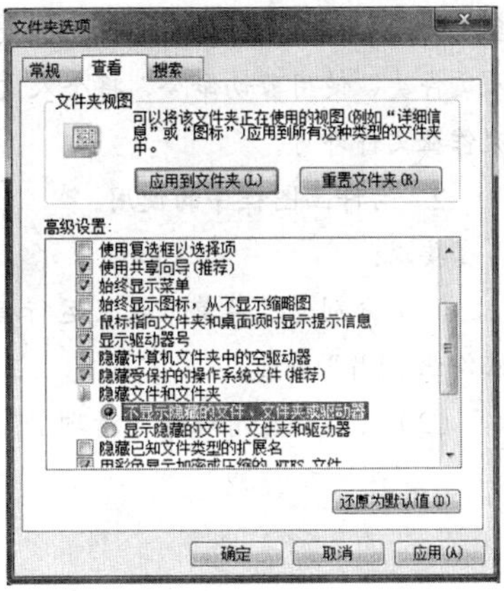

图 1-88 隐藏文件夹选项对话框

STEP 5 最后拖动“我的故事”文件夹到左侧“收藏夹”中，打开“收藏夹”可以快速找到此文件夹，如图 1-89 所示。

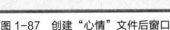

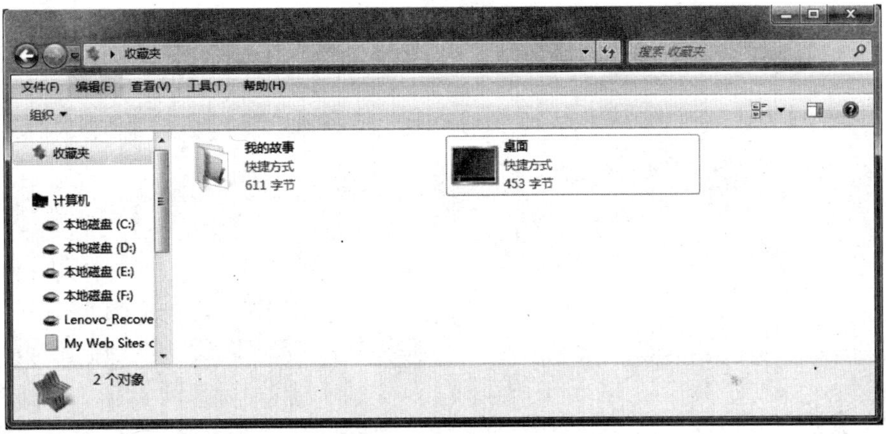

图 1-89 添加到“收藏夹”窗口

牛刀小试

1. 在计算机应用基础的实践教学中，有时学生的作业需要以电子文档的形式上交至网络服务器的指定位置，如“\\accd\本系资源\交作业处\作业上交处”。

要求：

（1）建立个人文件夹

如果是第一次上交作业，则需要新建自己的文件夹，在桌面上单击鼠标右键，在弹出的快捷菜单中选择“新建”→“文件夹”命令新建一个文件夹，以“学号姓名”命名该文件夹，如“01 张三”。

（2）移动作业至个人文件夹

选择做好的作业并单击鼠标右键，在弹出的快捷菜单中选择“剪切”命令，然后进入个人文件夹下，在空白处单击鼠标右键，在弹出的快捷菜单中选择“粘贴”命令，此时作业文件就被移动到了个人文件夹内。

（3）作业上交

在桌面上双击“计算机”或“网络”图标，在打开的“计算机”或“网络”窗口的地址栏内输入作业上交的地址，如“\\accd\本系资源\交作业处\作业上交处”，打开作业上交的目标位置。选择刚才创建的个人文件夹，使用剪切命令，将个人文件夹移到交作业处。若交作业处已有自己的个人文件夹，则只移动本次作业文件即可。

2. 附件画图程序的使用。

要求：

（1）分别通过菜单方式及运行程序方式启动画图程序 mspaint.exe，制作一幅画，并保存到“D:\计算机作业\图片”下。

（2）运行磁盘清理程序清理 D 盘中无用的程序。

第二篇

Word 2010 文档的制作与处理

Word 2010 是微软公司推出的一款功能强大的文字处理软件，是 Office 2010 软件中的一个重要组成部分，是目前最常用的文字处理软件之一。Word 2010 界面友好，工具丰富多彩，操作一目了然，除了具有文字格式设置、段落设置、文字排版、表格处理、图文混排等功能外，还能方便快捷地进行屏幕截图、简单抠图、编辑和发送电子邮件，甚至可以编辑和发布个人博客。Word 2010 已被广泛应用于处理各种办公文档，是提高文字的处理能力和效率，以及实现无纸化办公中不可或缺的工具和助手。

教学目标

- 熟练掌握 Word 2010 新建、保存等基本操作；
- 能够在 Word 2010 中完成文本、表格编辑；
- 能够在 Word 2010 进行图文混排；
- 能够在 Word 2010 中完成公式或函数的录入；
- 能够在 Word 2010 中应用文档样式，进行格式操作；
- 能够在 Word 2010 中使用邮件合并。

PART 2 项目 2 掌握 Word 2010 的基本操作

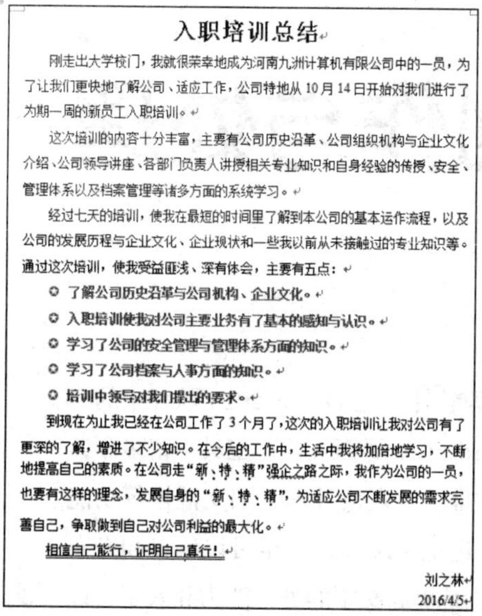
入职培训总结

刚走出大学校门，我就很荣幸地成为河南九洲计算机有限公司中的一员，为了让我们更快地了解公司、适应工作，公司特地从 10 月 14 日开始对我们进行了为期一周的新员工入职培训。

这次培训的内容十分丰富，主要有公司历史沿革、公司组织机构与企业文化介绍、公司领导讲座、各部门负责人讲授相关专业知识和自身经验的传授、安全、管理体系以及档案管理等诸多方面的系统学习。

经过七天的培训，使我在最短的时间里了解到本公司的基本运作流程，以及公司的发展历程与企业文化、企业现状和一些我以前从未接触过的专业知识等。通过这次培训，使我受益匪浅、深有体会，主要有五点：

- 了解公司历史沿革与公司机构、企业文化。
- 入职培训使我对公司主要业务有了基本的感知与认识。
- 学习了公司的安全管理与管理体系方面的知识。
- 学习了公司档案与人事方面的知识。
- 培训中领导对我们提出的要求。

到现在为止我已经在公司工作了 3 个月了，这次的入职培训让我对公司有了更深的了解，增进了不少知识。在今后的工作中，生活中我将加倍地学习，不断地提高自己的素质。在公司走"新、特、精"强企之路之际，我作为公司的一员，也要有这样的理念，发展自身的"新、特、精"，为适应公司不断发展的需求完善自己，争取做到自己对公司利益的最大化。

相信自己能行，证明自己真行！

刘之林

2016/4/5

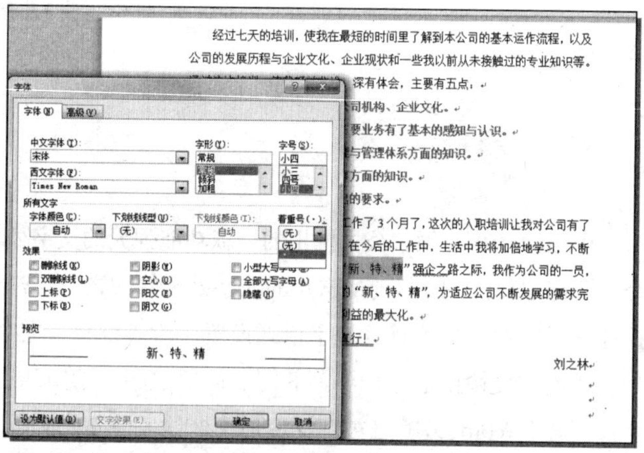

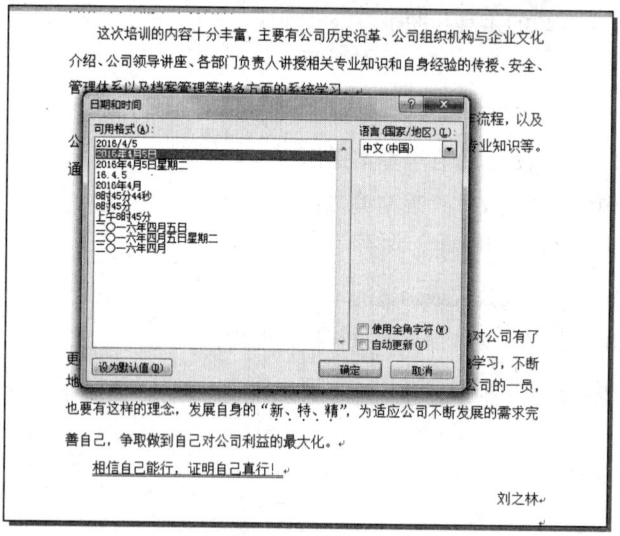

任务 创建员工培训总结

一、任务描述

暑假期间，刘之林去河南九洲计算机有限公司实习。刘之林与其他新进员工在上岗之前进行了员工入职培训。培训结束后，公司领导让刘之林等其他员工用 Word 2010 创建员工培训总结。刘之林利用所学知识，制作了一份图 2-1 所示的培训总结。

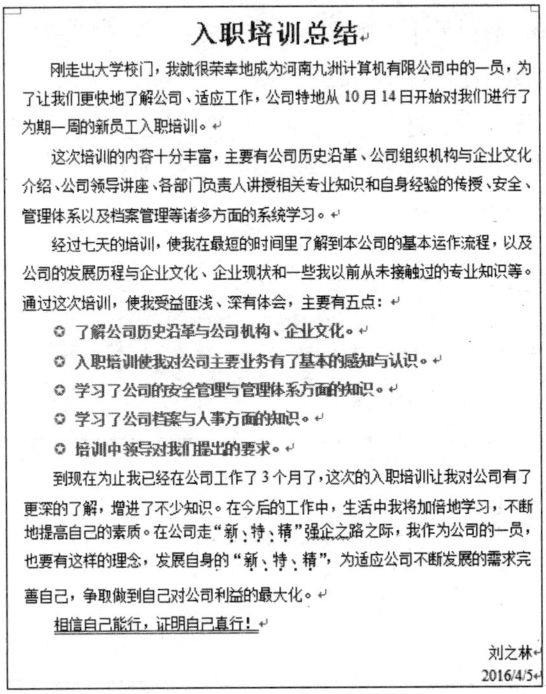

入职培训总结

刚走出大学校门，我就很荣幸地成为河南九洲计算机有限公司中的一员，为了让我们更快地了解公司、适应工作，公司特地从 10 月 14 日开始对我们进行了为期一周的新员工入职培训。

这次培训的内容十分丰富，主要有公司历史沿革、公司组织机构与企业文化介绍、公司领导讲座、各部门负责人讲授相关专业知识和自身经验的传授、安全、管理体系以及档案管理等诸多方面的系统学习。

经过七天的培训，使我在最短的时间里了解到本公司的基本运作流程，以及公司的发展历程与企业文化、企业现状和一些我以前从未接触过的专业知识等。通过这次培训，使我受益匪浅、深有体会，主要有五点：

- 了解公司历史沿革与公司机构、企业文化。
- 入职培训使我对公司主要业务有了基本的感知与认识。
- 学习了公司的安全管理与管理体系方面的知识。
- 学习了公司档案与人事方面的知识。
- 培训中领导对我们提出的要求。

到现在为止我已经在公司工作了 3 个月了，这次的入职培训让我对公司有了更深的了解，增进了不少知识。在今后的工作中，生活中我将加倍地学习，不断地提高自己的素质。在公司走“新、特、精”强企之路之际，我作为公司的一员，也要有这样的理念，发展自身的“新、特、精”，为适应公司不断发展的需求完善自己，争取做到自己对公司利益的最大化。

相信自己能行，证明自己真行！

刘之林

2016/4/5

图 2-1 入职培训总结

二、任务分析

新进员工进入工作岗位之前都要进行培训，培训总结是培训内容的梳理和升华，需要体现出员工的学习感悟、心得体会以及培训收获。要求层次清楚，观点明确，措辞严谨。

三、任务目标

- 掌握 Word 2010 文档的新建、保存等基本操作。
- 掌握在 Word 2010 中录入文本、编辑文本。
- 掌握 Word 2010 字体格式的设置、段落格式的设置。

四、知识链接

（一）Word 2010 的启动与退出

1. 启动 Word 2010

启动 Word 2010 的方法有很多种，常用的启动方法主要有以下三种。

（1）菜单方式。单击“开始”→“程序”→“Microsoft Office”→“Microsoft Word 2010”命令，即可启动 Word 2010。

（2）快捷方式。双击建立在 Windows 桌面上的“Microsoft Office Word 2010”快捷方式图

标或快速启动栏中的图标即可快速启动 Word 2010。

（3）双击任意已经创建好的 Word 文档，在打开该文档的同时，启动 Word 2010 应用程序。

2．退出 Word 2010

常用的退出 Word 2010 的方法有三种。

（1）单击 Word 2010 窗口右上角的“关闭”按钮。

（2）单击“文件”列表中的“退出”命令。

（3）双击 Word 2010 窗口左上角的图标，或单击该图标，选择“关闭”命令。

（二）认识 Word 2010 的工作界面

Word 2010 的工作界面由标题栏、选项卡标签、快速访问工具栏、选项组、文本编辑区、状态栏、视图方式和显示比例等组成，如图 2-2 所示。

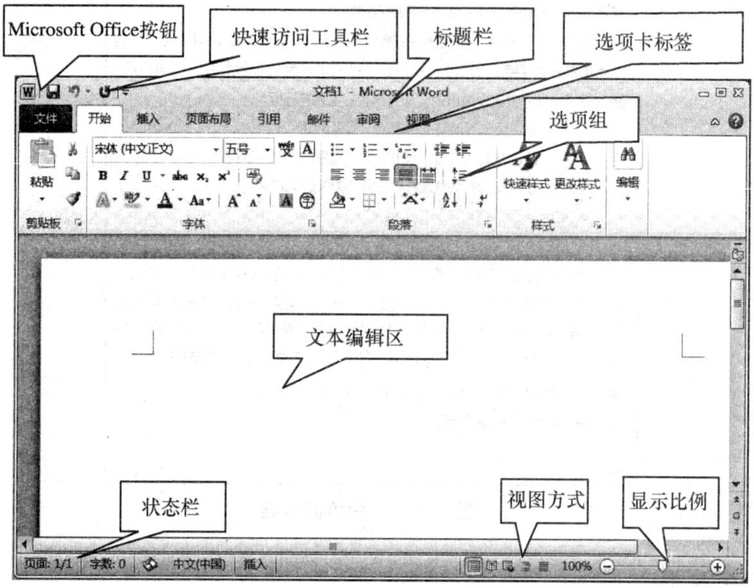

图 2-2　Word 2010 窗口

1．标题栏

标题栏位于 Word 2010 窗口的最上方，自左向右分别为控制菜单图标、Word 窗口标题及“最小化”“最大化”（或“还原”）和“关闭”按钮。

2．选项卡标签

选项卡标签位于标题栏的下方，由文件、开始、插入、页面布局、引用、邮件、审阅、视图及加载项 9 个标签组成，单击每个选项卡，在选项组将显示其相应的功能。

3．选项组

选项组位于选项卡标签的下方，显示的是当前选项卡标签的内容。当前选项卡标签不同，选项组的内容也随之改变。

4．状态栏

状态栏位于窗口的最下方，用来显示该文档的基本数据，如“页面：1/1”表示该文档一共有 1 页，当前显示的是第 1 页；“字数”显示文档中的总字数，单击它可打开“字数统计”对话框，它将显示更加详细的统计信息。

5．显示比例

Word 2010有两种调整显示比例的方法。第一种是用鼠标拖动位于Word窗口右下角的显示比例按钮，向拖动将放大显示，向拖动则缩小显示。第二种是选择“视图”中“显示比例”组中的显示比例，进行详细的设置。

（三）Word 2010的文档视图

Word 2010提供了多种视图模式供用户选择，包括“页面视图”“阅读版式视图”“Web版式视图”“大纲视图”和“草稿视图”五种视图模式。用户可以在“视图”选项卡的“文档视图”选项组中选择需要的文档视图模式；也可以在Word 2010文档窗口的右下方单击“视图”按钮选择视图，如图2-3所示。

图2-3　视图按钮

1．页面视图

页面视图是直接按照用户设置的页面大小进行显示，此时的显示效果与打印效果完全一致，可从中看到各种对象（包括页眉、页脚、水印和图形等）在页面中的实际打印位置。在页面视图中，可进行编辑排版、页眉页脚设置、多栏版面的设置，可处理文本框、图文框的最后外观，并且可对文本、格式以及版面进行编辑修改，也可拖动鼠标来移动文本框及图文框。

2．阅读版式视图

阅读版式视图是以分栏样式显示Word 2010文档。在该视图下标题栏、选项组、状态栏都将隐藏起来，文档上仅出现一个简单的工具条以方便用户阅读时操作，如图2-4所示，此时的文档就像翻开的书一样便于阅读。

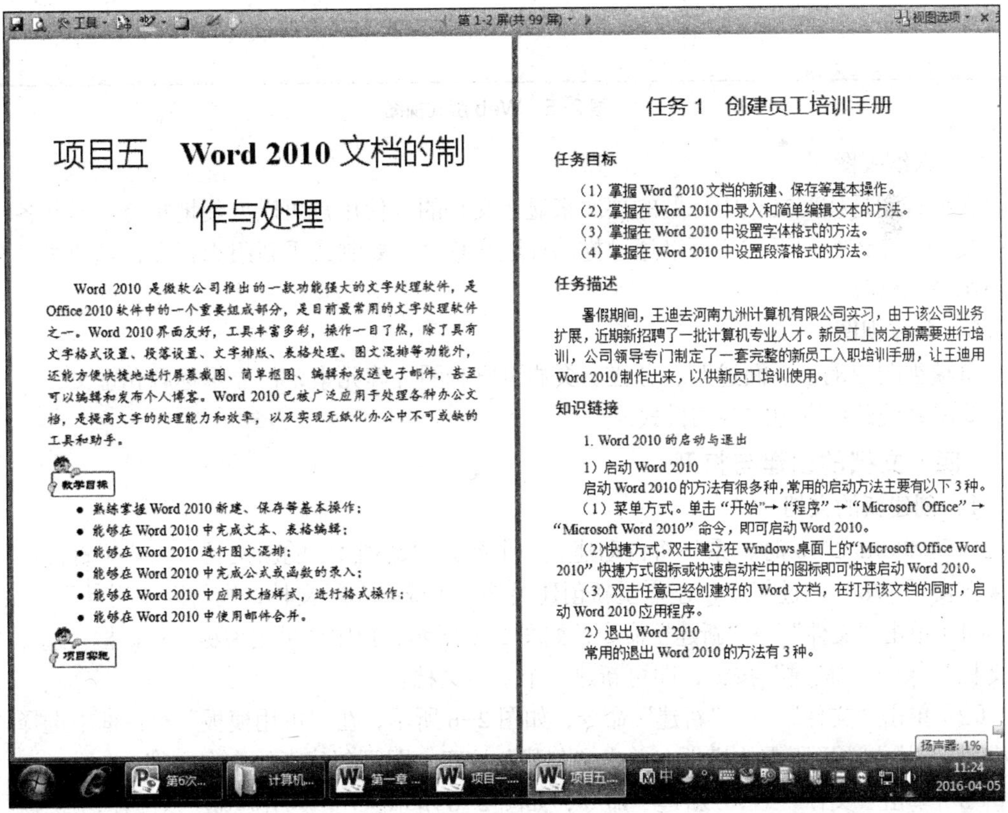

图2-4　阅读版式视图

3. Web 版式视图

Web 版式视图是以网页的形式显示 Word 2010 文档。Web 版式视图适用于发送电子邮件和创建网页，如图 2-5 所示。

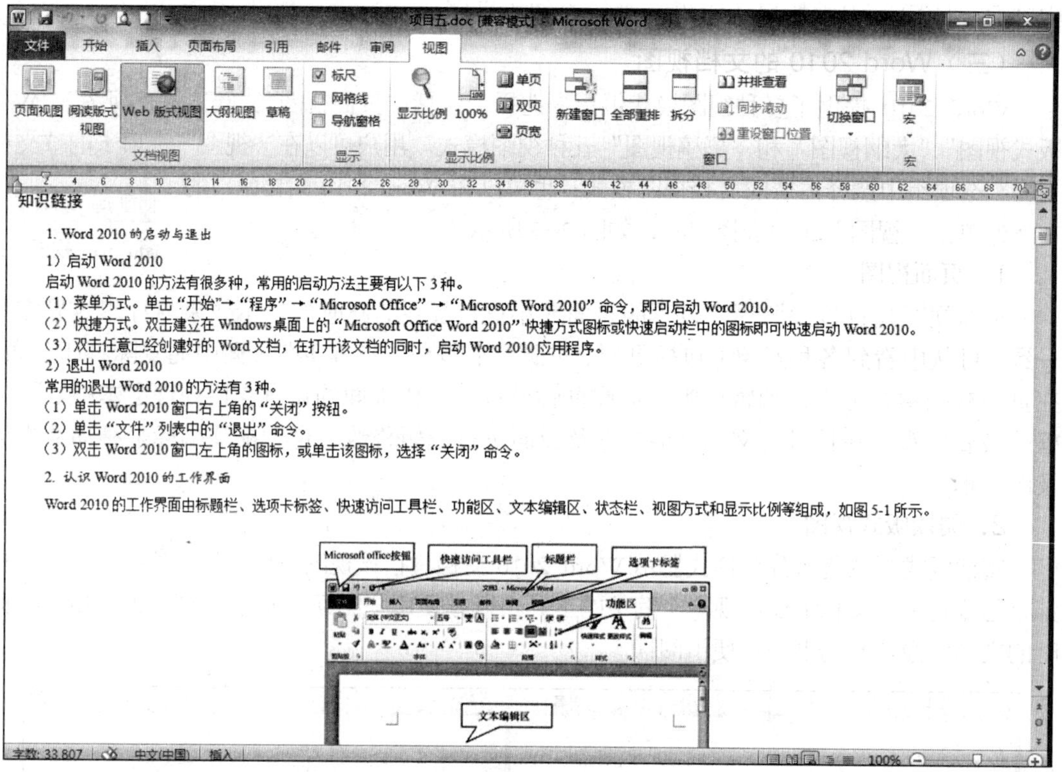

图 2-5　Web 版式视图

4. 大纲视图

大纲视图是按照文档中标题的层次来显示文档的，使用户可以方便地折叠、展开各种层级的文档。在该视图下，还可以通过拖动标题来移动、复制或重新组织正文，以便对长文档快速浏览和修改。

5. 草稿视图

草稿视图取消了页面边距、分栏、页眉页脚和图片等元素，仅显示标题和正文，是最节省计算机系统硬件资源的视图模式。

（四）文档的创建与打开

1. 创建新的文档

启动 Word 2010 时，系统将自动建立一个名为“文档 1”的新文档，用户可直接使用。如果在使用 Word 的过程中，还需重新创建另外一个或多个新文档，则可以使用以下方法。

（1）单击“文件”→“新建”命令，如图 2-6 所示，弹出“可用模板”对话框，选择“空白文档”，单击“创建”按钮，即可新建一个空白文档。

（2）单击“文件” →“新建”命令，如图 2-6 所示，在“可用模板”对话框中选择“样本模板”，从中选择所需的模板，单击“创建”按钮，即可创建新的空白文档。

（3）单击“文件” →“新建”命令，如图 2-6 所示，在“可用模板”对话框中选择“我的模板”，选择“空白文档”，单击“确定”按钮，也可创建新的空白文档。

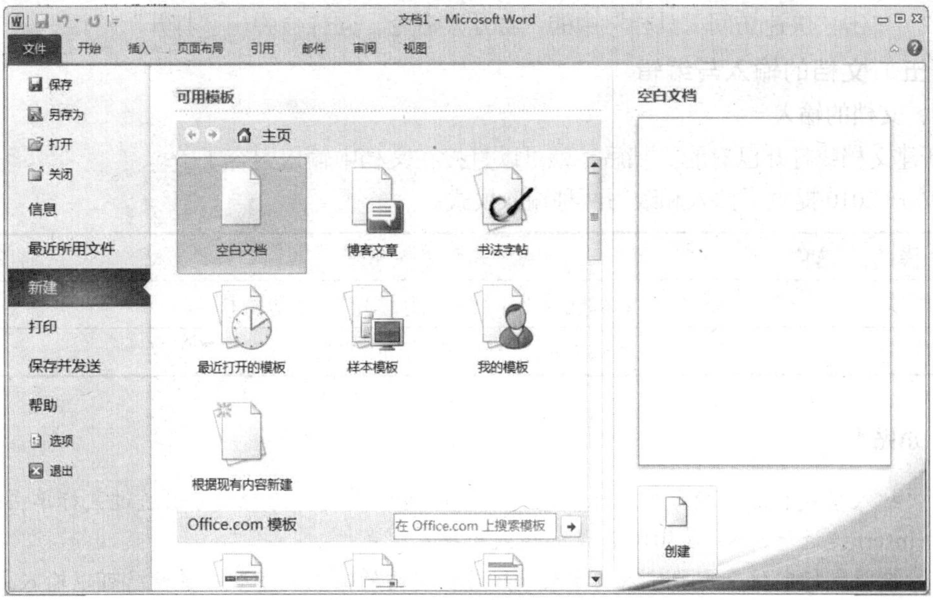

图 2-6 “新建”命令

2. 打开已有文档

当用户需要对已经存在的文档进行编辑、修改等操作时，必须先打开该文档。在 Word 2010 中打开已有文档的方法有很多，常用的有以下三种。

（1）单击“文件” →“打开”命令，在弹出的“打开”对话框中选择查找范围，选中需要打开的文件，单击“打开”按钮即可打开已有文档，如图 2-7 所示。

小贴士

- ✓ 按 Ctrl+N 组合键可创建新的空白文档。
- ✓ 按 Ctrl+O 组合键可弹出“打开”对话框。

图 2-7 “打开”对话框

（2）单击“快速访问工具栏”中的“打开”命令，同样会弹出“打开”对话框。

（五）文档的输入与编辑

1．文档的输入

新建文档或打开已有的文档后，就可以直接在文档中输入内容了。

Word 2010 提供了插入和改写两种输入模式。

模　　式	特　　点
插入模式	输入的文本插到光标点左侧，光标自动后移
改写模式	输入的文本将覆盖光标点后面的文本

小贴士

✓　插入模式和改写模式显示在状态栏中，这两种模式间的切换可以通过鼠标单击或按键盘中的 Insert 键进行。Word 2010 默认的模式为插入模式。

✓　先将鼠标定位至需要输入文本处，然后在合适的输入法下敲击键盘就可以输入文本了。

2．文档的编辑

在 Word 文档中，文档最基本的编辑包括选定文本、删除文本、移动文本和复制文本。

（1）选定文本。要对文本进行各种操作，必须先选定文本。选定文本主要有两种方法：鼠标选定法和键盘选定法。

方法一：将鼠标指针移到要选定文本的第一个字符，按住鼠标左键，一直拖到要选定的最后一个字符，释放左键，这时被选定的区域呈蓝色显示。

小贴士

✓　对某些特殊情况，可以使用表 2-1 中的方法进行操作。

表 2-1　使用鼠标选定文本的操作方法

选择内容	操作方法
任意数量的文字	拖动这些文字
一个单词	双击该单词
一行文字	单击该行最左端的选择条
多行文字	选定首行后向上或向下拖动鼠标
一个句子	按住 Ctrl 键后在该句的任何地方单击
一个段落	双击该段最左端的选择条或三击该段的任何地方
多个段落	选定首段后向上或向下拖动鼠标
连续区域文字	单击所选内容的开始处，然后按住 Shift 键，最后单击所选内容的结束处
矩形区域文字	按住 Alt 键然后拖动鼠标
整篇文档	三击选择条中的任意位置或按住 Ctrl 键后单击选择条中的任意位置

方法二：键盘选定文本，应首先将插入点移到所选文本的开始处，然后再按表 2-2 中所示的组合键进行操作。

表 2-2 使用键盘选定文本的操作方法

选择内容	组合键
选定插入点右边的一个字符或汉字	Shift + →
选定插入点左边的一个字符或汉字	Shift + ←
选定到上一行同一位置之间的所有字符或汉字	Shift + ↑
选定到下一行同一位置之间的所有字符或汉字	Shift + ↓
从插入点选定到它所在行的开头	Shift + Home
从插入点选定到它所在行的末尾	Shift + End
从插入点选定到它所在段的开头	Ctrl+ Shift + ↑
从插入点选定到它所在段的末尾	Ctrl+ Shift + ↓
从插入点选定到文档末尾	Ctrl+ Shift + End
选定整篇文档	Ctrl + A
选定整个表	Alt+5

（2）删除文本。先选定要删除的文本，然后按 Delete 键即可删除；或把插入点定位到要删除的文本之后，通过 Backspace 键进行删除；若把插入点定位到要删除的文本之前，则需要通过 Delete 键进行删除。

（3）移动文本。移动文本是指将选定的文本从某一位置移动到另外的位置，原位置上不再保留原有的文本。移动文本可使用剪贴板和鼠标拖曳等方法来实现。

小贴士

✓ 使用剪贴板移动文本时，先选定要移动的文本，然后单击剪贴板中的“剪切”命令，或单击鼠标右键，在弹出的快捷菜单中的“剪切”命令，然后将插入点定位到文本的新位置，最后在剪贴板中选择“粘贴”命令或单击鼠标右键，在弹出的快捷菜单中选择“粘贴”命令，完成文本的移动。

✓ 通过鼠标拖拽移动文本时，先选定要移动的文本，然后按住鼠标左键，此时鼠标指针下方会增加一个灰色的矩形，光标也以虚线显示，它表明所选文本可被拖动，最后拖动鼠标指针到新位置，松开鼠标左键，完成文本的移动。

（4）复制文本。将选定的文本复制一份粘贴到其他位置，一般可以使用剪贴板复制和鼠标拖动复制两种方式，复制文本的操作与移动文本的操作类似。

小贴士

✓ 使用剪贴板复制文本。先选定要移动的文本，然后单击剪贴板中的“复制”命令，或在快捷菜单中选择“复制”命令，然后将插入点定位到文本的新位置，最后在剪贴板中选择“粘贴”命令或单击鼠标右键，在弹出的快捷选择“粘贴”命令，完成文本的复制。

✓ 通过鼠标拖曳复制文本。先选定要移动的文本；然后在按住鼠标左键的同时按住 Ctrl 键，此时鼠标指针下方会增加一个灰色的矩形，矩形的旁边还有一个中间带“+”的方框，此时光标也以虚线显示，它表明所选文本可进行复制拖动，最后拖动鼠标指针到新位置，松开鼠标左键，完成文本的复制。

（六）文档的格式设置

1．设置字符格式

设置字符格式主要是对文字的字体、字形、字号、颜色、下画线、上标、下标及动态效果等的设置。Word 2010 中，设置字符格式主要有两种方法，一种是在“开始”选项卡中的“字体”选项组中设置；另外一种是在“字体”对话框中设置。

（1）在“开始”选项卡中的“字体”选项组中设置字符格式时，可以设置字体、字号、字形、颜色，还可以给文字加下画线、边框、底纹等，如图 2-8 所示。

（2）“字体”对话框如图 2-9 所示。可通过单击“开始”→“字体”选项组右下角的启动器启动它。在“字体”对话框中可以更细致地对字体进行设置。

视频：字体安装

① 设置字体。Word 2010 中包含了多种中英文字体，也可以根据需要装入其他字体。

② 设置字号。Word 2010 中的字号有两种：中文字号和英文字号。中文字号从初号到八号共 16 级，字号越小，字越大；英文字号以磅值为单位，从 5 磅到 72 磅共 21 级，磅值越小，字越小。

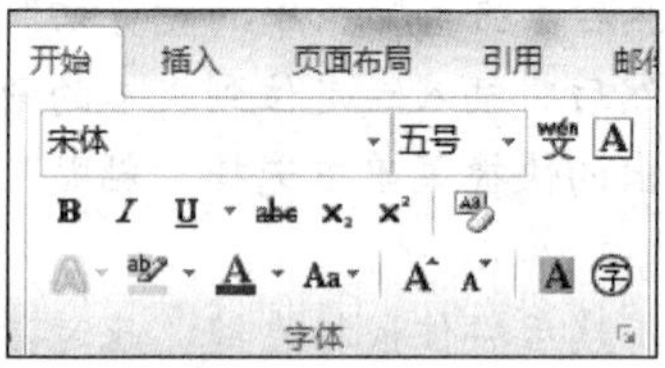

图 2-8 “字体”组

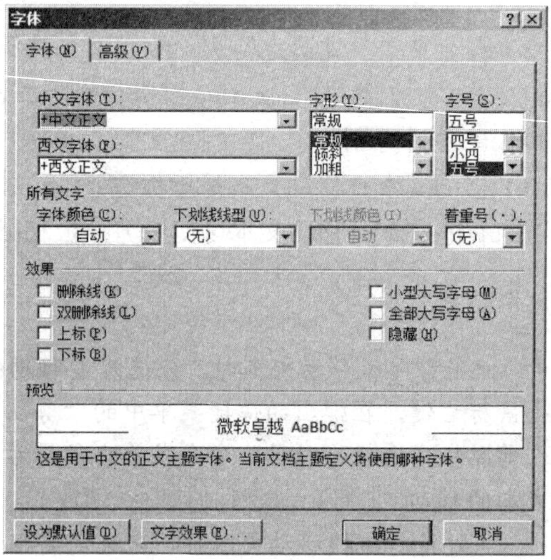

图 2-9 “字体”对话框

③ 设置字形。Word 2010 中可以把文字设置成常规字形、倾斜字形、加粗字形及倾斜且加粗字形。

④ 设置颜色。Word 2010 中可以给文字设置预设的“主题颜色”，也可在“其他颜色”中选择合适的颜色。

⑤ 给文本添加下画线、着重号、边框和底纹。Word 2010 中给文本添加下画线时，可以选择下画线的线型、颜色；添加着重号主要是在“字体”对话框中设置的；添加边框时也可以设置边框的类型，如上边框、下边框、所有边框、内部边框、外侧边框等；添加底纹时可以选择底纹的颜色和图案的样式。

⑥ 格式刷的使用。格式刷的主要功能是复制字符上的格式。格式刷位于“开始”选项卡中的“剪贴板”选项组中。

格式刷的操作步骤如下。

- 选定已设置好格式的文本；

- 单击“格式刷”图标，此时鼠标指针就变成了一个小刷子的形状；
- 刷过需要设置格式的所有文本即可。

小贴士

✓ 在利用格式刷进行格式复制时要注意，单击格式刷按钮，可一次复制格式到拖动过的文本上；双击格式刷按钮，可多次复制格式到拖动过的文本上，再次单击格式刷按钮或按 Esc 键，可取消格式刷上的格式。

2．设置段落格式

段落格式设置主要指对段落的缩进、段间距、行间距、大纲级别和对齐方式等的设置。其主要有两种方法，一种是在“开始”选项卡中的“段落”选项组中设置；另外一种是在“段落”对话框中设置。

（1）在“开始”选项卡中的“段落”选项组中设置，可以设置段落的对齐方式、行间距、段间距等，如图 2-10 所示。

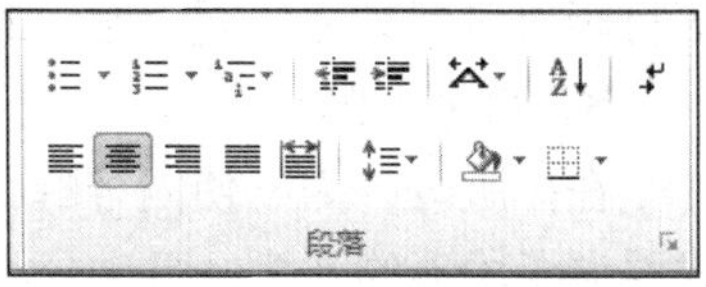

图 2-10 “段落”组

（2）利用“段落”对话框设置时，可通过单击“开始” →“段落”组右下角的启动器启动它。在“段落”对话框中可以更详细地对段落格式进行设置，如图 2-11 所示。

① 对齐方式。Word 2010 中主要有五种对齐方式，分别是左对齐、居中、右对齐、两端对齐和分散对齐。这五种对齐方式的效果如图 2-12 所示。

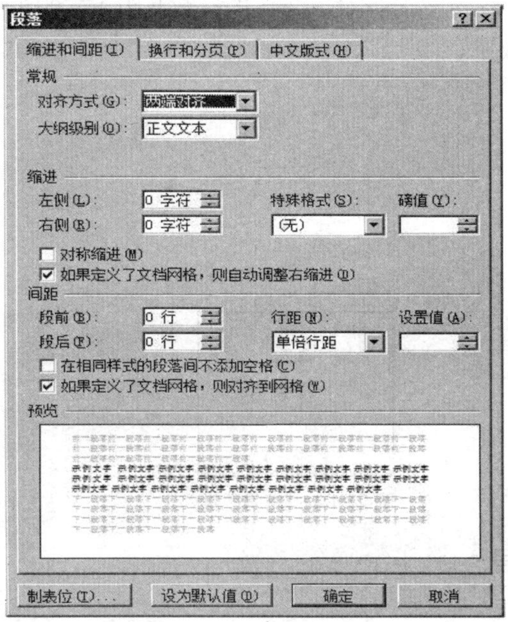

图 2-11 “段落”对话框

新员工入职培训手册（左对齐）
新员工入职培训手册（居中）
新员工入职培训手册（右对齐）
新员工入职培训手册（两端对齐）
新 员 工 入 职 培 训 手 册 （ 分 散 对 齐 ）

图 2-12 对齐效果

② 段落缩进。段落缩进可分为一般缩进和特殊格式缩进两种。左缩进和右缩进为一般缩进，指整个段落与左右页边距之间的距离。而作为特殊格式缩进的首行缩进和悬挂缩进，可以对段落中单独一行的缩进量进行设置。

③ 首行缩进是将首行向内移动一段距离，其他行保持不变。悬挂缩进则是除首行之外的其余各行缩进一段距离。其方法是：在图 2-11 所示的“段落”对话框中，单击“特殊格式”

列表框的下拉按钮，选择“首行缩进”或“悬挂缩进”，然后在“度量值”框中设定缩进量。在“预览”框中可以查看设置的效果，单击“确定”按钮完成缩进设置。

④ 段间距。段间距设置是对段落与段落之间距离的设置。其设置方法为：先选定要设置段落的文本，打开图 2-11 所示的“段落”对话框，在“间距”栏的“段前”和“段后”文本框中输入或单击调整按钮设置所需的间距值。单击“确定”按钮，就完成了对段间距的设置。

⑤ 行间距。行间距是指文本中行与行之间的垂直距离。其设置方法为：先选定需设置间距的文本，打开图 2-11 所示的“段落”对话框，在“行距”栏的文本框中选择所需的间距值，如单倍行距、1.5 倍行距、2 倍行距、最小值、固定值和多倍行距，其中最小值、固定值和多倍行距可设置具体的间距值。最后单击“确定”按钮，完成对行间距的设置。

3. 首字下沉

在排版时，为了使内容醒目，可把段落的第一个字符放大，并下沉一定的距离。这种格式强调了段落的开头，且十分清晰，其前面不必加前导空格。

设置首字下沉格式的步骤如下。

（1）把插入点定位于设置“首字下沉”的段落内。

（2）单击“插入”选项卡中的“首字下沉”，打开“首字下沉”下拉列表，在列表中选择“下沉”或“悬挂”方式，或单击“首字下沉”选项，打开“首字下沉”对话框进行设置，如图 2-13 所示。

（3）在“字体”“下沉行数”“距正文”框中分别选择字体、下沉的行数及距正文的距离等。最后单击“确定”按钮即可设置首字下沉效果。

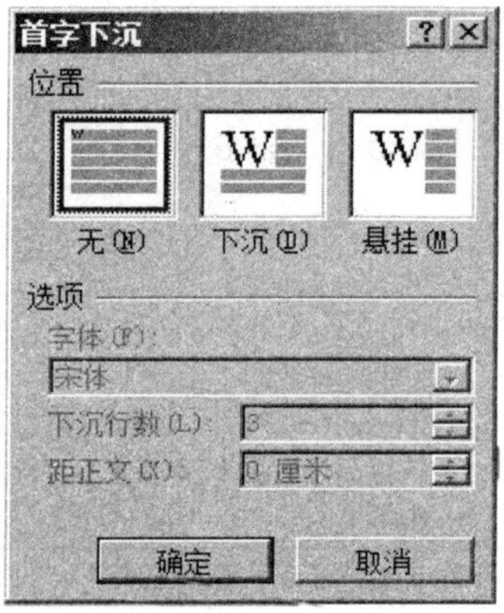

图 2-13 “首字下沉”对话框

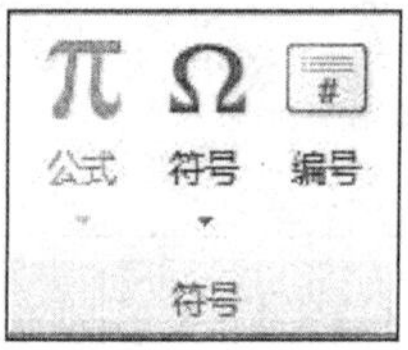

图 2-14 “符号”组

（七）插入符号、日期、项目符号和编号

1. 插入符号

符号是标记、标识，标点符号可以通过键盘直接输入，但实际应用中，人们经常需要插入一些不能直接通过键盘输入的特殊符号。这类符号的插入方法如下。

（1）将光标定位到需要插入符号的文字处，单击“插入”选项卡中“符号”组，如图 2-14 所示。

（2）选择“符号”，单击“其他符号”，打开“符号”对话框，如图 2-15 所示。

（3）选择需要插入的符号，单击“插入”按钮即可。

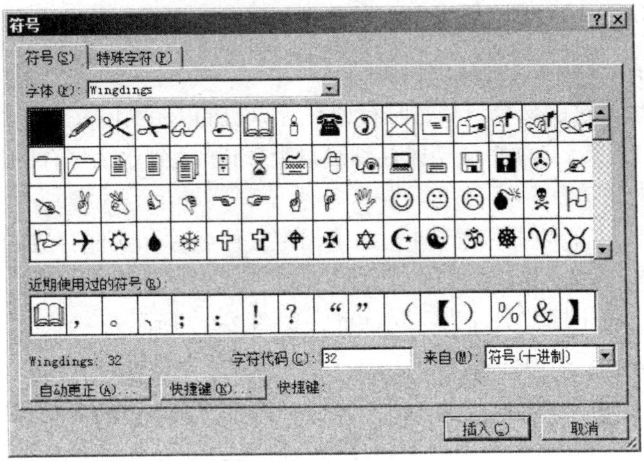

图 2-15 “符号”对话框

2. 插入日期

Word 文档中，经常需要插入日期，一般情况下日期的输入方法与普通文字的输入方法相同，若需要插入当前日期，还可以使用以下方法：选择“插入”选项卡中的“文本”组，单击“日期和时间”。其具体步骤如下。

（1）把插入点定位到需要插入日期的文本处。

（2）单击“插入”选项卡中“文本”组的“日期和时间”。

（3）打开“日期和时间”对话框，选择合适的日期格式，单击“确定”按钮即可，如图 2-16 所示。

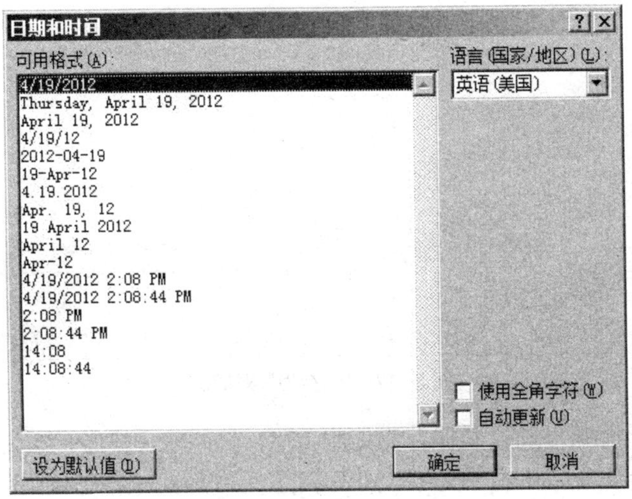

图 2-16 “日期和时间”对话框

如果需要对插入的日期和时间进行时时更新，可以在“日期和时间”对话框中勾选“自动更新”复选框。

3. 插入项目符号和编号

项目符号和编号都是以自然段落为标志，编号是为选中的自然段编辑序号，如“1.”“2.”“3.”等；项目符号则为选中的自然段编辑符号，如■、●等。

（八）文档的保存与关闭

1．文档的保存

新建的文档或编辑过的文档只是暂时存放在计算机的内存中，文档未经保存就关闭 Word 程序，文档内容则会丢失，必须将文档保存到磁盘上，才能达到永久保存的目的。在 Word 2010 中，有多种保存文档的方法。

（1）保存新文档。首次保存文档时，必须指定文件名称和文件存放的位置（磁盘和文件夹）以及保存文档的类型。具体的操作方法是：单击“文件”列表中的“保存”命令或按快捷键 Ctrl+S，屏幕上将出现“另存为”对话框，如图 2-17 所示。

默认情况下，Word 2010 将文档保存在“我的文档”中，用户可通过单击“保存位置”下拉列表框选择其他的保存位置。在“文件名”列表框中输入要保存的文件名，Word 2010 默认的文件扩展名为“.docx”。若用户要保存为其他类型的文件，可单击“保存类型”列表框的下拉箭头，选择需要的文件类型。

（2）保存已有文档。新建文档经过一次保存，或以前保存的文件重新修改后，可直接用“文件”列表中的“保存”命令保存修改后的文档。

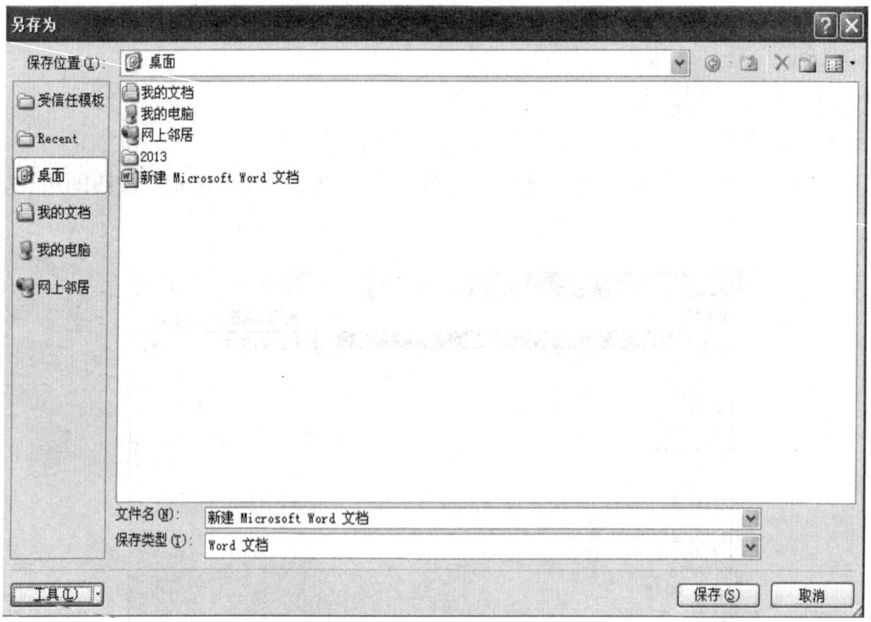

图 2-17 “另存为”对话框

（3）另存文档。如果要将文档保存为其他名称、其他格式或保存到其他文件夹中，均可通过“另存为”命令实现。单击“文件”列表中的“另存为”命令，弹出“另存为”对话框，其操作过程和保存新文档相同。

2．文档的关闭

当文档编辑结束并保存完毕，就可以将文档关闭。关闭文档的方法有以下两种。

（1）单击窗口右上角的关闭按钮。

（2）在“文件”选项卡中选择“关闭”命令。在关闭的过程中，若文档内容做了修改而没有保存，Word 2010 在正式关闭文档前会提示是否将更改保存到文档中，用户可根据需要选择是否保存文档。

（九）查找与替换

Word 2010 提供了强大的“查找”和“替换”功能，用户不仅可以在文档中快速查找和替换文本、格式、段落标记、分页符、制表符及其他项目，还可以查找和替换名词或形容词的各种形式及动词的各种时态。并且可以使用通配符和代码来扩展搜索，以找到包含特定字母和字母组合的单词或短语。

1．查找

查找是指从指定的文档中根据指定的内容查找到与之相匹配的文本。具体步骤如下。

（1）打开“开始”选项卡，在“编辑”选项组中选中“查找”命令，在下拉列表中选择“查找”，打开“查找和替换”对话框，如图 2-18 所示。

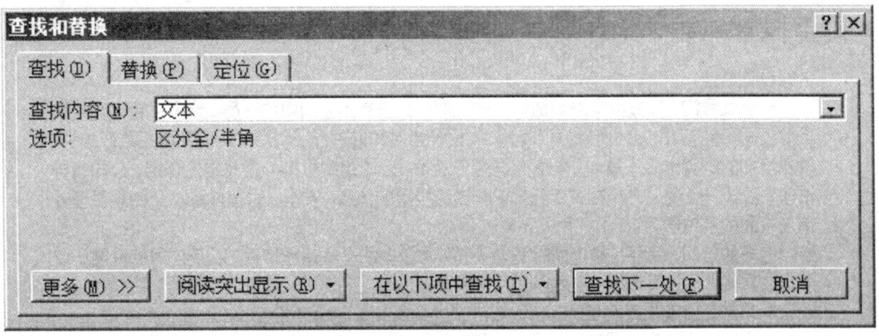

图 2-18 “查找和替换”对话框

（2）在“查找内容”文本框内输入要查找的文本，如“文本”，单击“查找下一处”，系统即从光标所在的位置向文档的后部进行查找，当找到“文本”时，将其以反色形式显示。同时，“查找和替换”对话框并不消失，等待用户的进一步操作。若要继续查找，只要再单击“查找下一处”按钮；若要一次性查找出所有相匹配的文本，单击“在以下项中查找”，再单击“主文档”即可。

2．替换

替换是指从指定的文档中根据指定的内容查找到与之相匹配的文本，并用另外的文本进行替换。具体步骤如下。

视频：替换命令

（1）打开“开始”选项卡，在“编辑”选项组中选中“替换”命令，打开“查找和替换”对话框，如图 2-18 所示。

（2）在“查找内容”框中，输入要查找的文本。

（3）在“替换为”框中，输入替换文本。

小贴士

✓ 要查找文本的下一次出现位置，单击“查找下一处”；如果要替换文本的某一个出现位置，单击“替换”，Word 2010 将移至该文本的下一个出现位置；如果要替换文本的所有出现位置，则单击“全部替换”。

3．在屏幕上查找并突出显示文本

为了直观地浏览单词或短语在文档中出现的每个位置，用户可在屏幕上搜索其出现的所有位置并将其突出显示。虽然文本在屏幕上会突出显示，但在文档打印时并不显示。

（1）在“开始”选项卡上的“编辑”选项组中选中“查找”命令，在下拉列表中选择“查找”，打开“查找和替换”对话框，如图 2-18 所示 。

（2）在“查找内容”框中输入要搜索的文本。

（3）单击“阅读突出显示”，再单击“全部突出显示”。若要清除突出显示文本，则可单击“阅读突出显示”中的“清除突出显示”。

五、任务实施

STEP 1 启动 Word 2010，选择“文件”→“新建”菜单命令，创建一个空白文档。

STEP 2 将输入切换成中文输入法，输入文档标题“入职培训总结”。

STEP 3 按 Enter 键换行，输入正文前两个自然段文本，打开“计算机应用基础（上册）\项目素材\项目 2\素材文件”目录下的“入职培训总结”Word 文档，复制剩余部分的文本，完成入职培训总结的输入，效果如图 2-19 所示。

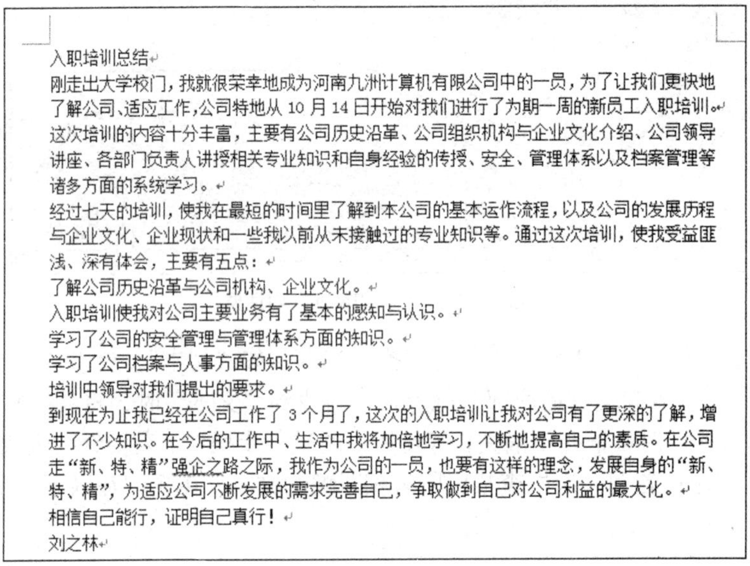

入职培训总结

刚走出大学校门，我就很荣幸地成为河南九洲计算机有限公司中的一员，为了让我们更快地了解公司、适应工作，公司特地从 10 月 14 日开始对我们进行了为期一周的新员工入职培训。

这次培训的内容十分丰富，主要有公司历史沿革、公司组织机构与企业文化介绍、公司领导讲座、各部门负责人讲授相关专业知识和自身经验的传授、安全、管理体系以及档案管理等诸多方面的系统学习。

经过七天的培训，使我在最短的时间里了解到本公司的基本运作流程，以及公司的发展历程与企业文化、企业现状和一些我以前从未接触过的专业知识等。通过这次培训，使我受益匪浅、深有体会，主要有五点：

了解公司历史沿革与公司机构、企业文化。

入职培训使我对公司主要业务有了基本的感知与认识。

学习了公司的安全管理与管理体系方面的知识。

学习了公司档案与人事方面的知识。

培训中领导对我们提出的要求。

到现在为止我已经在公司工作了 3 个月了，这次的入职培训让我对公司有了更深的了解，增进了不少知识。在今后的工作中、生活中我将加倍地学习，不断地提高自己的素质。在公司走“新、特、精”强企之路之际，我作为公司的一员，也要有这样的理念，发展自身的“新、特、精”，为适应公司不断发展的需求完善自己，争取做到自己对公司利益的最大化。

相信自己能行，证明自己真行！

刘之林

图 2-19　输入培训总结

STEP 4 在“编辑”选项组内单击“替换”命令，在弹出的对话框中，查找内容输入“岗前”，替换为输入“入职”，单击“确定”按钮完成，设置如图 2-20 所示。

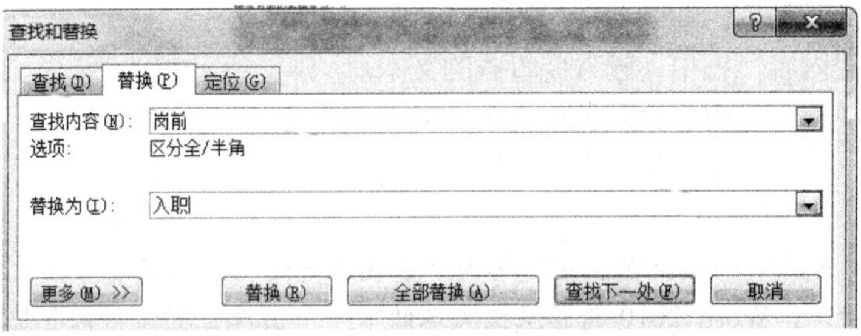

图 2-20　“查找和替换”对话框

STEP 5 选择标题文字“入职培训总结”，单击“字体”选项组右侧的按钮，在弹出的“字体”对话框中设置字体为宋体，字号为二号，加粗，颜色为黑色；在“段落”选项组中选择对齐方式，设置居中，设置方法如图 2-21 所示。

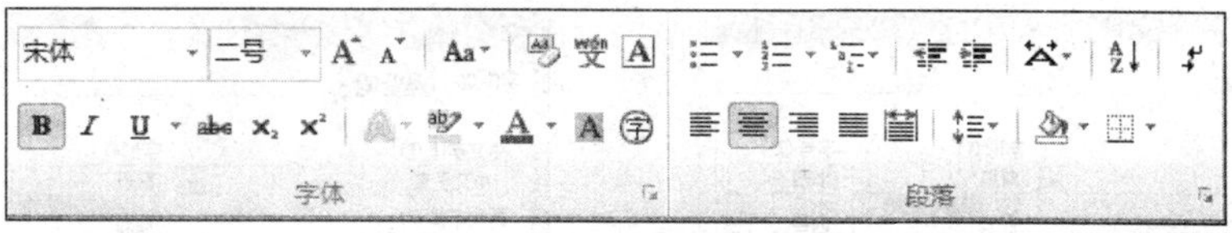

图 2-21　设置字体与段落

STEP 6 全选正文文字，在“字体”选项组中设置字体为宋体，字号为小四号，颜色为黑色。单击“段落”选项组右侧的 按钮，在弹出的对话框中，设置首行缩进两个字符，并设置行距为“1.5 倍行距”，如图 2-22 所示。

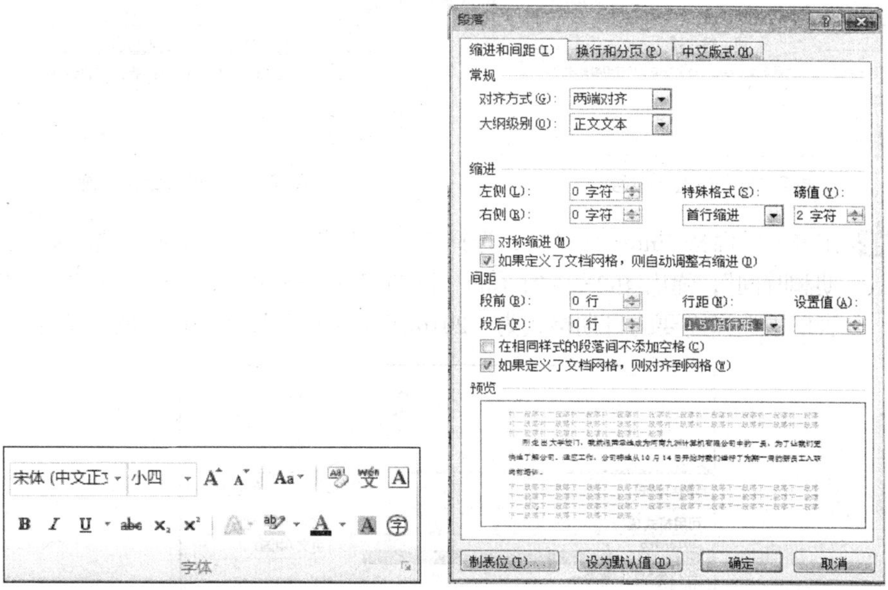

图 2-22　设置字体与段落

STEP 7 选中“了解公司……我们提出的要求”等文字在“字体”对话框中设置文字为“绿色”“加粗”；在“段落”对话框中为文本添加项目符号，如图 2-23 所示。

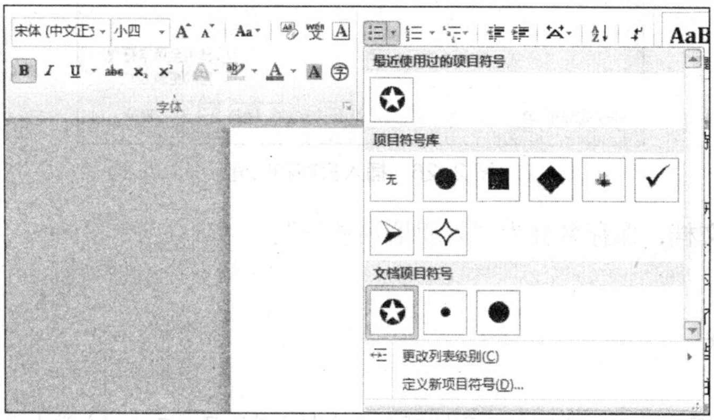

图 2-23　设置项目符号

STEP 8 选中“新、特、精”文字在“字体”对话框中设置为着重号，如图 2-24 所示。

STEP 9 选中最后一段文字在“字体”对话框中设置双下画线，并设置颜色为红色，如图 2-25 所示。

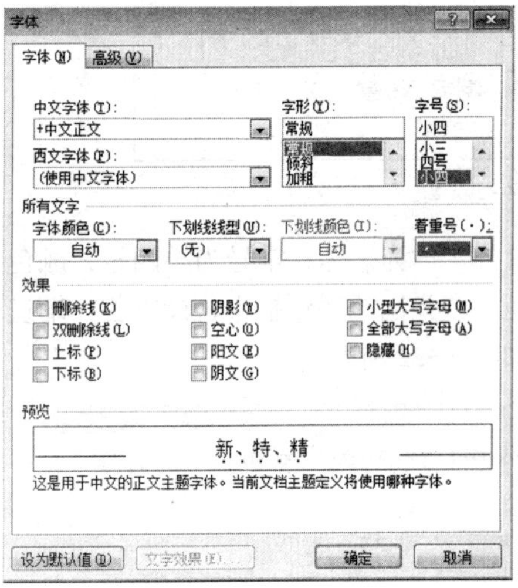

图 2-24　设置着重号

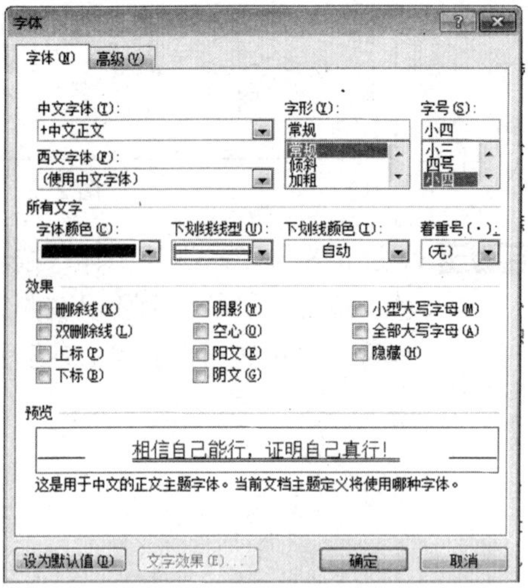

图 2-25　设置红色下画线

STEP 10 在署名后面按 Enter 键换行，选择“插入”菜单，在“文本”选项组内选择“日期和时间”，弹出图 2-26 所示的“日期和时间格式”对话框，在“可用格式”列表框中选择需要的日期格式为“2016 年 4 月 5 日”，单击“确定”按钮。

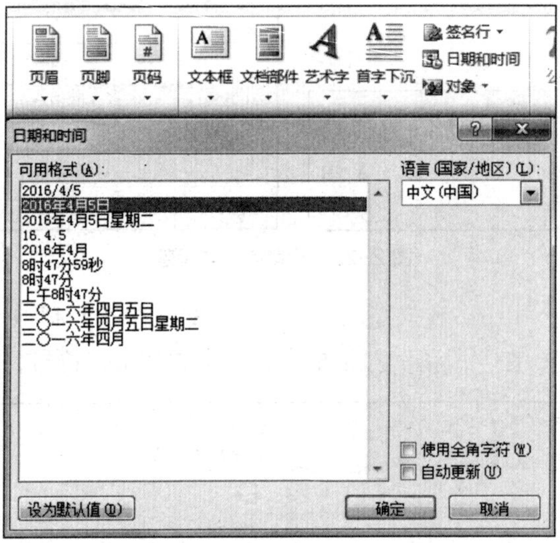

图 2-26　插入日期和时间

STEP 11 保存文档，保存名称为“入职培训总结”。

牛刀小试

打开“计算机应用基础（上册）\项目素材\项目 2\素材文件”目录下的“大学生学习计划原文”文档，按照下列要求完成，最终效果如“计算机应用基础（上册）\项目素材\项目 2\源文件”目录下的“大学生学习计划终稿”文档所示。

要求：

打开“大学生学习计划原文”文档，输入后两段文字，然后按要求进行排版设置。

（1）把文中的“理想”全部替换为“目标”。
（2）设置标题：字体为宋体，字号为二号，加粗，颜色为黑色居中。
（3）设置正文文字：字体为宋体，字号为小四号，颜色为黑色。
（4）将正文部分的段落格式设置为首行缩进两个字符，并设置行距为“单倍行距”。
（5）给文本添加项目符号，并设置这几段文字为“紫色”“加粗”。
（6）给文本“努力、拼搏、奋斗”添加着重号。
（7）给文本添加双下画线，并设置颜色为红色。
（8）在文本最后按照要求添加当前的日期。
（9）保存文档，保存名称为“大学生学习计划”。

PART 3 项目 3 设置与美化 Word 文档

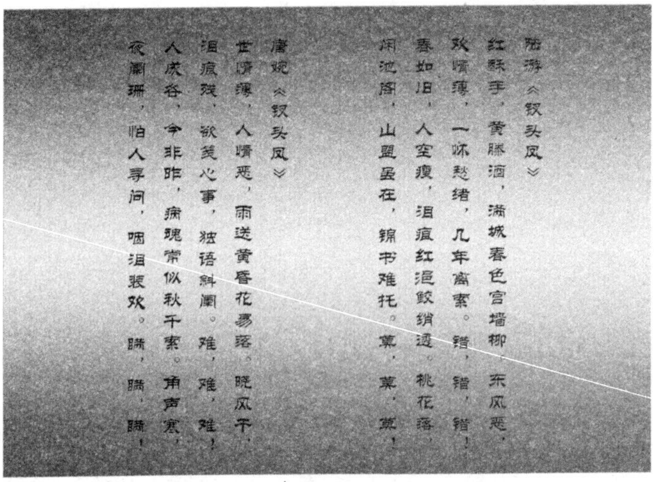

陆游《钗头凤》
红酥手，黄縢酒，满城春色宫墙柳，东风恶，
欢情薄，一怀愁绪，几年离索。错，错，错！
春如旧，人空瘦，泪痕红浥鲛绡透。桃花落，
闲池阁，山盟虽在，锦书难托。莫，莫，莫！
唐婉《钗头凤》
世情薄，人情恶，雨送黄昏花易落。晓风干，
泪痕残，欲笺心事，独语斜阑。难，难，难！
人成各，今非昨，病魂常似秋千索。角声寒，
夜阑珊，怕人寻问，咽泪装欢。瞒，瞒，瞒！

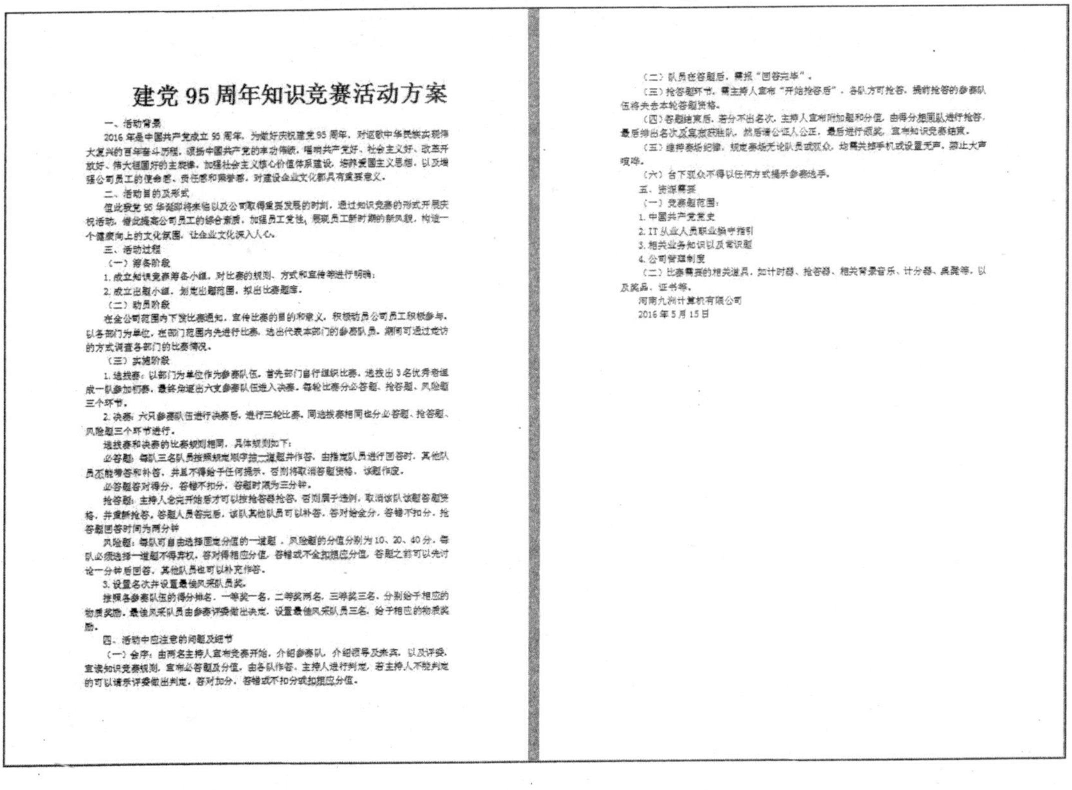

建党 95 周年知识竞赛活动方案

一、活动背景

2016 年是中国共产党成立 95 周年。为做好庆祝建党 95 周年，对讴歌中华民族实现伟大复兴的百年奋斗历程，颂扬中国共产党的丰功伟绩，唱响共产党好、社会主义好、改革开放好、伟大祖国好的主旋律，加强社会主义核心价值体系建设，培养爱国主义思想，以及增强公司员工的使命感、责任感和荣誉感，对建设企业文化都具有重要意义。

二、活动目的及形式

值此建党 95 华诞即将来临以及公司取得重要发展的时刻，通过知识竞赛的形式开展庆祝活动，借此提高公司员工的综合素质，加强员工党性，展现员工新时期的新风貌，构造一个健康向上的文化氛围，让企业文化深入人心。

三、活动过程

（一）筹备阶段

1. 成立知识竞赛筹备小组，对比赛的规则、方式和宣传等进行明确；

2. 成立出题小组，划定出题范围，拟出比赛题库。

（二）动员阶段

在全公司范围内下发比赛通知，宣传比赛的目的和意义，积极动员公司员工积极参与。以各部门为单位，在部门范围内先进行比赛，选出代表本部门的参赛队员。期间可通过走访的方式调查各部门的比赛情况。

（三）实施阶段

1. 选拔赛：以部门为单位作为参赛队伍，首先部门自行组织比赛，选拔出 3 名优秀者组成一队参加初赛，最终角逐出六支参赛队伍进入决赛。每轮比赛分必答题、抢答题、风险题三个环节。

2. 决赛：六只参赛队伍进行决赛后，进行三轮比赛，同选拔赛相同也分必答题、抢答题、风险题三个环节进行。

选拔赛和决赛的比赛规则相同，具体规则如下：

必答题：每队三名队员按照规定顺序抽一道题并作答，由指定队员进行回答时，其他队员不能帮答和补答，并且不得给予任何提示，否则将取消答题资格，该题作废。

必答题答对得分，答错不扣分，答题时间为三分钟。

抢答题：主持人念完开始后才可以按抢答器抢答，否则属于违例，取消该队该题答题资格，并重新抢答。答题人员答完后，该队其他队员可以补答，答对给全分，答错不扣分，抢答题回答时间为两分钟

风险题：每队可自由选择固定分值的一道题，风险题的分值分别为 10、20、40 分，每队必须选择一道题不得弃权，答对得相应分值，答错或不全扣相应分值，答题之前可以先讨论一分钟后回答，其他队员也可以补充作答。

3. 设置名次并设置最佳风采队员奖。

按照各参赛队伍的得分排名，一等奖一名，二等奖两名，三等奖三名，分别给予相应的物质奖励。最佳风采队员由参赛评委做出决定，设置最佳风采队员三名，给予相应的物质奖励。

四、活动中应注意的问题及细节

（一）会序：由两名主持人宣布竞赛开始，介绍参赛队，介绍领导及来宾，以及评委，宣读知识竞赛规则，宣布必答题及分值，由各队作答，主持人进行判定，若主持人不能判定的可以请示评委做出判定，答对加分，答错或不扣分或扣相应分值。

（二）队员在答题后，需报“回答完毕”。

（三）抢答题环节，需主持人宣布“开始抢答后”，各队方可抢答，提前抢答的参赛队伍将失去本轮答题资格。

（四）答题结束后，若分不出名次，主持人宣布附加题和分值，由得分相同队进行抢答，最后排出名次及宣布获胜队，然后请公证人公正，最后进行颁奖，宣布知识竞赛结束。

（五）维持赛场纪律，规定赛场无论队员或观众，均需关掉手机或设置无声，禁止大声喧哗。

（六）台下观众不得以任何方式提示参赛选手。

五、资源需求

（一）竞赛题范围：

1. 中国共产党党史

2. IT 从业人员职业操守指引

3. 相关业务知识以及常识题

4. 公司管理制度

（二）比赛需要的相关道具，如计时器、抢答器、相关背景音乐、计分器、桌牌等，以及奖品、证书等。

河南九洲计算机有限公司

2016 年 5 月 15 日

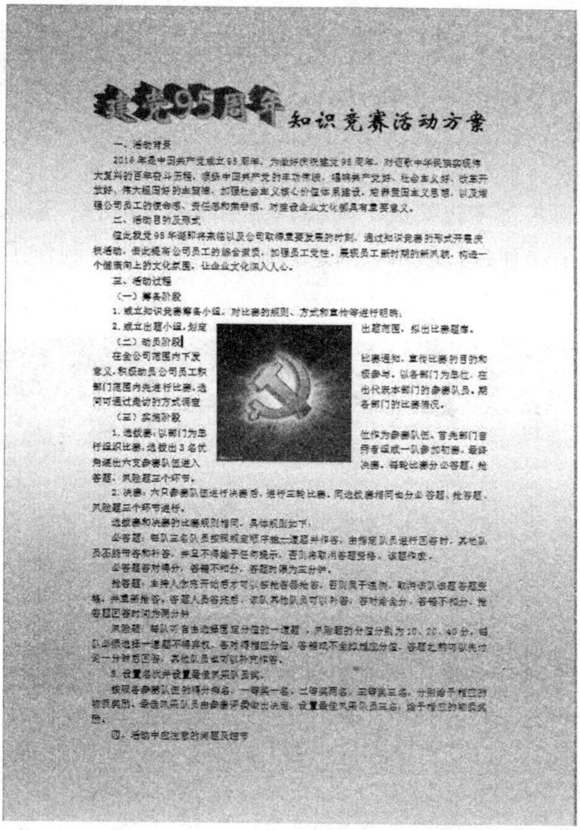
知识竞赛活动方案
一、活动背景
二、活动目的及形式
三、活动过程
（一）筹备阶段
（二）动员阶段
（三）实施阶段
四、活动中应注意的问题及细节

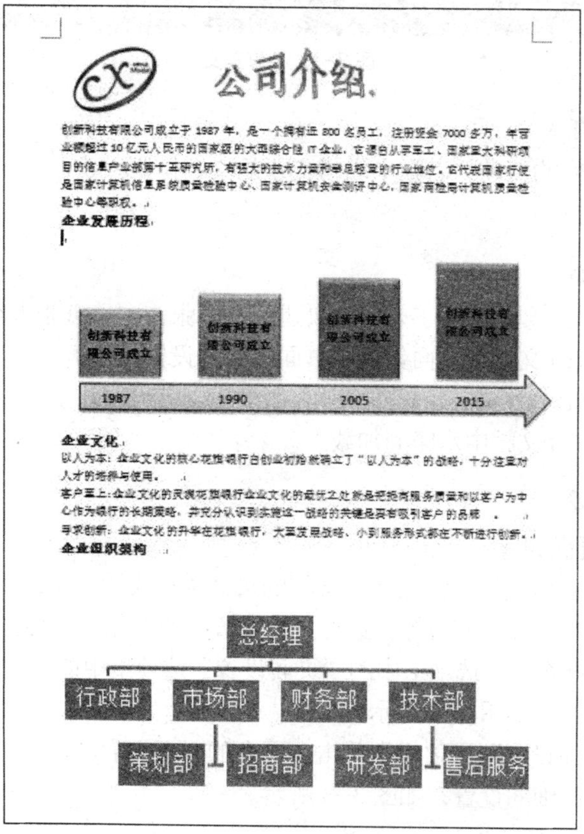
公司介绍
企业发展历程
1987
1990
2005
2015
企业文化
企业组织架构
总经理
行政部
市场部
财务部
技术部
策划部
招商部
研发部
售后服务

任务 1　制作“诗歌”美文

一、任务描述

刘之林平时很喜欢诗歌、散文，他在工作之余会从网上搜集一些诗歌进行欣赏。今天是周末，他从网上偶得古词《钗头凤》两首，为不同诗人所作，深感喜爱，就从网上下载下来，想做一个美文来保存自我欣赏。刘之林利用所学知识，制作了一份图 3-1 所示诗歌美文。

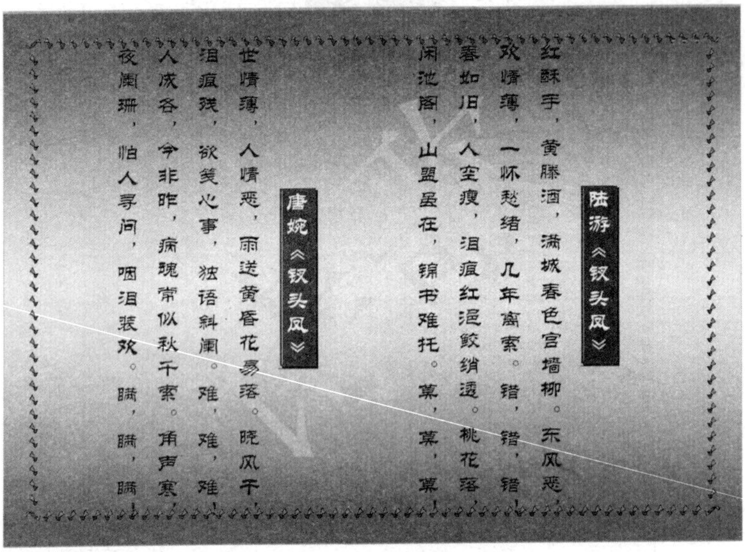

陆游《钗头凤》
红酥手，黄縢酒，满城春色宫墙柳。东风恶，
欢情薄，一怀愁绪，几年离索。错，错，错！
春如旧，人空瘦，泪痕红浥鲛绡透。桃花落，
闲池阁，山盟虽在，锦书难托。莫，莫，莫！
唐婉《钗头凤》
世情薄，人情恶，雨送黄昏花易落。晓风干，
泪痕残，欲笺心事，独语斜阑。难，难，难！
人成各，今非昨，病魂常似秋千索。角声寒，
夜阑珊，怕人寻问，咽泪装欢。瞒，瞒，瞒！

图 3-1　诗歌美文

二、任务分析

一篇好的文章，好的诗歌，若配上纵横交错的文字排版，赏心悦目的页面设置，会让人更喜欢欣赏阅读。

三、任务目标

- 掌握 Word 2010 文档中文字方向、页边距、纸张方向、纸张大小等的设置。
- 掌握 Word 2010 文档中页面颜色、页面边框的设置。
- 掌握 Word 2010 文档中分隔符的使用。
- 掌握 Word 2010 文档中水印的加载。

四、知识链接

（一）文档的页面设置

用户在编辑文档之前，有时候需要对文档的页面进行设置。页面设置主要是设置文字方向、页边距、纸张大小、纸张方向等。进行页面设置主要有如下两种方法。

方法一：在“页面布局”选项卡中的“页面设置”选项组中即可设置文字方向、页边距、纸张方向、纸张大小等，如图 3-2 所示。

方法二：在“页面设置”选项组中单击右下角的对话框启动器，打开“页面设置”对话框，即可对页面进行详细的设置，如图 3-3 所示。

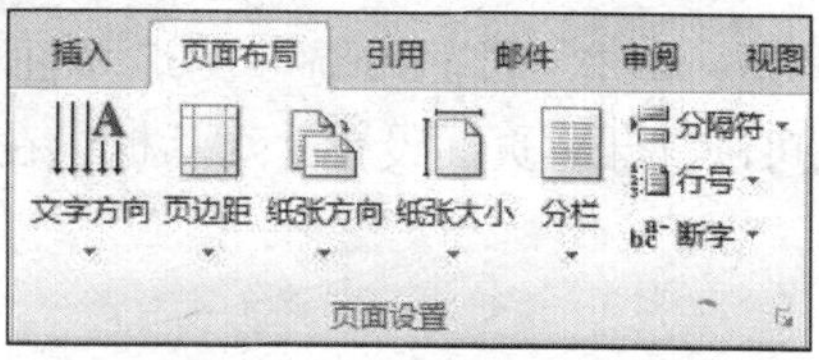

图 3-2 “页面设置”选项组

1. 文字方向设置

纵横交错的文字排版是排版中常用的处理方法。在 Word 中对选定的文字方向进行排版的方法有如下两种。

方法一：选中需要设置文字方向的文字，单击“页面布局”→ “页面设置”→“文字方向”命令，选择适当的文字方向即可。

方法二：选中需要设置文字方向的文字，单击“页面布局”→ “页面设置”→“文字方向”→“文字方向选项”命令，打开“文字方向”对话框进行设置，如图 3-4 所示。

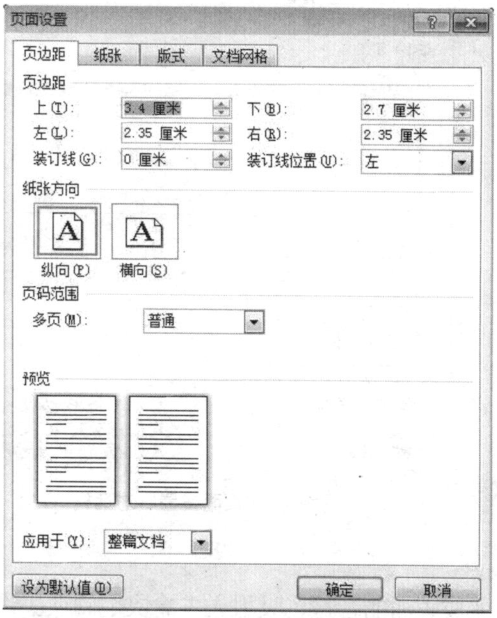

图 3-3 “页面设置”对话框

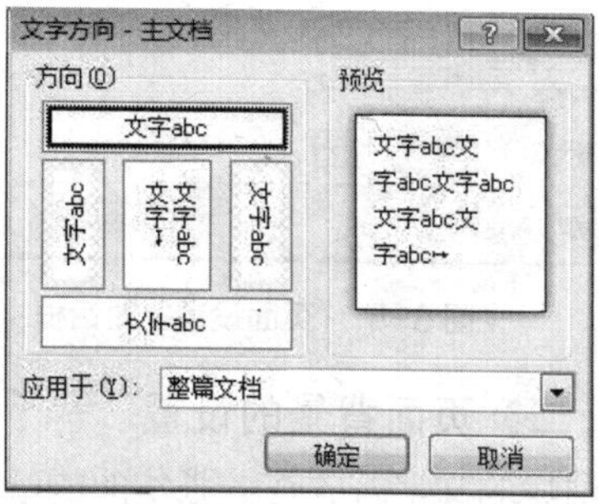

图 3-4 “文字方向”对话框

2. 页边距设置

页边距是页面的边线到文字的距离。通常可在页边距内部的可打印区域中插入文字和图形，也可以将某些项目放置在页边距区域中（如页眉、页脚和页码等），设置页边距的方法有如下两种。

方法一：单击“页面布局”→ “页面设置”→“页边距”命令，选择适当的页边距即可。

方法二：也可以单击“页面布局”→ “页面设置”→“页边距”→“自定义边距”命令，打开“页面设置”对话框，在“页边距”选项卡中依次在 “上”“下”“左”和“右”框中，输入新的页边距值即可，如图 3-5 所示。

3. 纸张方向设置

Word 默认的纸张方向是纵向，但有的特殊格式需要把纸张设置为横向的，因此需要对纸张方向进行设置，设置方法是：单击“页面布局”→“页面设置”→“纸张方向”命令，选择“纵向”或“横向”。也可以打开“页面设置”对话框，在“页边距”选项卡中设置纸张方向。

4. 纸张大小设置

常用的纸张大小有 A3、A4、B5 等，而 Word 默认的纸张大小是 A4，如果需要其他纸张大小，就需要对纸张的大小进行设置了。设置纸张大小的方法有如下两种。

方法一：单击“页面布局”→“页面设置”→“纸张大小”，选择适当的纸张即可。

方法二：也可以单击“页面布局”→“页面设置”→“纸张大小”→“其他页面大小”，打开“页面设置”对话框，在“纸张”选项卡中进行设置，如图 3-6 所示。

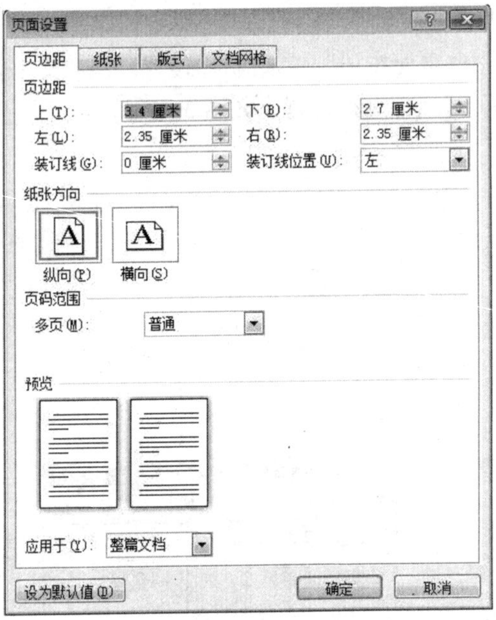

图 3-5 “页面设置”对话框

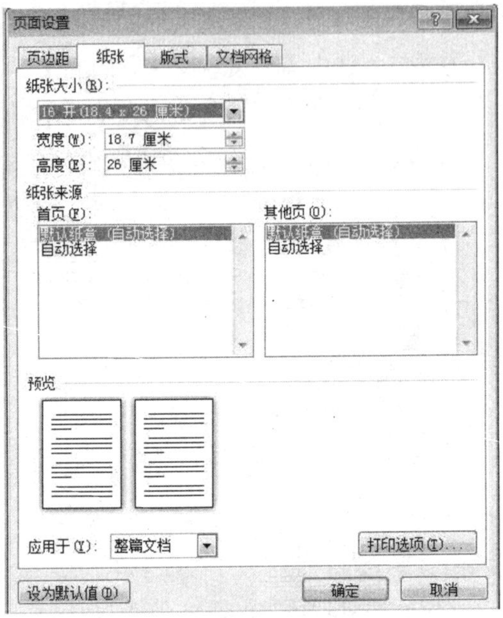

图 3-6 “页面设置”对话框

（二）页面背景的设置

枯燥的文字若放在一张华丽的纸张上就会变成美丽的音符，吸引人去愉快地阅读。设计华丽的纸张就是对文档页面背景进行设置，页面背景能够为纸张加载颜色、图片、边框、底纹、水印等，如图 3-7 所示。

1. 添加水印

水印是为了防止伪造或表明文本重要性而用特殊方法加压在纸里的一种标记。水印的应用比较多，如邮票、人民币、购物券、证券等为了防止造假，都应用了水印。在 Word 2010 中，为了突出文档的重要性或美化文档，也可以给文档添加水印效果。

Word 2010 中的水印有两种，一种是图片水印，另一种是文字水印。

（1）添加图片水印

在文档中添加图片水印是为了美化文档。添加图片水印的具体步骤如下。

① 单击“页面布局”→“页面背景”→“水印”→“自定义水印”命令，打开“水印”对话框，如图 3-8 所示。

② 在“水印”对话框中选择“图片水印”，如图 3-8 所示。

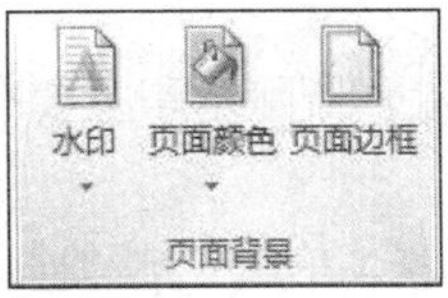

图 3-7 “页面背景”选项组

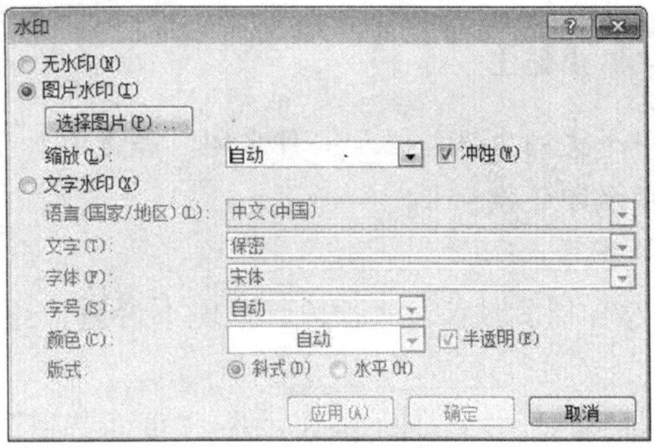

图 3-8 “水印”对话框

③ 单击“选择图片”按钮，可以打开“插入图片”对话框，在此设置存放的图片地址，选择需要的图片后单击“插入”按钮即可，如图 3-9 所示。

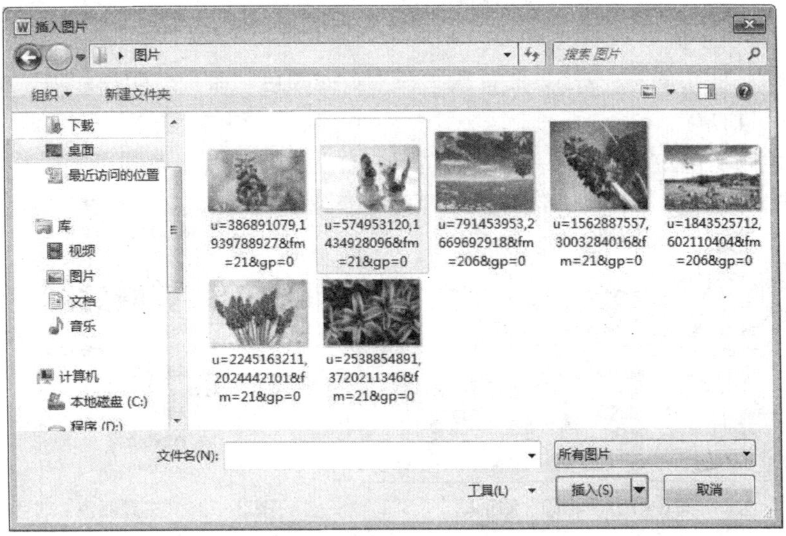

图 3-9 “插入图片”对话框

④ 图片插入后，还可以设置图片的缩放比例以及是否冲蚀。设置完成后，单击“确定”按钮即可完成图片水印的添加。

（2）添加文字水印

添加文字水印一般是为了提示文档的重要性或对文档进行说明。添加文字水印的具体步骤如下。

① 单击“页面布局”→“页面背景”→“水印”命令，打开“水印”集，可以从中选择一种合适的文字水印添加到文本中。

② 若需要自定义文字，可以单击“页面布局”→“页面背景”→“水印”→“自定义水印”命令，打开“水印”对话框，如图 3-10 所示，进行设置。

③ 设置文字水印：在“语言”下拉列表中选择语言类型；在“文字”下拉列表中选择水印中所需要的文字，也可以输入文字作为水印文字；在“字体”和“颜色”中选择水印文字的字体和颜色；在“版式”中选择文字水印在文档中是“斜式”放置还是“水平”放置。

④ 设置完成，单击“确定”按钮即可给文档添加文字水印。

小贴士

在一个文档中只能添加一种水印，若是添加了图片水印之后再添加文字水印，图片水印则会被文字水印替换。

（3）删除水印

在文档中添加水印之后，若发现不合适，还可以把水印删除。删除水印主要有以下两种方法。

方法一：单击“页面布局”→ “页面背景”→“水印”命令，单击“删除水印”即可。

方法二：打开“水印”对话框，选择“无水印”也可以把文档中添加的水印去掉。

2. 页面颜色设置

Word 文档在对页面颜色设置中提供了主题颜色、其他颜色、填充效果等多种方式，在使用中可以根据不同文档的需求进行选择性设置。

（1）主题颜色设置

① 单击“页面布局”→ “页面背景”→“页面颜色”命令，即打开了“主题颜色”对话框，如图 3-11 所示。

② 在“主题颜色”对话框中单击合适的颜色作为文档的背景色即可。

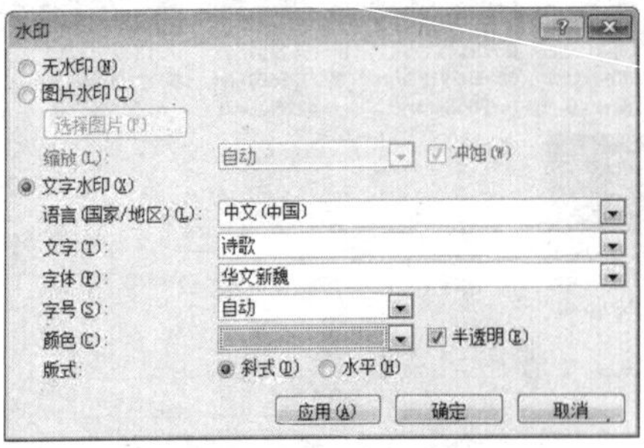

图 3-10 “水印”对话框

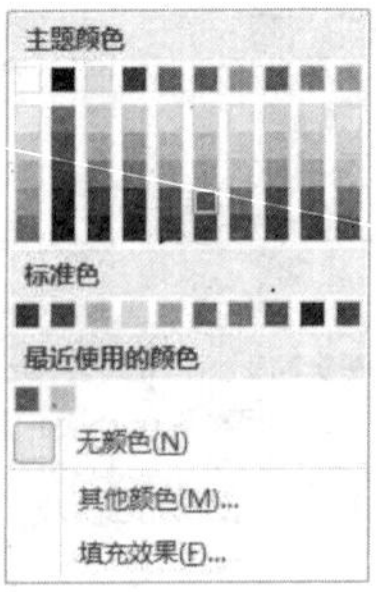

图 3-11 “主题颜色”对话框

（2）其他颜色设置

① 单击“页面布局”→ “页面背景”→“页面颜色”→“其他颜色”命令，即打开“颜色”对话框。

② 可以在“标准”选项卡中单击适合的颜色后单击“确定”按钮即可，如图 3-12 所示。也可以在“自定义”选项卡中通过设置 RGB 的值进行颜色设置，如图 3-13 所示。

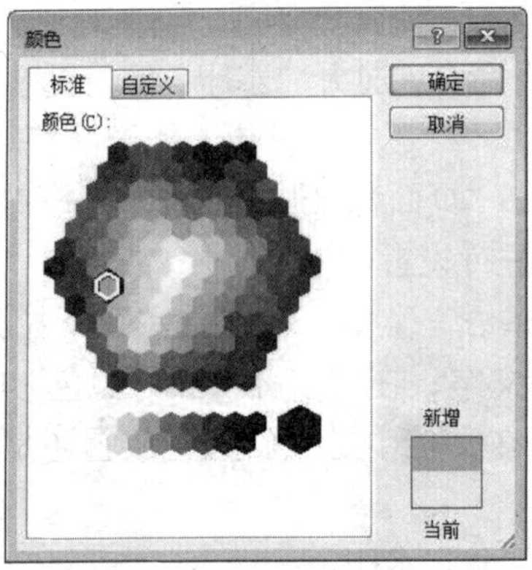

图 3-12 “颜色”对话框

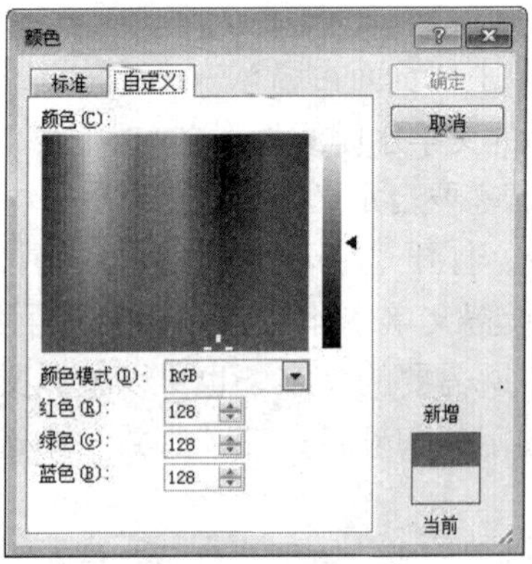

图 3-13 “自定义”选项卡

（3）填充效果设置

① 单击“页面布局”→ “页面背景”→“页面颜色”→“填充效果”命令，即打开了“填充效果”对话框，如图 3-14 所示。

② 在“渐变”选项卡中可以设置单色、双色、预设等渐变色。还可以设置底纹放样的方式，如图 3-14 所示。

③ 在“纹理”选择卡中可以选择系统预定好的纹理，也可以通过单击“其他纹理”加载外在的纹理图案，如图 3-15 所示。

图 3-14 “填充效果”对话框

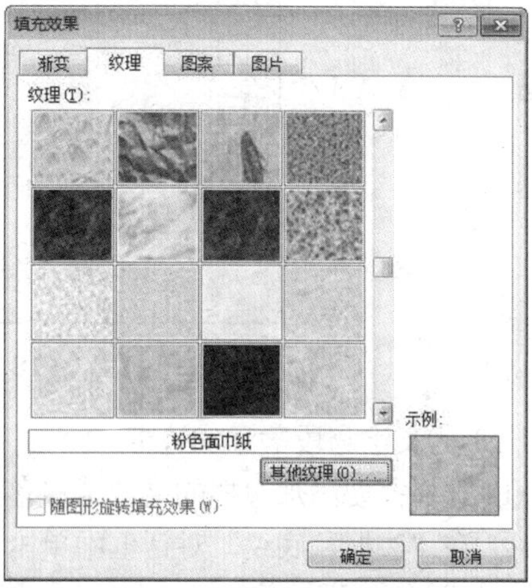

图 3-15 “纹理”选项卡

④ 在“图案”选项卡中可以选择一种图案，并通过“前景”和“背景”颜色的设置设计出不同花色的图案，设计好后单击“确定”按钮即可，如图 3-16 所示。

⑤ 在“图片”选项卡中可以通过单击“选择图片”按钮，打开“选择图片”对话框，来加载计算机上的其地方的图片进行美化，如图 3-17 所示。

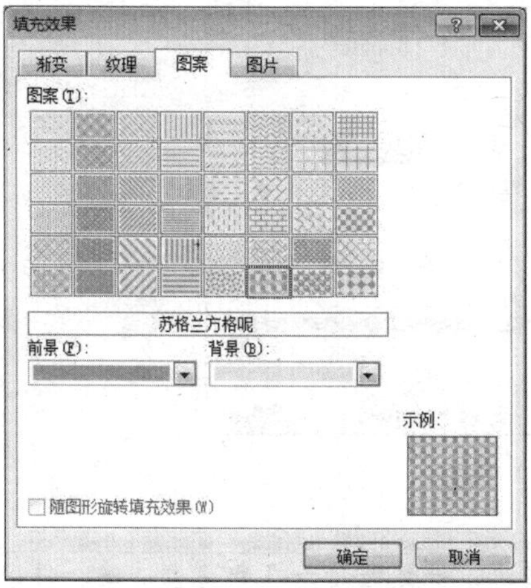

图 3-16 “图案”选项卡

图 3-17 “图片”选项卡

3．页面边框设置

为了使页面更加美观、醒目、突出重点，有时需要给文档中的某些重要字符或段落加上边框、底纹。边框和底纹的应用范围可以是文字，也可以是段落。应用于文字时，只在有文字的地方加边框和底纹；应用于段落时，整个段落会加上边框和底纹。步骤是：单击“页面布局”→ “页面背景”→“页面边框”命令，即可弹出“边框和底纹”对话框，如图 3-18 所示，在此对话框中可以对文字、段落及整个文档进行边框和底纹的设置。

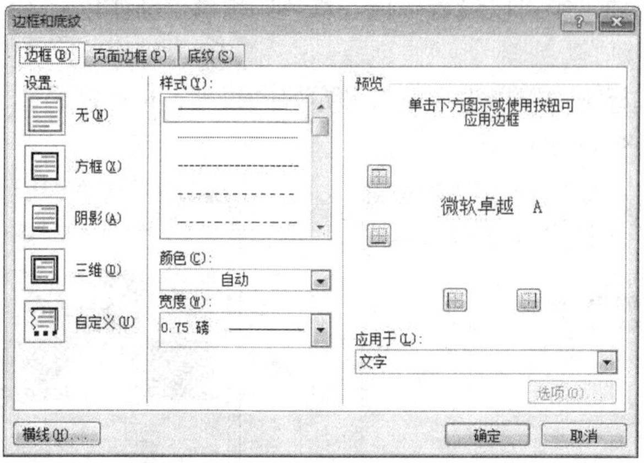

图 3-18 “边框与底纹”对话框

（1）为文字与段落添加边框

① 选择需要添加边框的文字或段落。

② 在“边框和底纹”对话框中单击“边框”选项卡，然后对边框样式、颜色、宽度进行设置，如图 3-19 所示。

③ 最后一定要对“应用于”进行设置。当选择文字时将对选择的文字进行边框加载，其效果如图 3-20 所示；当选择段落时将对文字所在的段落进行边框加载，其效果如图 3-21 所示。

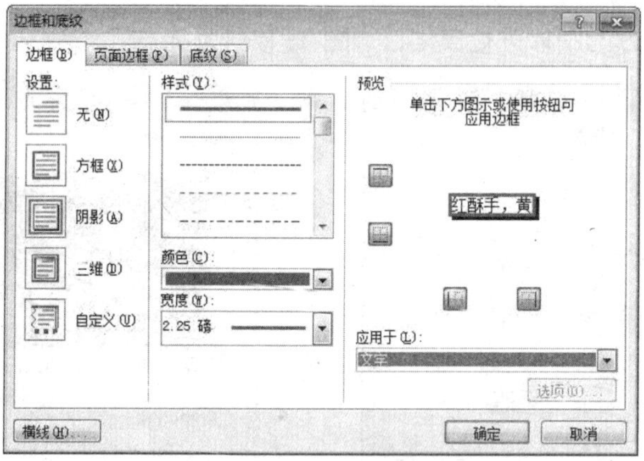

图 3-19 “边框”选项卡

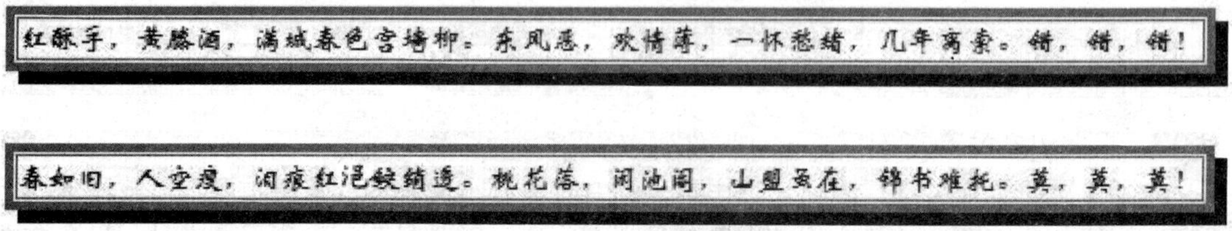

红酥手，黄縢酒，满城春色宫墙柳。东风恶，欢情薄，一怀愁绪，几年离索。错，错，错！
春如旧，人空瘦，泪痕红浥鲛绡透。桃花落，闲池阁，山盟虽在，锦书难托。莫，莫，莫！

图 3-20 为文字添加边框的效果图

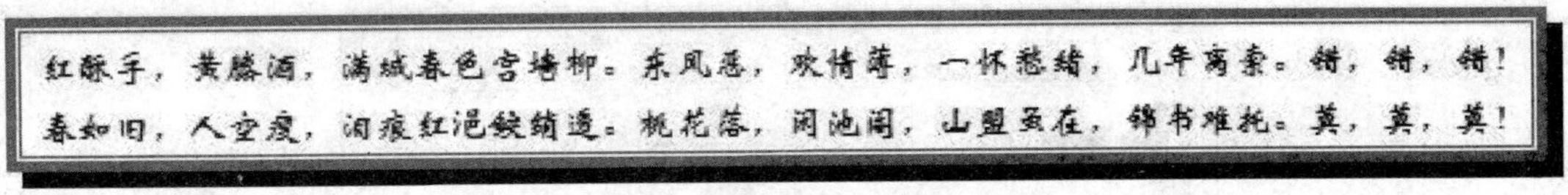
红酥手，黄滕酒，满城春色宫墙柳。东风恶，欢情薄，一怀愁绪，几年离索。错，错，错！
春如旧，人空瘦，泪痕红浥鲛绡透。桃花落，闲池阁，山盟虽在，锦书难托。莫，莫，莫！

图 3-21　为段落添加边框的效果图

小贴士

✓　可以在“边框和底纹”对话框中单击“自定义”，设置个性化的文字或段落边框。

视频：自定义段落边框

（2）为页面添加边框

① 单击“页面布局”→“页面背景”→“页面边框”命令，即可弹出“边框和底纹”对话框。

② 在“边框和底纹”对话框中单击“页面边框”选项卡，然后对边框样式、颜色、宽度进行设置，还可以选择“艺术型”边框进行美化，如图 3-22 所示。

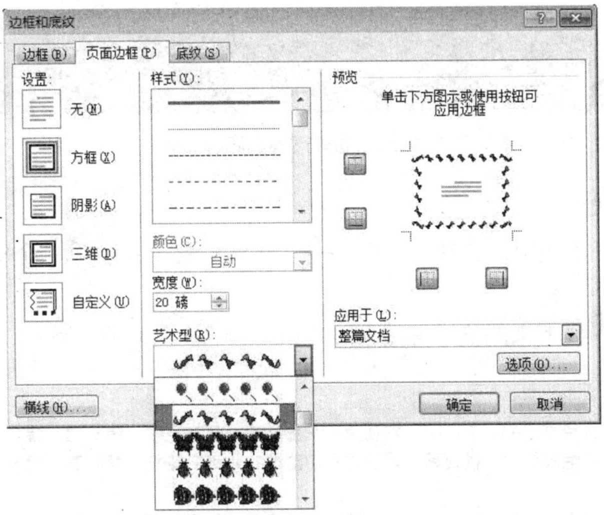

图 3-22　“页面边框”对话框

小贴士

✓　可以在“边框和底纹”对话框中单击“自定义”，设置个性化的页面边框。

视频：自定义页面边框

（3）为文字或段落添加底纹

① 选择需要加载边框的文字或段落。

② 在“边框和底纹”对话框中单击“底纹”选项卡，然后对底纹的填充色、填充图案等可以进行设置，如图 3-23 所示。

③ 最后一定要对“应用于”进行设置。当选择应用于“文字”时将对选择的文字添加底纹，效果如图 3-24 所示；当选择应用于“段落”时将对文字所在的段落添加底纹，效果如图 3-25 所示。

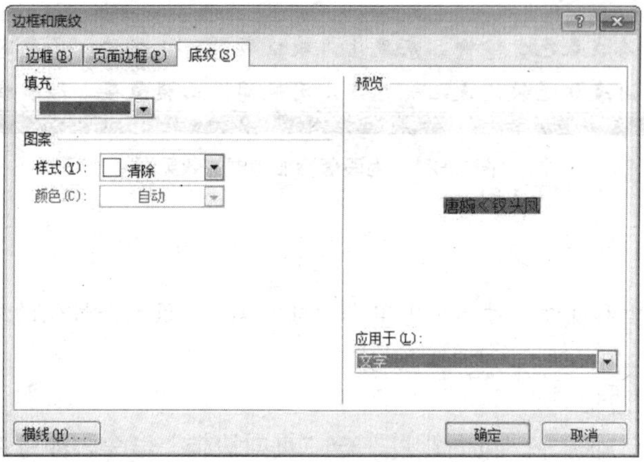
边框和底纹
边框(B)
页面边框(P)
底纹(S)
填充
预览
图案
样式(Y): 清除
颜色(C): 自动
唐婉《钗头凤》
应用于(L):
文字
横线(H)...
确定
取消

图 3-23 “底纹”选项卡

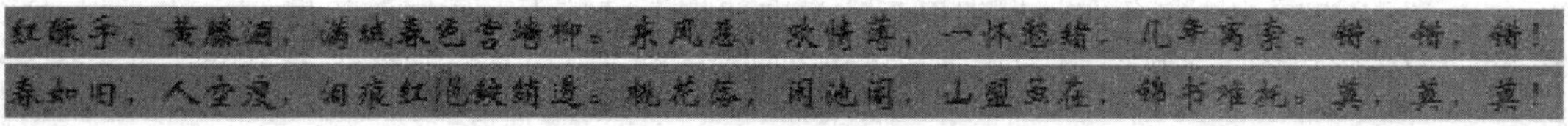
红酥手，黄縢酒，满城春色宫墙柳。东风恶，欢情薄，一杯愁绪，几年离索。错，错，错！
春如旧，人空瘦，泪痕红浥鲛绡透。桃花落，闲池阁，山盟虽在，锦书难托。莫，莫，莫！

图 3-24 为文字添加底纹效果图

红酥手，黄縢酒，满城春色宫墙柳。东风恶，欢情薄，一杯愁绪，几年离索。错，错，错！
春如旧，人空瘦，泪痕红浥鲛绡透。桃花落，闲池阁，山盟虽在，锦书难托。莫，莫，莫！

图 3-25 为段落添加底纹效果图

五、任务实施

STEP 1 启动 Word 2010，选择“文件”→“新建”命令，创建一个空白文档。

STEP 2 将网上下载下来的文字粘贴到文档中，如图 3-26 所示。

陆游《钗头凤》
红酥手，黄縢酒，满城春色宫墙柳。东风恶，欢情薄，一杯愁绪，几年离索。错！错！错！
春如旧，人空瘦，泪痕红浥鲛绡透。桃花落，闲池阁，山盟虽在，锦书难托。莫，莫，莫！
唐婉《钗头凤》
世情薄，人情恶，雨送黄昏花易落。晓风干，泪痕残，欲笺心事，独语斜阑。难！难！难！
人成个，今非昨，病魂常似秋千索。角声寒，夜阑珊，怕人寻问，咽泪装欢。瞒！瞒！瞒！

图 3-26 粘贴文字效果图

视频：《钗头凤》效果图分析

视频：STEP 1-2

STEP 3 单击“页面布局”→“页面设置”→“文字方向”→“垂直”命令，此时纸张方向也自动进行了纵向设置。

STEP 4 单击“页面布局”→“页面设置”→“页边距”→“窄”型命令。

STEP 5 选择所有文字，在“字体”选项组设置字体为华文隶书，字号为一号，如图 3-27 所示。

STEP 6 把光标定在“陆游”文字的上方，按两下 Enter 键，再将光标定在“唐婉”文字上方，按两下 Enter 键，使得整个文章能居中整个页面，诗与诗之间也有一定的间隔，如图 3-28 所示

视频：STEP 3-6

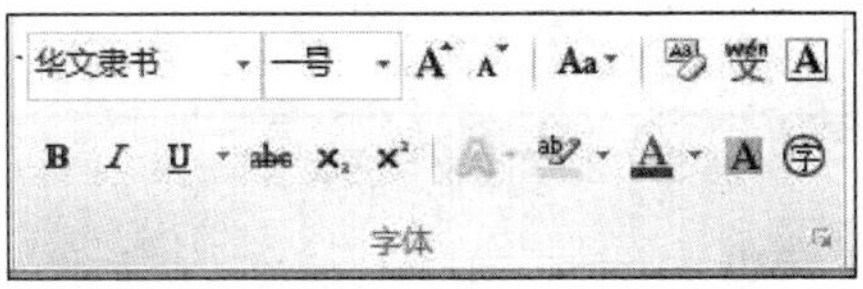

图 3-27　设置字体

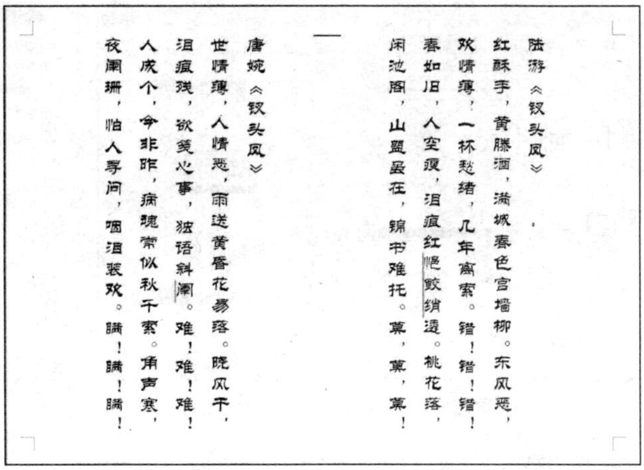

图 3-28　文字设置效果图

STEP 7 单击“页面布局”→“页面背景”→“页面颜色”→“填充效果”命令，打开“填充效果”对话框。单击“渐变”选项卡，在选项卡中设置双色渐变，并设置好颜色 1、颜色 2；在底纹样式中选择“水平”样式，如图 3-29 所示。

STEP 8 单击“页面布局”→“页面背景”→“页面边框”命令，即打开了“边框和底纹”对话框，在“页面边框”选项卡中为页面设置艺术型边框，如图 3-30 所示。

视频：STEP 7–8

图 3-29　“填充效果”设置

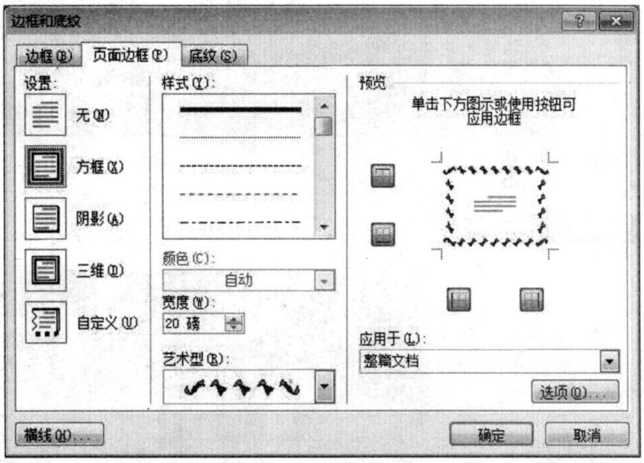

图 3-30　“页面边框”设置

STEP 9 选择文字“陆游《钗头凤》”。

STEP 10 单击“页面布局”→“页面背景”→“页面边框”命令，即打开了“边框和底纹”对话框，在“边框”选项卡中对文字设置深蓝色阴影边框，设置如图 3-31 所示；在“底纹”选项卡中为文字设置红色底纹，如图 3-32 所示。

视频：STEP 9–12

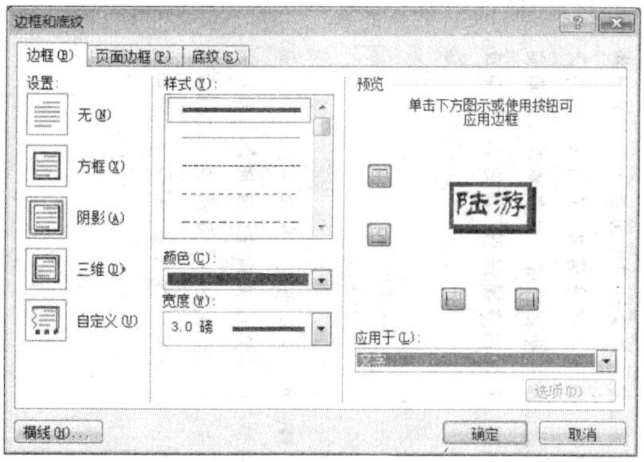

图 3-31 “边框”选项卡

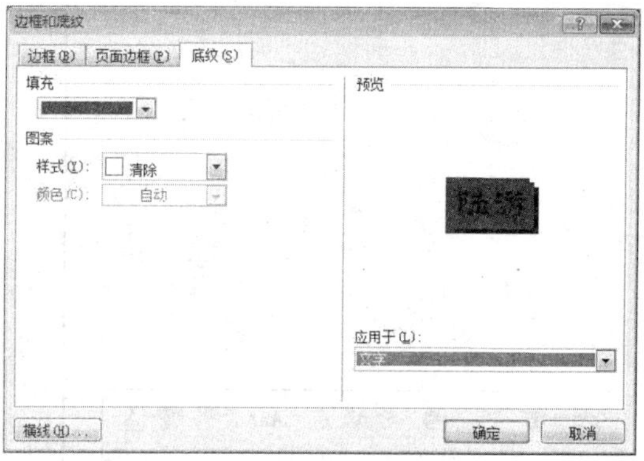

图 3-32 “底纹”选项卡

STEP 11 在“字体”选项组设置段落为“水平居中”，效果如图 3-33 所示。

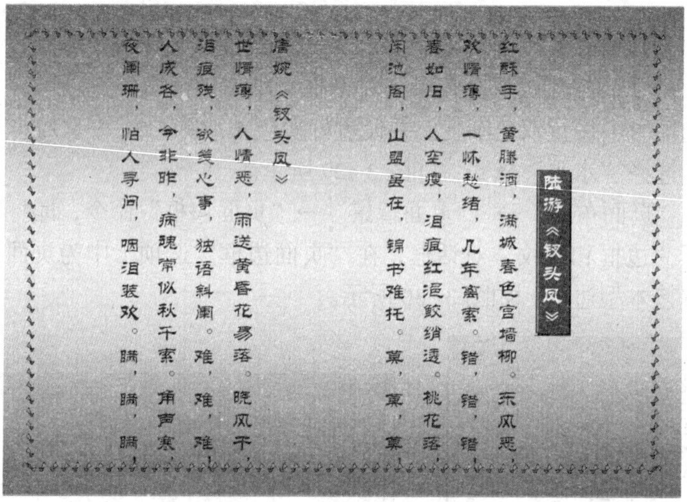

图 3-33 文字边框底纹效果图

STEP 12 使用“格式刷”对唐婉《钗头凤》进行设置，其效果如图 3-34 所示。

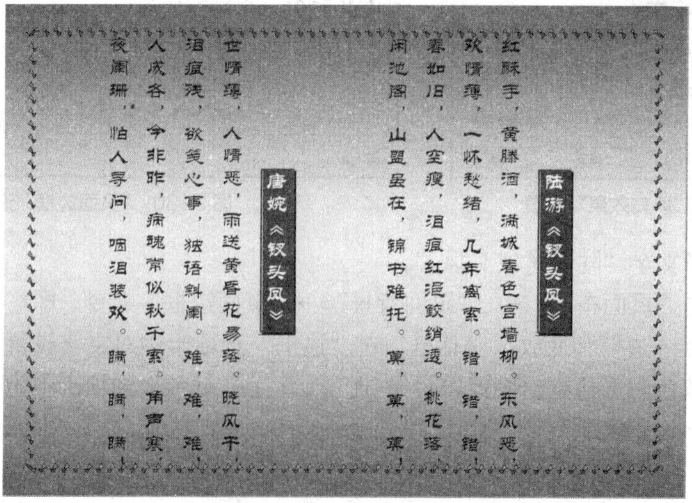

图 3-34 格式刷设置格式效果图

STEP 13 单击“页面布局”→“页面背景”→“水印”→“自定义水印”命令，打开“水印”对话框，在对话框中为文档添加文字水印，设置如图 3-35 所示。

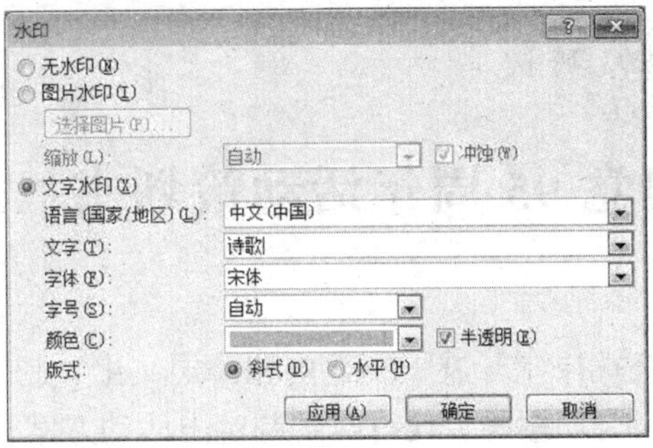

图 3-35 “水印”设置

视频：STEP 13–14

STEP 14 效果图已经全部完成。保存文档，保存名称为“钗头凤.docx”。

牛刀小试

创新有限公司由于业务拓展需要，现聘请资深经理人王荣鑫去北美做拓展经理，人事部要求在此公司上班的王凯同学做一个聘书，要求设计得美观大方。他用 Word 软件做出了图 3-36 所示的效果图。

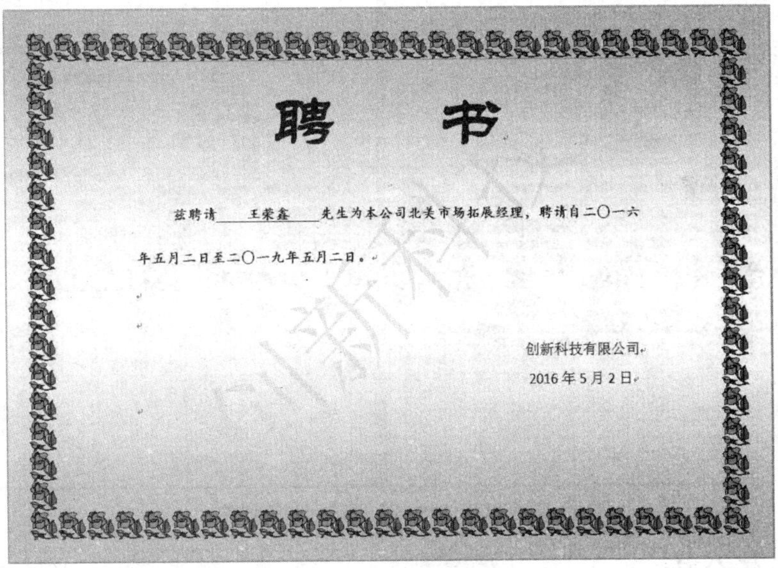

图 3-36 聘书效果图

要求：

请根据效果图，然后按要求进行如下排版设置。

（1）按照效果图输入文字。

（2）纸张设置成横向。

（3）将页边距设置成宽型。

（4）为页面添加渐变色。

（5）为页面添加艺术边框。

（6）将“聘书”设置成居中，字号为 72，字体为隶书。

（7）正文设置字号为三号，字体为楷体。

（8）为页面添加水印。

（9）保存文档，保存名称为“聘书”。

任务 2　制作建党 95 周年活动策划书

一、任务描述

河南九洲计算机有限公司决定开展围绕党史和公司文化、制度及个人责任等内容的知识竞赛，以增强大家的向心力。公司领导委任行政部制定出活动方案，并要求刘之林用 Word 2010 完成活动方案设计，如图 3-37 所示。

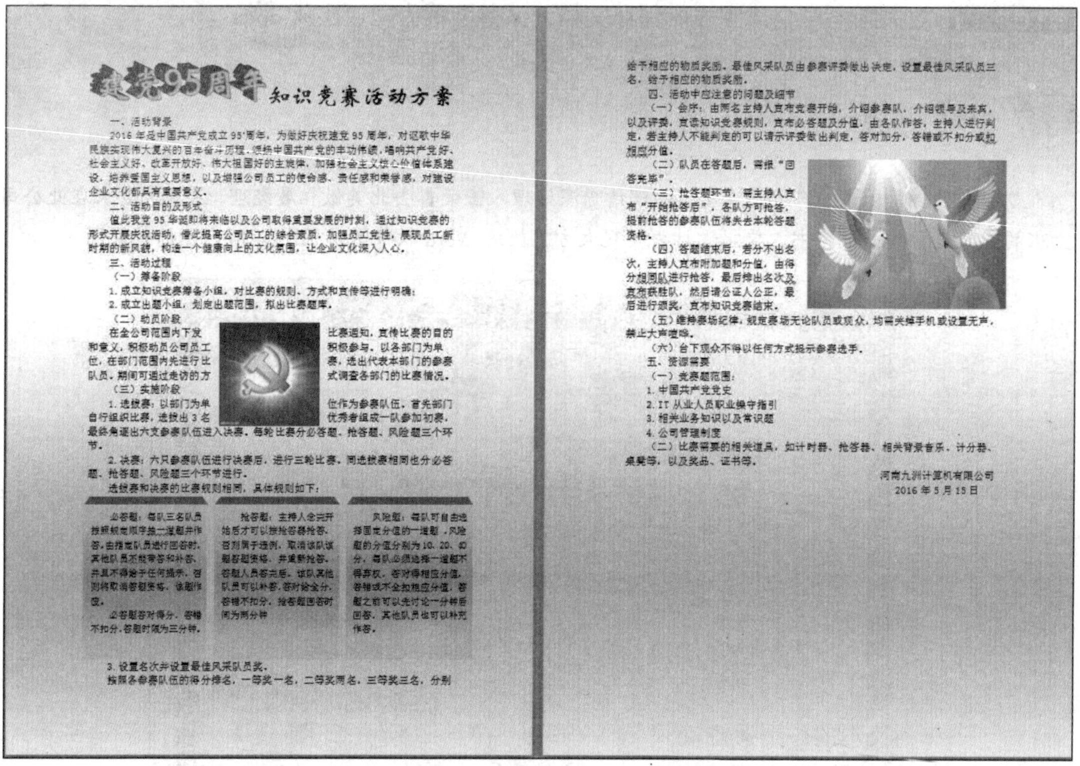

图 3-37　建党 95 周年活动策划书

二、任务分析

本任务是使用 Word 2010 制作“建党 95 周年活动策划书”文档，要求页面美观、内容设计清晰合理。可以通过在文档中添加艺术字、文本框、图片、形状图形等来合理安排内容，使文档具有观赏性、可读性。

三、任务目标

- 掌握图片的插入及设置方法。
- 掌握艺术字的插入及设置方法。
- 掌握文本框的插入及设置方法。

四、知识链接

（一）常用图片格式介绍

图片格式是计算机存储图片的格式，常见的图片格式有 jpeg、bmp、gif、pcx、psd、tiff、png 等。

1. jpeg 格式

jpeg 是 Joint Photographic Experts Group（联合图像专家组）的缩写，是一种有损压缩文件格式。jpeg 格式是目前网络上最流行的图像格式，它广泛应用于网络和光盘读物上。目前各类浏览器均支持 jpeg 图像格式。

2. bmp 格式

bmp 是一种与硬件设备无关的图像文件格式，它采用位映射存储格式，除了图像深度可选以外，不采用其他任何压缩，所以 bmp 文件所占用的空间很大。因此 web 浏览器不支持 bmp 格式。由于 bmp 文件格式是 Windows 环境中交换与图有关的数据的一种标准，因此在 windows 环境中运行的图形图像软件都支持 bmp 图像格式。

3. gif 格式

gif 格式最大的特点是该格式不仅可以显示一张静止的图片，也可以把多幅图像数据逐幅读出显示到屏幕上，构成一种最简单的动画。gif 格式适用于多种操作系统，其“体型”很小，网上很多小动画都是 gif 格式。但其色域不太广，只支持 256 种颜色。

4. tiff 格式

tiff 图像格式是现存图像文件格式中最复杂的一种，它具有扩展性、方便性、可改性等特点。因为它存储的图像细微层次的信息多，图像的质量高，有利于原稿的复制，因此多应用在印刷行业。

5. png 格式

png 的原名称为“可移植性网络图像”，是最新的图像文件格式。png 图片格式与 jpeg 格式类似，被广泛应用于网页图片中，压缩比高于 gif，支持图像透明，可以利用 alpha 通道调节图像的透明度，可以拥有透明背景。

（二）图片的插入与编辑

在 Word 中既可以插入 Office 2010 软件自带的剪贴画，也可以插入用其他图形软件创建的图片。将图片插入到文档中有嵌入型和浮动型两种方式。嵌入式图片直接放置在文本的插入点处，占据了文本的位置；浮动式图形可以插入在图形层，在页面上精确定位，也可以将其放在文本或其他对象的上面或下面。浮动式图片和嵌入式图片可以相互转换。插入的图片默认为嵌入型图片。

浮动式图片和嵌入式图片的区别主要表现在：当单击选定图片时，图形周围出现八个小方块，称为句柄。浮动式图形四周的句柄为空心柄，而嵌入式图形四周的句柄为实心柄。

1. 剪贴画的插入

剪贴画是 Office 提供给 Word 的图片，在文本中插入图片的具体方法如下。

（1）把光标定位到需要插入图片的位置。

（2）单击“插入”→“插图”→“剪贴画”命令，如图 3-38 所示，即可打开“剪贴画”对话框。

（3）在对话框中设置“搜索范围”和“结果类型”后，单击“搜索”按钮，显示剪辑库中的图片类型。从中选择所需的剪贴画，单击选择的剪贴画即可插入到文本中，如图 3-39 所示。

图 3-38 “插图”选项组

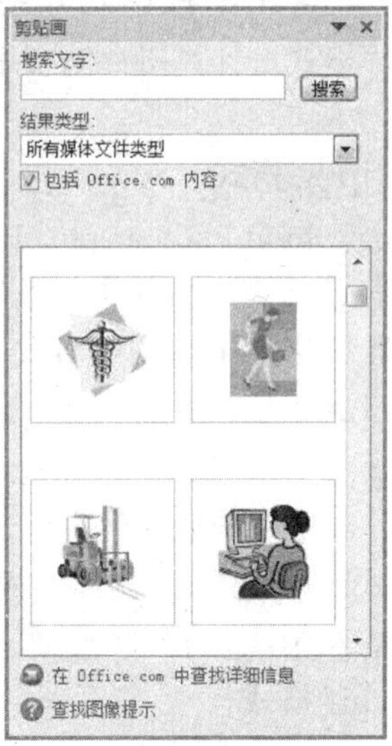

图 3-39 “剪贴画”对话框

小贴士

✓ 在“剪贴画”对话框中，如果 “搜索文字”中什么也不输入，直接单击“搜索”按钮，可将软件中的所有剪贴画搜索出来。

2. 插入图形文件

在 Word 中除了可以插入 Office 提供的图片之外，还可以插入计算机内存储的 jpeg、tiff、bmp、gif、png 等格式的图形文件。插入图形文件步骤如下。

（1）把光标定位到需要插入图片的位置。

（2）单击“插入”菜单栏，如图 3-40 所示。

（3）在“插入”选项组中单击“图片”，打开“插入图片”对话框，效果如图 3-41 所示。

图 3-40 “插图”选项组中的“图片”

图 3-41 “插入图片”对话框

（4）在“插入图片”对话框中可以在地址栏中设置需要插入的图片的位置，找到图片之后，单击选中的图片，再单击“插入”按钮即可把图片插入到文本中，插入后效果如图3-42所示。

图3-42 图片插入效果图

3．编辑图片

插入图片后，只要单击插入的图片，在标题栏上就会出现“图片工具”选项卡，如图3-43所示，利用“图片工具”选项组中的工具可以对图片进行各种编辑设置。

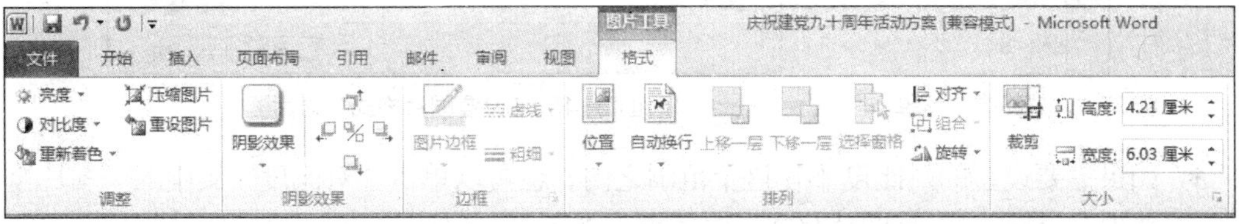

图3-43 “图片工具”选项组

（1）更改图片大小

改变图片的大小有如下两种方法。

方法一：单击图片的任意位置选定图片，图片周围出现八个小方块，称为句柄，将鼠标指向某句柄时，指针变成双向箭头，此时拖动鼠标即可改变图片的大小。

方法二：单击图片的任意位置以选定图片，单击“图片工具格式”→“大小”，在“大小”选项组中通过“高度”和“宽度”的微调器改变图片的大小。

（2）设置图片的亮度、对比度和重新着色及重置图片

单击需要编辑的图片，选择图片工具中“图片工具格式”→“调整”组中的“亮度”“对比度”和“重新着色”对图片进行设置。

① 设置图片的亮度。

图片的亮度就是指图片的明暗程度。设置图片亮度的步骤如下。

- 单击需要编辑的图片。
- 单击“图片工具格式”→“调整”→ “亮度”命令，如图3-44所示。在弹出的菜单中选择合适的图片亮度。
- 如果需要设置的亮度不在这个范围之内，也可以单击“亮度”集中的“图片修正选项”，打开“设置图片格式”对话框，如图3-45所示。在“设置图片格式”对话框中的“图片”选项卡中可以设置图片的“亮度”。

② 设置图片的对比度。

对比度指的是一幅图像中明暗区域最亮的白和最暗的黑之间不同亮度层级的测量，差异范围越大代表对比越大，差异范围越小代表对比越小。对比度对视觉效果的影响非常关键，一般来说对比度越大，图像越清晰醒目，色彩也越鲜明艳丽；而对比度小，则会让整个画面都灰蒙蒙的。对图片对比度设置步骤如下。

- 单击需要编辑的图片。
- 单击“图片工具格式”→“调整”→ “对比度”命令，如图3-46所示。在弹出的菜单中选择合适的图片对比度。

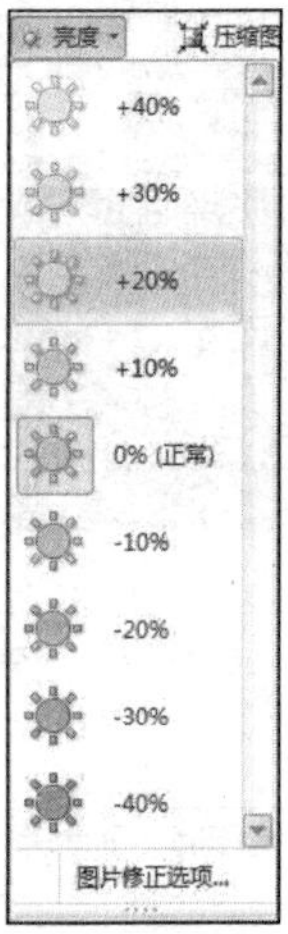

图 3-44 “亮度”菜单

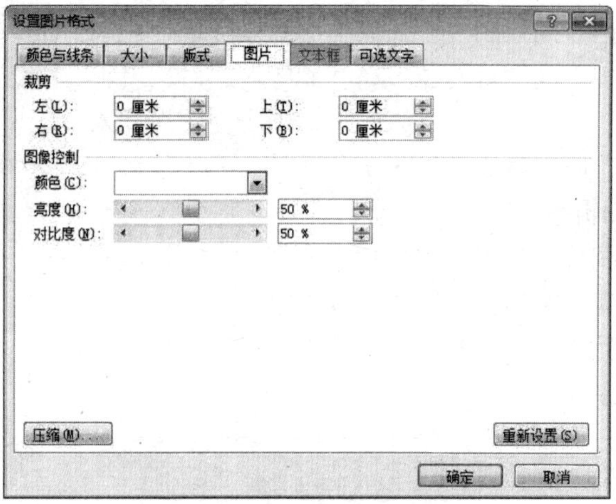

图 3-45 “设置图片格式”对话框

- 如果需要设置的对比度不在这个范围之内，也可以单击“对比度”集中的“图片修正选项”，打开“设置图片格式”对话框，如图 3-45 所示。在“设置图片格式”对话框中的“图片”选项卡中可设置图片的对比度。

③ 为图片重新着色。

Word 提供了五种着色方式，可以重新对图片进行着色处理。分别是：自动、灰度、黑白、冲蚀和设置透明色。“自动”表示图片以原来的颜色显示；“灰度”表示把图片转换成灰度图形显示；“黑白”表示把图片转换成黑白图形显示；“冲蚀”使图片看起来像蒙着一层透明的纸；“设置透明色”表示把图片中的颜色变为透明的。其着色步骤如下。

- 单击需要编辑的图片。
- 单击“图片工具格式”→“调整”→ “重新着色”命令，如图 3-47 所示。在弹出的菜单中选择合适的着色方法。

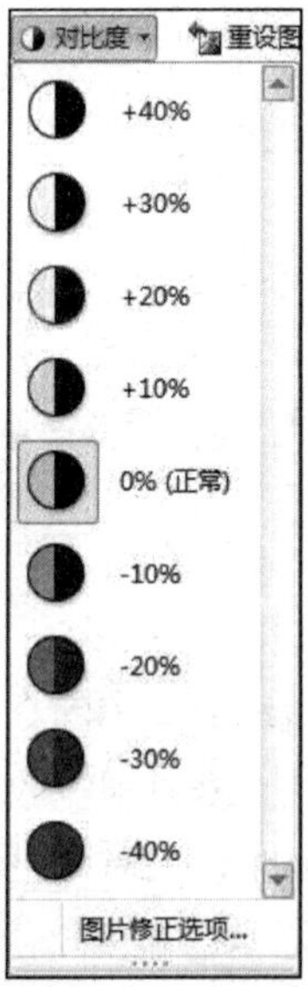

图 3-46 “对比度”菜单

图 3-47 “重新着色”菜单

- 各种着色效果如图 3-48～图 3-52 所示。

图 3-48 “自动”效果图

图 3-49 “灰度”效果图

图 3-50 “黑白”效果图

图 3-51 “冲蚀”效果图

图 3-52 “透明”效果图

④ 图片重置。

图片修改后若想还原为原来的图片，可以使用重置图片来取消对图片进行的格式设置。重置图片步骤如下。

- 单击需要编辑的图片。
- 单击“图片工具格式”→“调整”→ “重置图片”命令即可。

（3）设置图片的文字环绕方式

图片插入到文本中默认为嵌入式图片，其实 Word 提供了七种环绕方式：嵌入型、四周型、紧密型、穿越型、上下型、浮于文字上方、衬于文字下方。可以根据需要设置不同类型的文字环绕方式。为图片重置文字环绕方法如下。

视频：图片与文字环绕方式设置

视频：图片的裁剪

① 选中需要设置的图片。

② 单击“图片工具格式”→“排列”→“位置”命令，如图 3-53 所示，默认的是嵌入型，可以在此菜单中的“文字环绕”选择嵌入的位置。

③ 若需要设置其他环绕方式可以单击“其他布局选项”，就会弹出“布局”对话框，如图 3-54 所示。在“文字环绕”选项卡中可以对选项环绕方式还可以对自动换行及距正文的距离进行精细化设置。

图 3-53 “位置”菜单

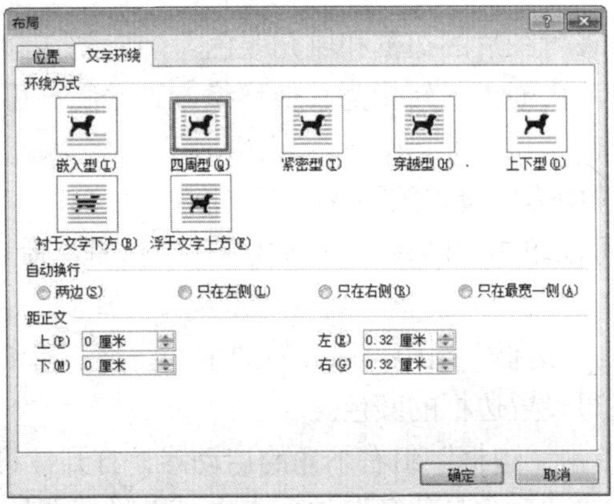

图 3-54 “布局”对话框

④ 也可以单击“图片工具格式”→“排列”→“自动换行”命令，在弹出的菜单中快速地选择合适的文字环绕方式，如图 3-55 所示。

（4）编辑环绕顶点

图片插入到文档后，设置好了文字的环绕方式，但是有时还需要有更多的环绕效果，这时可以通过编辑环绕顶点进行环绕方式修改。其步骤如下。

视频：编辑环绕顶点

① 选中需要设置的图片。

② 可以单击“图片工具格式”→“排列”→“自动换行”→“编辑环绕顶点”命令，此时图片会被一个虚线周围会，四个角各有一个控制柄，如图 3-56 所示。

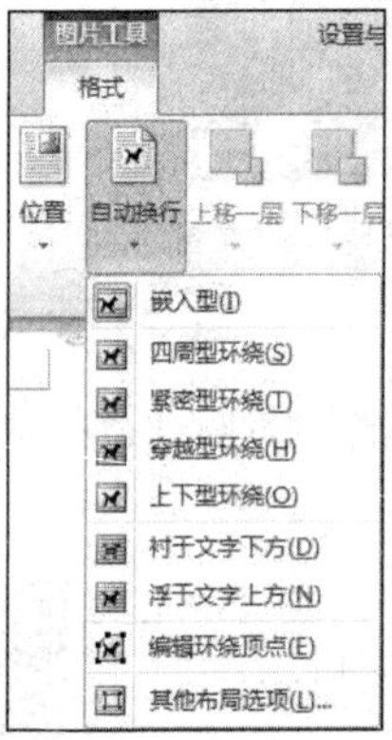

图 3-55 “自动换行”菜单

图 3-56 添加编辑环绕顶点效果图

③ 通过调整四角的句柄来修改环绕方式，效果如图 3-57 所示。

图 3-57 编辑环绕顶点效果图

（5）设置图片的边框和填充颜色

把图片由嵌入式转换为其他环绕方式之后，可以为图片添加边框和填充颜色。具体操作步骤如下。

① 选中需要设置的图片。

② 可以单击“图片工具格式”→“边框”命令，如图 3-58 所示。

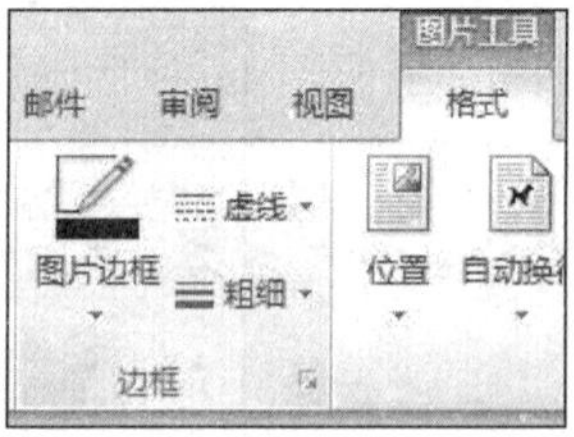

图 3-58 “边框”选项组

③ 在“边框”组中可以设置边框的线型、粗细，单击“图片边框”还可设置边框的颜色。

④ 单击“边框”组右下角的启动器，打开“设置图片格式”对话框，在“颜色与线条”选项卡中可以设置图片的填充颜色和填充效果。设置边框后的效

果图如图 3-59 所示。

图 3-59 图片添加边框效果图

小贴士

✓ 在“图片工具”的“格式”选项卡中还可以设置图片的位置、对齐方式、旋转以及对图片的剪裁。

视频：图片的裁剪

（三）文本框绘制与编辑

文本框是将文字、表格、图形进行精确定位的有效工具。在 Word 中可将文本框是看成是一种可移动、可调大小并且能精确定位文字、表格或图形的容器。只要对象被装进文本框，就如同被装进了一个容器，可以随时将它移动到页面的任意位置，让正文在它的四周环绕。文本框有两种：横排文本框和竖排文本框。

1．文本框

（1）插入文本框

① 单击“插入”→“文本”→“文本框”命令，弹出“文本框”集，如图 3-60 所示。

图 3-60 “文本框”集

② 在“文本框”集中可以单击系统所提供的文本框模板，能快速地插入一个带有样式的文本框，如可以插入一个“奥斯汀重要引言”的文本框，其插入后效果如图 3-61 所示。此时的文本框直接键入文字即可。

③ 如果需要键入一个不带任何格式的文本框，可以单击“绘制文本框”或“绘制竖排文本框”。“绘制文本框”中的文字为横排，“绘制竖排文本框”中的文字为竖排。如单击“绘制文本框”，这时鼠标指针变成“+”字形，单击拖动文本框到所需的大小与形状之后再松开鼠标，如图 3-62 所示。

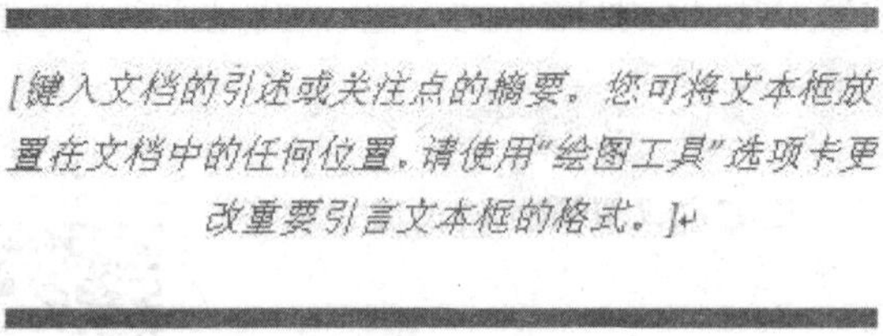

[键入文档的引述或关注点的摘要。您可将文本框放置在文档中的任何位置。请使用“绘图工具”选项卡更改重要引言文本框的格式。]

图 3-61 “奥斯汀重要引言”文本框效果图

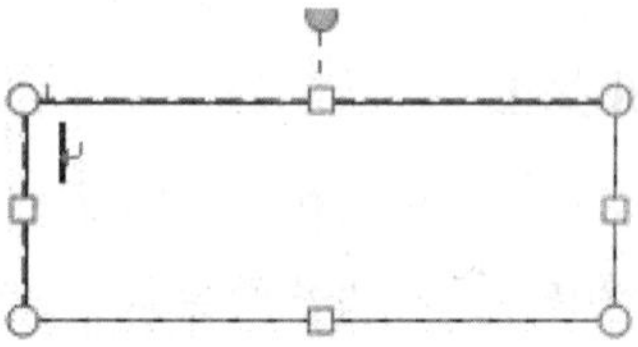

图 3-62 文本框

④ 插入文本框之后就可以在文本框中插入文字、图片、表格等内容了。

小贴士

✓ 现有的文字内容也可以直接纳入文本框中。首先选定内容然后单击“插入”→“文本”→“绘制文本框”或“绘制竖排文本框”命令，即可将选定内容放入文本框中。

（2）编辑文本框

文本框插入以后，单击文本框就会在标题栏上出现“文本框工具”选项卡，在其“格式”选择组中提供了文本框样式、阴影效果、三维效果、位置和大小等多种用来修改、设计文本框的方式，如图 3-63 所示。文本框具有图形的属性，所以对其操作与图形有很多类似之处。设置主要有如下两种方法。

视频：去掉文本框的框线

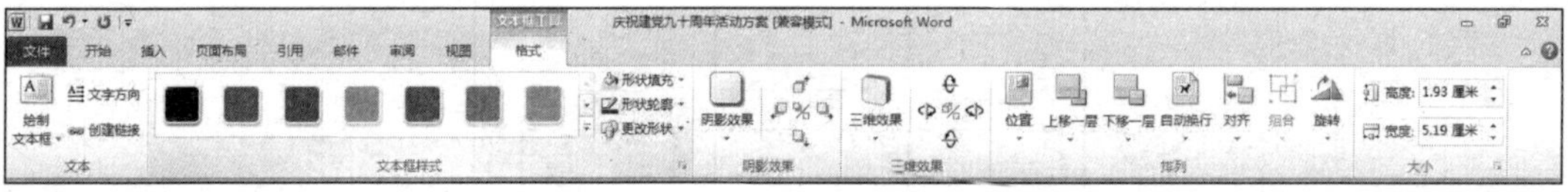

图 3-63 “文本框工具”选项卡

方法一：可以利用“文本框工具”的“格式”选项卡的选项进行设置。其主要可以设置文本框样式、阴影效果、三维效果、位置和大小等。

方法二：在文本框的边框上单击鼠标右键，在弹出的快捷菜单中选择“设置文本框格式”命令，打开“设置文本框格式”对话框，如图 3-64 所示，可设置文本框的填充颜色、高度、宽度、缩放比例、内部边距、版式和对齐方式等。

2. 艺术字

艺术字是一种文字型的图片。利用艺术字可以在文档中插入有艺术效果的文字，如阴影、斜体、旋转和拉伸等，使文档更加美观。Word 中的艺术字是特殊的文本，对艺术字的操作和对图片的操作几乎相同。

图 3-64　“设置文本框格式”对话框

（1）插入艺术字

① 将光标定位于需要插入艺术字的位置。

② 单击“插入”→“文本”→“艺术字”命令，即可打开“艺术字库”集，如图 3-65 所示。

③ 在“艺术字库”集中选择合适的艺术字样式，单击打开“编辑艺术字文字”对话框，如图 3-66 所示。在对话框中输入需要的文字并设置字体、字号和字型。单击“确定”，即可插入艺术字。

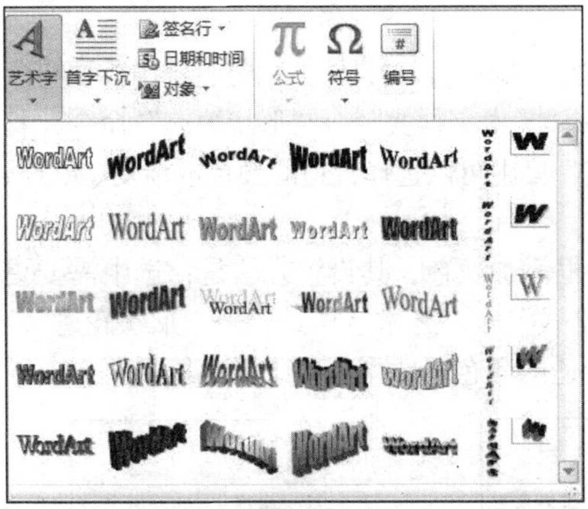

图 3-65　“艺术字库”集

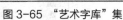

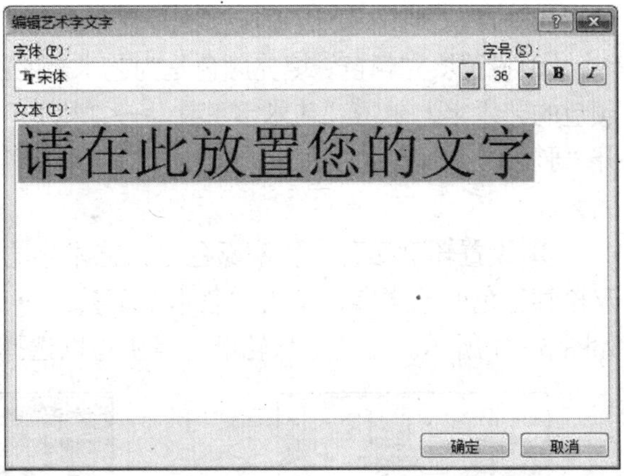

图 3-66　插入艺术字文字

（2）为文字添加艺术字效果

对于已经输好的文字，可以给它添加艺术字效果。其方法如下。

① 选择需要添加艺术字效果的文字，如可以选择“建党 95 周年”。

② 单击“插入”→“文本”→“艺术字”命令，在“艺术字库”中选择一种艺术效果。

③ 在“编辑艺术字文字”对话框中设置文字的字体、字号和字型，如图 3-67 所示。单击“确定”，即可插入艺术字。插入效果如图 3-68 所示。

图 3-67 “编辑艺术字文字”对话框

图 3-68 设置艺术字效果图

（3）编辑艺术字

插入艺术字之后，可以利用“艺术字工具”中的“格式”选项卡下的命令对插入的艺术字进行设置。其主要可以设置艺术字样式、阴影效果、三维效果、大小、环绕方式以及重新编辑艺术字等。

（4）更改其艺术样式

对于艺术字样式的修改主要通过修改艺术字的形状、艺术字填充颜色及轮廓颜色来实现的。

① 更改艺术字的形状。选中需要更改形状的艺术字，单击“艺术字工具”→“格式”→“艺术字样式”→“艺术字形状”命令，打开“艺术字形状”集，如图 3-69 所示，选择合适的形状即可。

② 设置填充颜色。填充颜色是为艺术字的内部添加颜色，其设置方法是：选中需要更改颜色的艺术字，单击“艺术字工具”→“格式”→“艺术字样式”→“形状填充”命令，打开“形状填充”集，如图 3-70 所示，在“形状填充”集中可以选择合适的颜色或渐变、纹理、图案等。

③ 设置轮廓颜色。轮廓颜色是为艺术字的边框添加颜色，其设置方法是：选中需要更改轮廓颜色的艺术字，单击“艺术字工具”→“格式”→“艺术字样式”→“形状轮廓”，如图 3-71 所示。在“形状轮廓”集中可以选择合适的颜色、线型、粗细图案等。

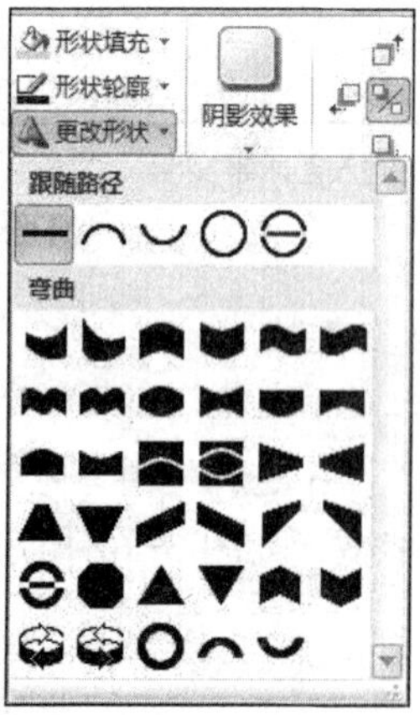

图 3-69 “艺术字形状”集

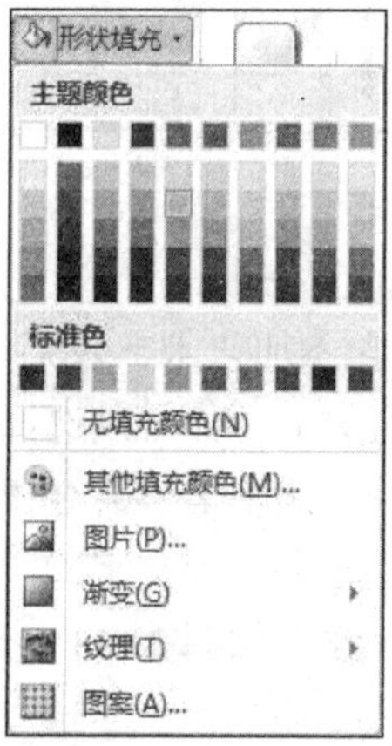

图 3-70 “形状填充”集

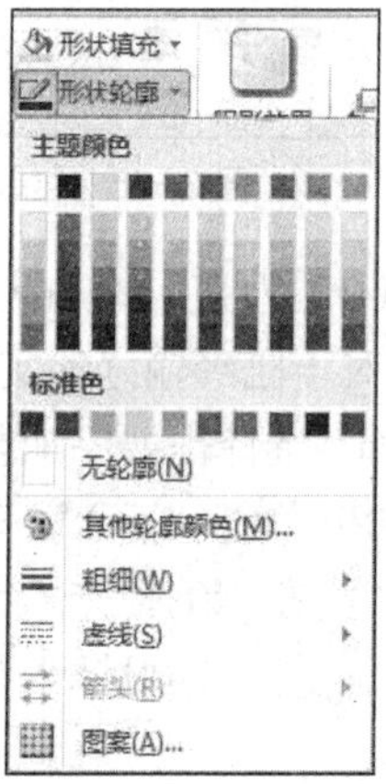

图 3-71 “形状轮廓”集

五、任务实施

STEP 1 启动 Word 2010，选择“文件”→“打开”菜单命令，打开“计算机应用基础（上册）\项目素材\项目 3\素材文件”目录下的“建党 95 周年知识竞赛活动方案”Word 文档，如图 3-72 所示。

视频：任务二效果图分析

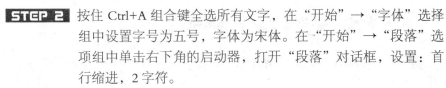

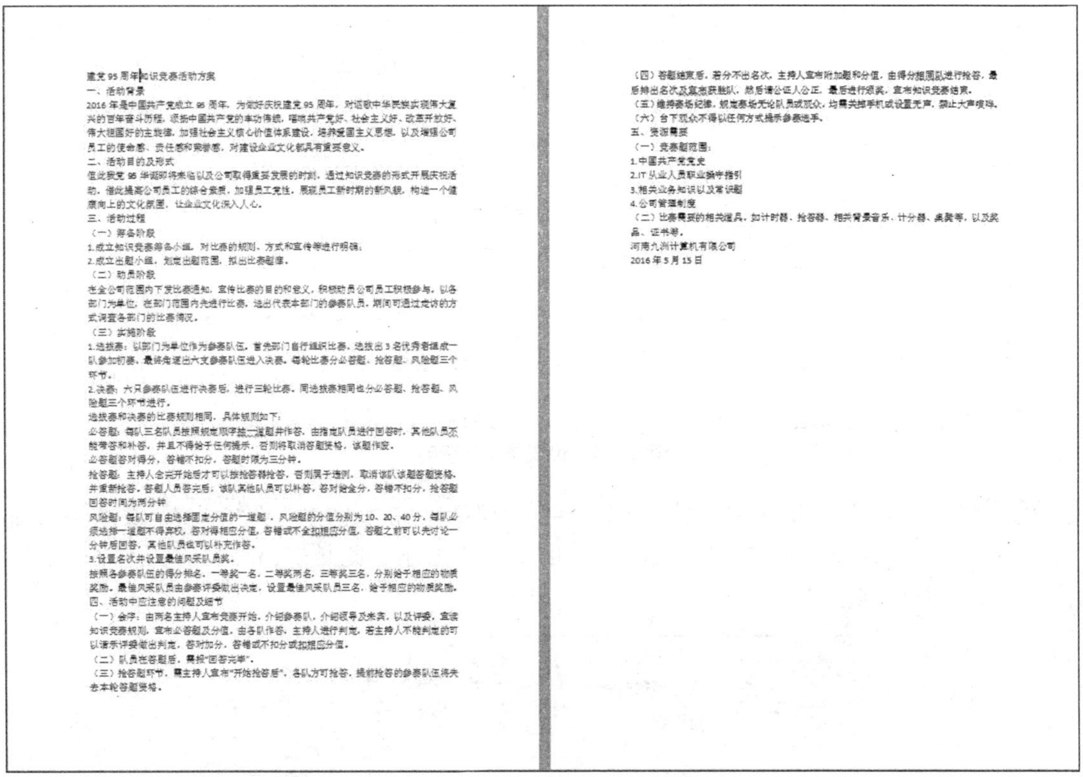

建党 95 周年知识竞赛活动方案
一、活动背景
2016 年是中国共产党成立 95 周年。为做好庆祝建党 95 周年，对讴歌中华民族实现伟大复兴的百年奋斗历程，颂扬中国共产党的丰功伟绩，唱响共产党好、社会主义好、改革开放好、伟大祖国好的主旋律，加强社会主义核心价值体系建设，培养爱国主义思想，以及增强公司员工的使命感、责任感和荣誉感，对建设企业文化都具有重要意义。
二、活动目的及形式
值此我党 95 华诞即将来临以及公司取得重要发展的时刻，通过知识竞赛的形式开展庆祝活动，借此提高公司员工的综合素质，加强员工党性，展现员工新时期的新风貌，构造一个健康向上的文化氛围，让企业文化深入人心。
三、活动过程
（一）筹备阶段
1.成立知识竞赛筹备小组，对比赛的规则、方式和宣传等进行明确；
2.成立出题小组，划定出题范围，拟出比赛题库。
（二）动员阶段
在全公司范围内下发比赛通知，宣传比赛的目的和意义，积极动员公司员工积极参与。以各部门为单位，在部门范围内先进行比赛，选出代表本部门的参赛队员，期间可通过走访的方式调查各部门的比赛情况。
（三）实施阶段
1.选拔赛：以部门为单位作为参赛队伍，首先部门自行组织比赛，选拔出 3 名优秀者组成一队参加初赛，最终角逐出六支参赛队伍进入决赛。每轮比赛分必答题、抢答题、风险题三个环节。
2.决赛：六只参赛队伍进行决赛后，进行三轮比赛，同选拔赛相同也分必答题、抢答题、风险题三个环节进行。
选拔赛和决赛的比赛规则相同，具体规则如下：
必答题：每队三名队员按照规定顺序抽一道题并作答，由指定队员进行回答时，其他队员不能带答和补答，并且不得给予任何提示，否则将取消答题资格，该题作废。
必答题答对得分，答错不扣分，答题时限为三分钟。
抢答题：主持人念完开始后才可以按抢答器抢答，否则属于违例，取消该队该题答题资格，并重新抢答。答题人员答完后，该队其他队员可以补答，答对给全分，答错不扣分，抢答题回答时间为两分钟
风险题：每队可自由选择固定分值的一道题，风险题的分值分别为 10、20、40 分，每队必须选择一道题不得弃权，答对得相应分值，答错或不全扣相应分值，答题之前可以先讨论一分钟后回答，其他队员也可以补充作答。
3.设置名次并设置最佳风采队员奖。
按照各参赛队伍的得分排名，一等奖一名，二等奖两名，三等奖三名，分别给予相应的物质奖励。最佳风采队员由参赛评委做出决定，设置最佳风采队员三名，给予相应的物质奖励。
四、活动中应注意的问题及细节
（一）会序：由两名主持人宣布竞赛开始，介绍参赛队，介绍领导及来宾，以及评委，宣读知识竞赛规则，宣布必答题及分值，由各队作答、主持人进行判定，若主持人不能判定的可以请示评委做出判定，答对加分，答错或不扣分或扣相应分值。
（二）队员在答题后，需报“回答完毕”。
（三）抢答题环节，需主持人宣布“开始抢答后”，各队方可抢答，提前抢答的参赛队伍将失去本轮答题资格。
（四）答题结束后，若分不出名次，主持人宣布附加题和分值，由得分相同队进行抢答，最后排出名次及宣布获胜队，然后请公证人公正，最后进行颁奖，宣布知识竞赛结束。
（五）维持赛场纪律，规定赛场无论队员或观众，均需关掉手机或设置无声，禁止大声喧哗。
（六）台下观众不得以任何方式提示参赛选手。
五、资源需要
（一）竞赛题范围：
1.中国共产党党史
2.IT 从业人员职业操守指引
3.相关业务知识以及常识题
4.公司管理制度
（二）比赛需要的相关道具，如计时器、抢答器、相关背景音乐、计分器、桌凳等，以及奖品、证书等。
河南九洲计算机有限公司
2016 年 5 月 15 日

图 3-72　建党 95 周年知识竞赛活动方案

STEP 2 按住 Ctrl+A 组合键全选所有文字，在“开始”→“字体”选择组中设置字号为五号，字体为宋体。在“开始”→“段落”选项组中单击右下角的启动器，打开“段落”对话框，设置：首行缩进，2 字符。

STEP 3 单击在“页面布局”→“页面背景”→“页面颜色”→“填充效果”命令，弹出“填充效果”对话框，在对话框中设置单色渐变，水平样式，设置如图 3-73 所示。

视频：STEP 3-5

STEP 4 选择标题文字“建党 95 周年知识竞赛活动方案”，在“字体”选项组中设置字体为华文新魏，字号为一号，加粗，颜色为黑色；在“段落”选项组中选择居中对齐方式，设置居中，设置方法如图 3-74 所示。

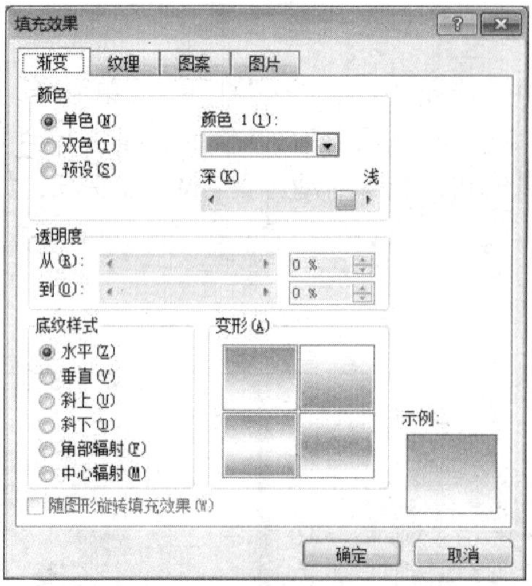

图 3-73 “填充效果”设置效果图

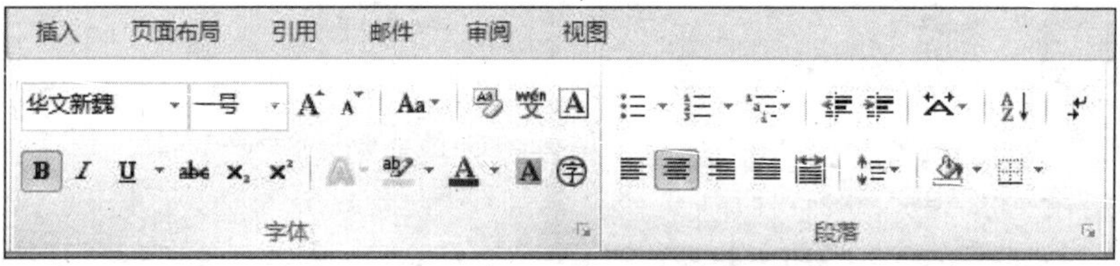

图 3-74 设置字体与段落

STEP 5 选择标题中的文字“建党 95 周年”，单击“插入”→“文本”→“艺术字”命令，选择“艺术字样式 13”，如图 3-75 所示，此时弹出“编辑艺术字文字”对话框。

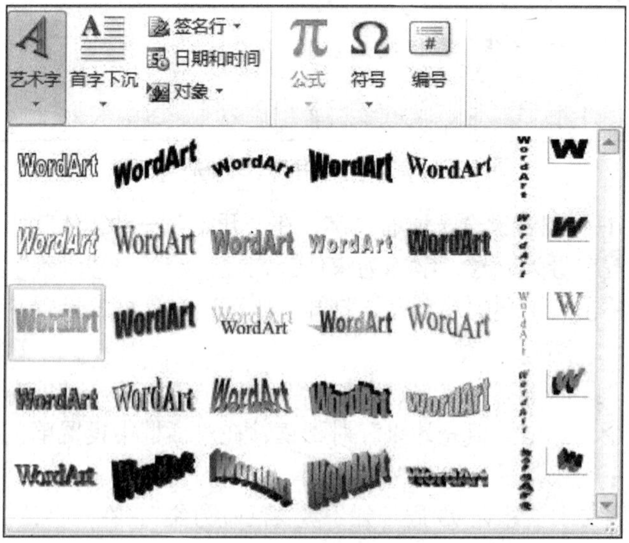

图 3-75 艺术字样式设置

STEP 6 在“编辑艺术字文字”对话框中设置字体为华文新魏，字号为 36，加粗，如图 3-76 所示。最后单击“确定”按钮即可完成艺术字的添加。

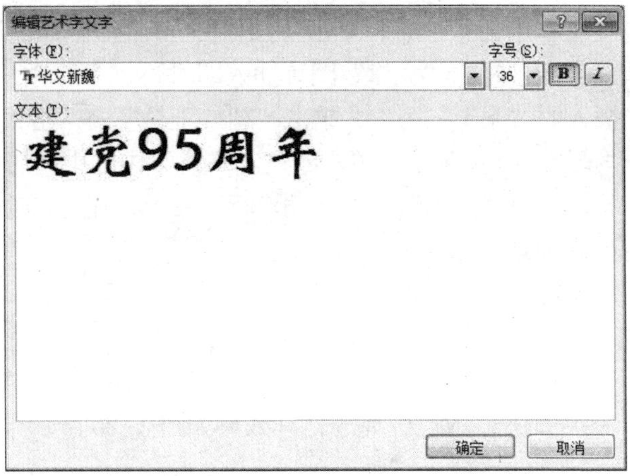

图 3-76 “编辑艺术字文字”对话框

视频：STEP 6-10

STEP 7 选中艺术字，单击“艺术字工具”→“格式”→“形状样式”→“形状填充”，在“形状填充”菜单中单击黄色。

STEP 8 单击“艺术字工具”→“格式”→“三维效果”，在“三维效果”中单击设置，如图 3-77 所示。

STEP 9 单击“艺术字工具”→“格式”→“三维效果”，在“三维效果”选项组中单击两下 ，如图 3-78 所示，设定三维效果向上提一点，使得三维效果更美观大方。其设置后效果图如图 3-79 所示。

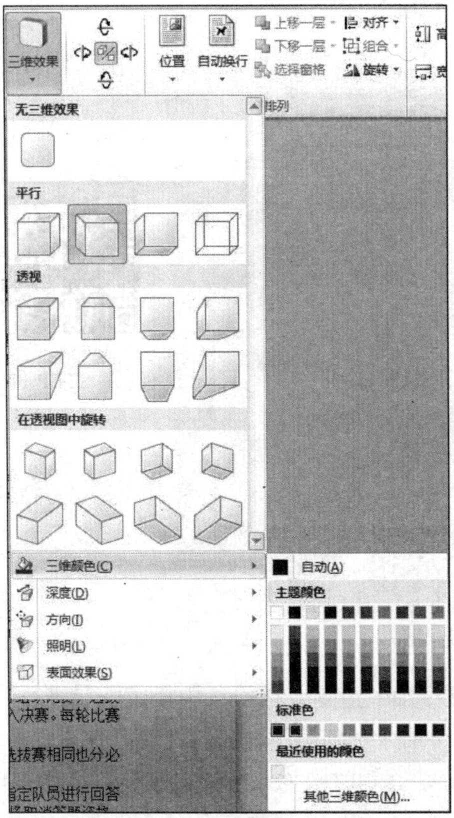

图 3-77 “三维效果”设置

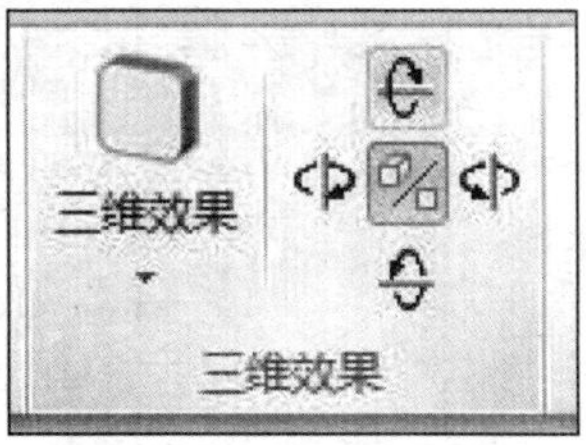

图 3-78 修改三维效果

图 3-79 艺术字设置后效果图

STEP 10 把光标定在文本中任意位置，单击“插入”→“图片”，打开“插入图片”对话框，找到已经准备好的“党旗”图片插入即可。

STEP 11 选择已经插入的“党旗”图片，单击“图片工具”→“格式”→“排列”→“位置”，在“位置”下拉菜单中单击“文字环绕”中的中间居中型。单击“图片工具”→“格式”→“排列”→“自动换行”命令，在“自动换行”下拉菜单中单击“紧密型环绕方式”。

STEP 12 单击“图片工具”→“格式”→“大小”命令，在“大小”选项组中设置宽度和高度为 4。

STEP 13 单击“图片工具”→“格式”→“调整”→“亮度”，在“亮度”下拉菜单中选择+10%。图片插入修改已经完成，其效果如图 3-80 所示

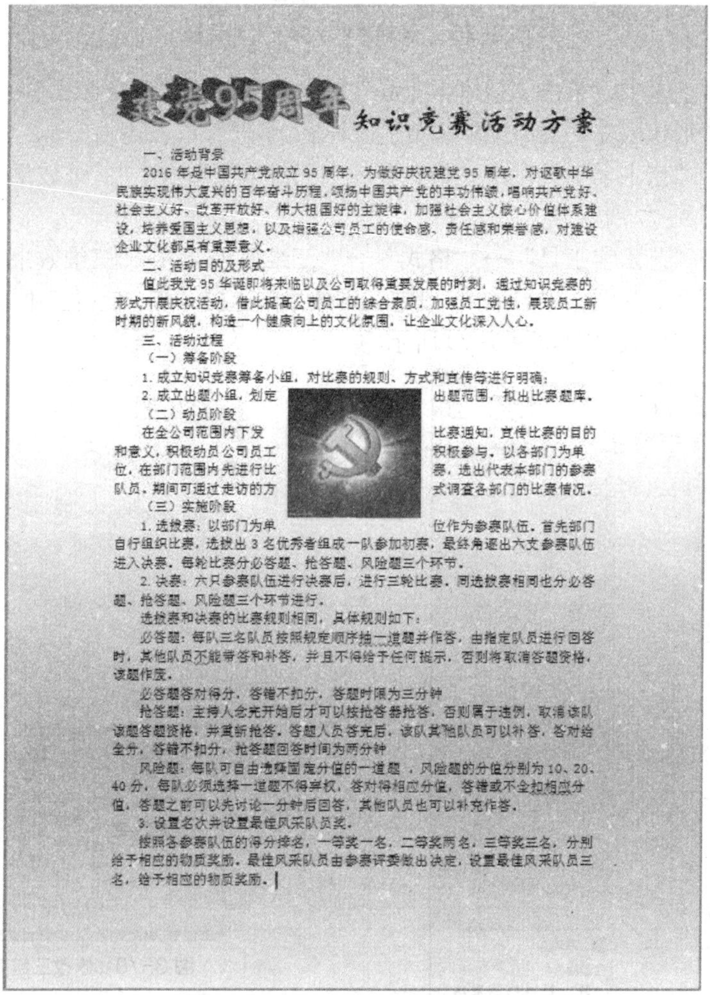

建党95周年知识竞赛活动方案

一、活动背景

2016 年是中国共产党成立 95 周年，为做好庆祝建党 95 周年，对讴歌中华民族实现伟大复兴的百年奋斗历程，颂扬中国共产党的丰功伟绩，唱响共产党好、社会主义好、改革开放好、伟大祖国好的主旋律，加强社会主义核心价值体系建设，培养爱国主义思想，以及增强公司员工的使命感、责任感和荣誉感，对建设企业文化都具有重要意义。

二、活动目的及形式

值此我党 95 华诞即将来临以及公司取得重要发展的时刻，通过知识竞赛的形式开展庆祝活动，借此提高公司员工的综合素质，加强员工党性，展现员工新时期的新风貌，构造一个健康向上的文化氛围，让企业文化深入人心。

三、活动过程

（一）筹备阶段

1. 成立知识竞赛筹备小组，对比赛的规则、方式和宣传等进行明确；

2. 成立出题小组，划定出题范围，拟出比赛题库。

（二）动员阶段

在全公司范围内下发比赛通知，宣传比赛的目的和意义，积极动员公司员工积极参与。以各部门为单位，在部门范围内先进行比赛，选出代表本部门的参赛队员。期间可通过走访的方式调查各部门的比赛情况。

（三）实施阶段

1. 选拔赛：以部门为单位作为参赛队伍。首先部门自行组织比赛，选拔出 3 名优秀者组成一队参加初赛，最终角逐出六支参赛队伍进入决赛。每轮比赛分必答题、抢答题、风险题三个环节。

2. 决赛：六只参赛队伍进行决赛后，进行三轮比赛，同选拔赛相同也分必答题、抢答题、风险题三个环节进行。

选拔赛和决赛的比赛规则相同，具体规则如下：

必答题：每队三名队员按照规定顺序抽一道题并作答，由指定队员进行回答时，其他队员不能带答和补答，并且不得给予任何提示，否则将取消答题资格，该题作废。

必答题答对得分，答错不扣分，答题时限为三分钟

抢答题：主持人念完开始后才可以按抢答器抢答，否则属于违例，取消该队该题答题资格，并重新抢答。答题人员答完后，该队其他队员可以补答，答对给全分，答错不扣分，抢答题回答时间为两分钟

风险题：每队可自由选择固定分值的一道题 ，风险题的分值分别为 10、20、40 分，每队必须选择一道题不得弃权，答对得相应分值，答错或不全扣相应分值，答题之前可以先讨论一分钟后回答，其他队员也可以补充作答。

3. 设置名次并设置最佳风采队员奖。

按照各参赛队伍的得分排名，一等奖一名，二等奖两名，三等奖三名，分别给予相应的物质奖励。最佳风采队员由参赛评委做出决定，设置最佳风采队员三名，给予相应的物质奖励。

图 3-80　插入图片效果图

视频：STEP 11-14

STEP 14 选中“必答题：每队三名队员按照规定顺序抽一道题并作答，由指定队员进行回答时，其他队员不能代答和补答，并且不得给予任何提示，否则将取消答题资格，该题作废。必答题答对得分，答错不扣分，答题时限为三分钟。”等文字。单击“插入”→“文本框”→“绘制文本框”命令，为所选文字添加文本框。

STEP 15 选中新建的文本框，单击“文本框工具”→“格式”→“文本框样式”，在“文本框样式”中设置样式，如图 3−81 所示。

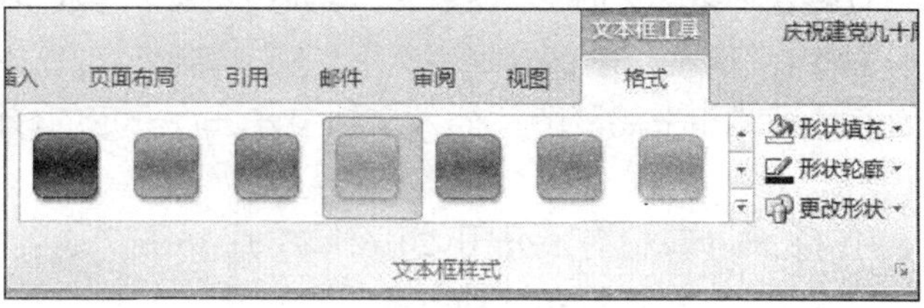

图 3−81 “文本框样式”设置效果图

STEP 16 选中新建的文本框，单击“文本框工具”→“格式”→“三维效果”，在“三维效果”中单击设置，如图 3−82 所示。

STEP 17 选中新建的文本框，用鼠标拖动文本框四周的句柄调整出适当的大小，效果如图 3−83 所示。

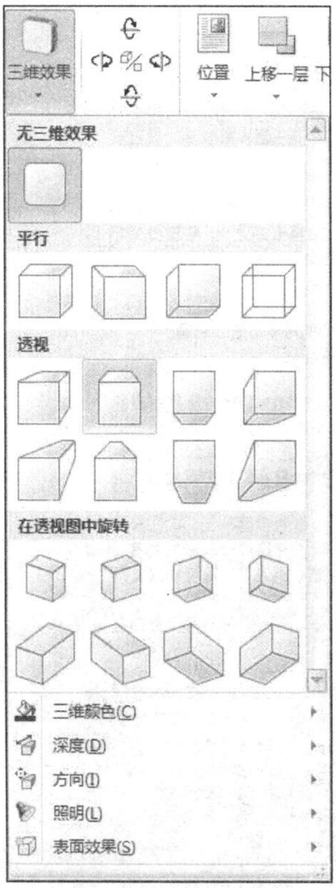

图 3−82 三维效果设置图

视频：STEP 15−21

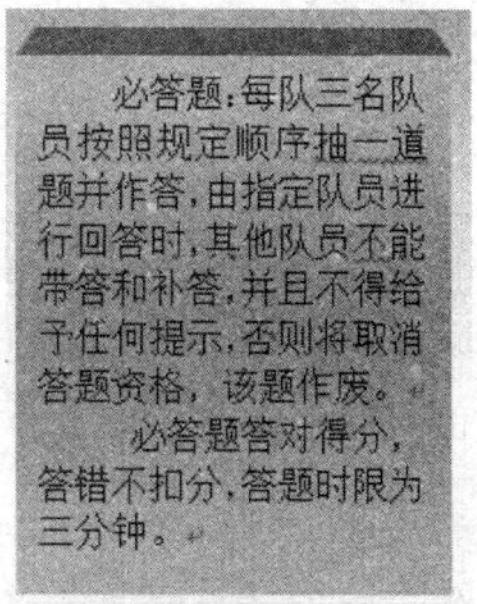

图 3−83 文本框最终效果图

STEP 18 用同样的方法将文字下边两端文字也加载同样样式的文本框。

STEP 19 通过 Shift 键选中三个文本框，单击“文本框工具”→“格式”→“大小”命令，在“大小”选项组中设置高度为 6，宽度为 5。

STEP 20 通过 Shift 键选中三个文本框，单击“文本框工具”→“格式”→“排列”→“对齐”命令，为它们进行对齐处理。也可通过键盘的方向键来进行微调，最终效果图如图 3−84 所示。

小贴士

✓ 有时候可以通过键盘中编辑区的上、下、左、右键进行文本框位置的微调。

STEP 21 用上面的方法将“和平鸽”图片插入文档中并进行一定的修改修饰。

STEP 22 将文字“河南九洲计算机有限公司 2016 年 5 月 15 日”进行左对齐。“建党 95 周年知识竞赛活动方案”文档就完成了。

视频：STEP 22−24

STEP 23 保存文档，保存名称为“建党 95 周年知识竞赛活动方案.docx”。

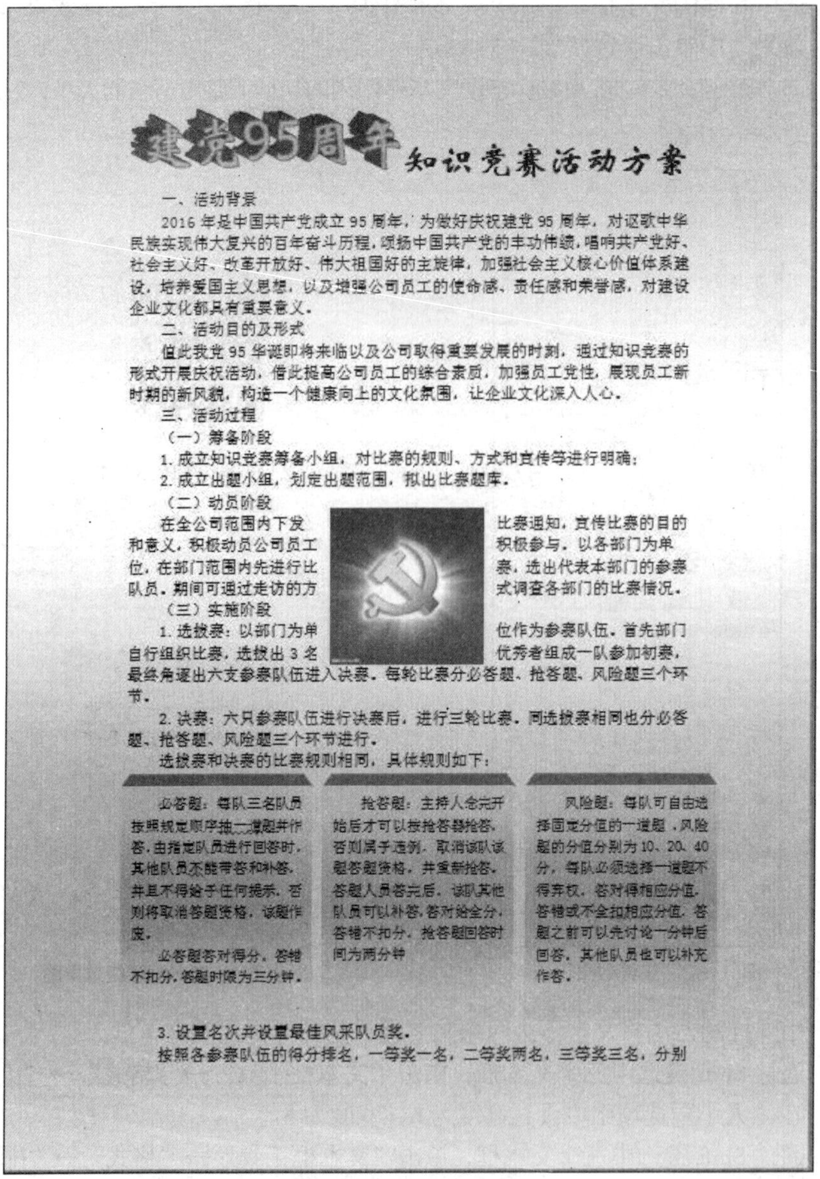

建党95周年 知识竞赛活动方案

一、活动背景

2016 年是中国共产党成立 95 周年，为做好庆祝建党 95 周年，对讴歌中华民族实现伟大复兴的百年奋斗历程，颂扬中国共产党的丰功伟绩，唱响共产党好、社会主义好、改革开放好、伟大祖国好的主旋律，加强社会主义核心价值体系建设，培养爱国主义思想，以及增强公司员工的使命感、责任感和荣誉感，对建设企业文化都具有重要意义。

二、活动目的及形式

值此我党 95 华诞即将来临以及公司取得重要发展的时刻，通过知识竞赛的形式开展庆祝活动，借此提高公司员工的综合素质，加强员工党性，展现员工新时期的新风貌，构造一个健康向上的文化氛围，让企业文化深入人心。

三、活动过程

（一）筹备阶段

1. 成立知识竞赛筹备小组，对比赛的规则、方式和宣传等进行明确；

2. 成立出题小组，划定出题范围，拟出比赛题库。

（二）动员阶段

在全公司范围内下发比赛通知，宣传比赛的目的和意义，积极动员公司员工积极参与。以各部门为单位，在部门范围内先进行比赛，选出代表本部门的参赛队员。期间可通过走访的方式调查各部门的比赛情况。

（三）实施阶段

1. 选拔赛：以部门为单位作为参赛队伍。首先部门自行组织比赛，选拔出 3 名优秀者组成一队参加初赛，最终角逐出六支参赛队伍进入决赛。每轮比赛分必答题、抢答题、风险题三个环节。

2. 决赛：六只参赛队伍进行决赛后，进行三轮比赛。同选拔赛相同也分必答题、抢答题、风险题三个环节进行。

选拔赛和决赛的比赛规则相同，具体规则如下：

必答题：每队三名队员按照规定顺序抽一道题并作答，由指定队员进行回答时，其他队员不能带答和补答，并且不得给予任何提示，否则将取消答题资格，该题作废。

必答题答对得分，答错不扣分，答题时限为三分钟。

抢答题：主持人念完开始后才可以按抢答器抢答，否则属于违例，取消该队该题答题资格，并重新抢答。答题人员答完后，该队其他队员可以补答，答对给全分，答错不扣分，抢答题回答时间为两分钟

风险题：每队可自由选择固定分值的一道题，风险题的分值分别为 10、20、40 分，每队必须选择一道题不得弃权，答对得相应分值，答错或不全扣相应分值，答题之前可以先讨论一分钟后回答，其他队员也可以补充作答。

3. 设置名次并设置最佳风采队员奖。

按照各参赛队伍的得分排名，一等奖一名，二等奖两名，三等奖三名，分别

图 3-84　最终效果图

牛刀小试

2011届学生马上要毕业离校了，在毕业前夕，信息工程学院决定举办毕业晚会欢送毕业生。学生会组织了多个节目，并且学生会干部罗蓝也写出了举办毕业晚会的通知及晚会流程。请帮助她用Word 2010制作通知文稿并按图示和要求进行文稿排版。效果如图3-85所示。

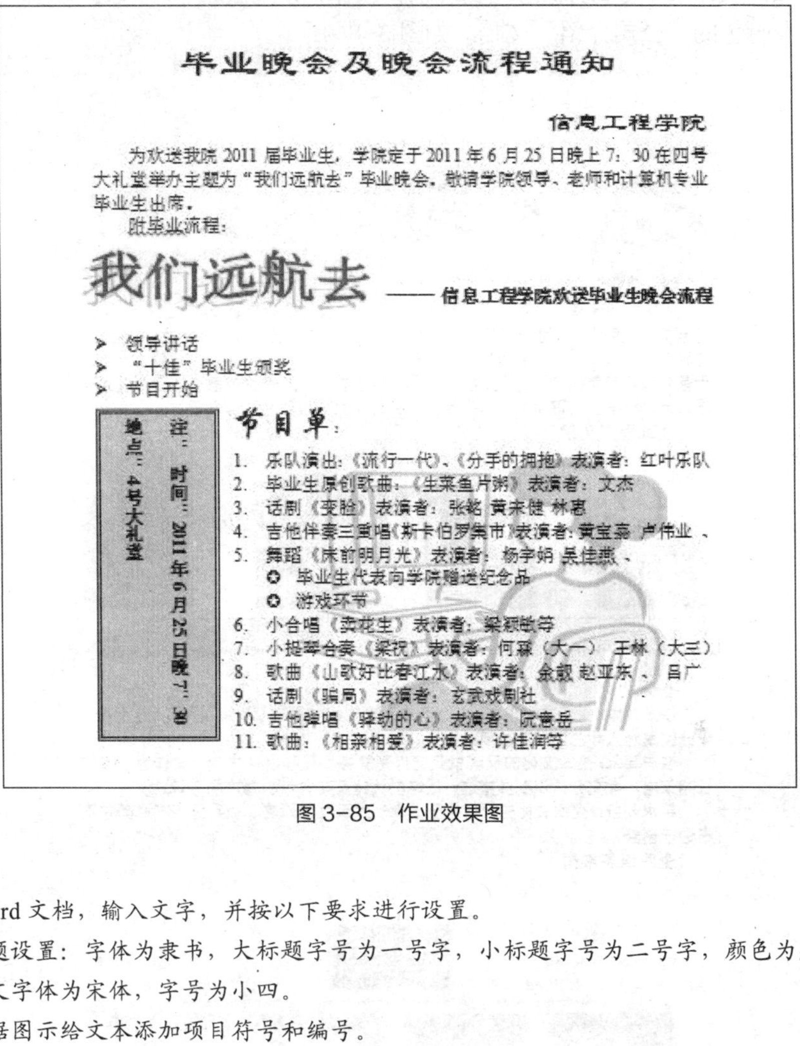

毕业晚会及晚会流程通知

信息工程学院

为欢送我院2011届毕业生，学院定于2011年6月25日晚上7：30在四号大礼堂举办主题为“我们远航去”毕业晚会。敬请学院领导、老师和计算机专业毕业生出席。

附毕业流程：

我们远航去 ——信息工程学院欢送毕业生晚会流程

- 领导讲话
- “十佳”毕业生颁奖
- 节目开始

注：时间：2011年6月25日晚7：30
地点：4号大礼堂

节目单：

1. 乐队演出：《流行一代》、《分手的拥抱》表演者：红叶乐队
2. 毕业生原创歌曲：《生菜鱼片粥》表演者：文杰
3. 话剧《变脸》表演者：张铭 黄来健 林君
4. 吉他伴奏三重唱《斯卡伯罗集市》表演者：黄宝嘉 卢伟业 、
5. 舞蹈《床前明月光》表演者：杨宇娟 吴佳燕 、
   - 毕业生代表向学院赠送纪念品
   - 游戏环节
6. 小合唱《卖花生》表演者：梁颖敏等
7. 小提琴合奏《梁祝》表演者：何森（大一） 王林（大三）
8. 歌曲《山歌好比春江水》表演者：余毅 赵亚东 、 吕广
9. 话剧《骗局》表演者：玄武戏剧社
10. 吉他弹唱《驿动的心》表演者：阮意岳
11. 歌曲：《相亲相爱》表演者：许佳润等

图3-85 作业效果图

要求：

建立Word文档，输入文字，并按以下要求进行设置。

（1）标题设置：字体为隶书，大标题字号为一号字，小标题字号为二号字，颜色为黑色。

（2）正文字体为宋体，字号为小四。

（3）根据图示给文本添加项目符号和编号。

（4）设置文本框：边框为双线，填充颜色为“橄榄色，强调文字颜色3，淡色40%”。

（5）插入图片，调整大小，将文字环绕方式设置为“衬于文字下方”，设置图片为“冲蚀”效果。

（6）插入艺术字，形状为双波形1，填充颜色和轮廓颜色均为红色。

（7）为文档添加文字水印效果，文字设置为“毕业晚会”。

（8）保存文档，以“毕业晚会通知”命名。

任务 3　编辑“公司介绍”文档

一、任务描述

创新科技有限公司近来新增了许多业务，需要为客户提供公司简介文字材料，于是公司领导委任行政部制作一个“公司介绍”文档，并要求刘之林用 Word 2010 制作一份简单大方，又能展示企业特色的“公司介绍”文档，如图 3-86 所示。

公司介绍

河南九洲计算机有限公司成立于 1987 年，是一个拥有近 800 名员工，注册资金 7000 多万，年营业额超过 10 亿元人民币的国家级的大型综合性 IT 企业，它源自从事军工、国家重大科研项目的信息产业部第十五研究所，有强大的技术力量和举足轻重的行业地位。它代表国家行使国家计算机信息系统质量检验中心、国家计算机安全测评中心，国家商检局计算机质量检验中心等职权。

企业发展历程

企业文化

以人为本：企业文化的核心。公司自创业初始就确立了“以人为本”的战略，十分注重对人才的培养与使用。

客户至上：企业文化的灵魂就是把提高服务质量和以客户为中心作为公司的长期策略，并充分认识到实施这一战略的关键是要有吸引客户的品牌。

寻求创新：企业文化的升华在于企业，大至发展战略、小到服务形式都在不断进行创新。

企业组织架构

图 3-86　公司介绍

二、任务分析

本任务是使用 Word 2010 制作“公司介绍”文档，文档需要介绍到公司的概括、发展历程、文化底蕴及公司结构等相关内容。要求页面美观、内容设计清晰合理。可以通过在文档中添加艺术字、图片、形状图形、组织结构图等来展示，使文档具有层次性、观赏性、可读性。

三、任务目标

- 掌握形状图形的插入与编辑
- 掌握 SmartArt 的插入与编辑。
- 掌握文档的页面打印。

四、知识链接

（一）形状图形

在 Word 中，除了可以插入图片外，还可以插入形状图形。Word 2010 中提供了七种形状图形，包括线条、基本形状、箭头总汇、流程图、星与旗帜、标注和最近使用的形状。

1．形状图形的插入

（1）单击“插入”→“插图”→“形状”，单击“形状”按钮，打开“形状”集，如图 3-87 所示。

（2）在“形状”集中选择需要的形状，此时鼠标指针变成“+”字形，在页面上拖动鼠标到所需的大小后松开鼠标即可。如果要保持图形的高度和宽度成比例缩放，在拖动鼠标时按下 Shift 键即可。

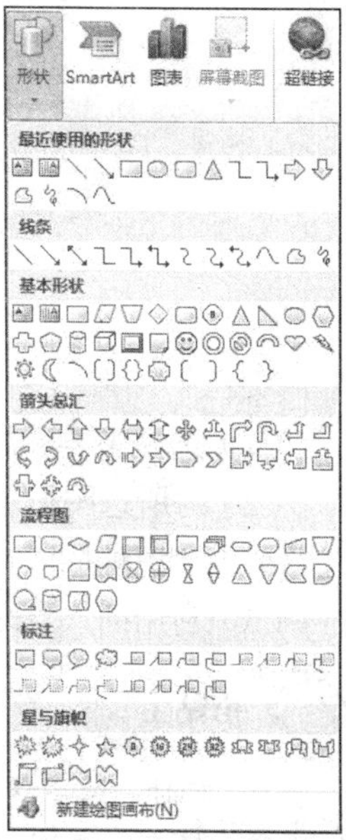

图 3-87 “形状”集

2．编辑形状图形

形状图形绘制完毕，为了美化形状图形，需要对形状图形进行格式设置。设置形状图形的格式主要是对形状图形的线条颜色、阴影、三维效果、形状样式、大小等进行设置，也可以利用指定的颜色填充图形、设置图形的叠放次序及对指定图形进行微调、旋转与翻转等操作。

设置形状图形的格式主要是在“绘图工具”的“格式”选项卡中进行的，如图 3-88 所示。

图 3-88 “绘图工具”列表

同时还可以利用“设置形状图形格式”对话框进行设置。选中需要进行设置的形状图形单击鼠标右键，在弹出的快捷菜单中选择“设置形状格式”，即可打开“设置形状格式”对话框，如图 3-89 所示，在此可以对形状图形进行详细的设置。

3．在形状图形上添加文字

除了直线和任意多边形外，用户可在形状图形上添加文字。添加的文字和文本中的文字相同，可以对其进行字符格式的设置，文本也可以随着图形的移动而移动。添加文字的具体操作如下。

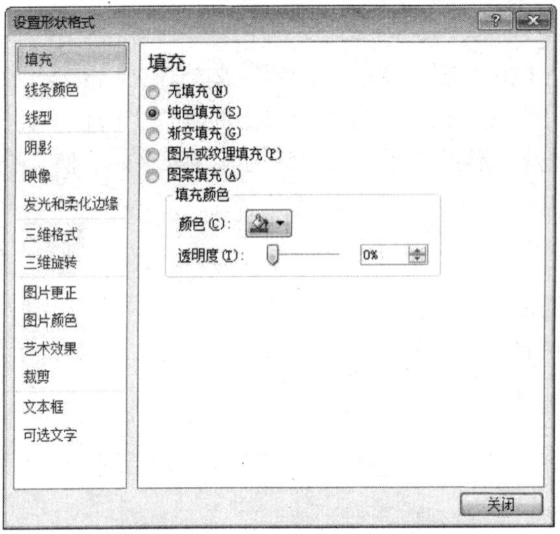

图 3-89 “设置形状格式”对话框

（1）选择需要添加文本的形状图形。

（2）对所选图形单击鼠标右键，在弹出的快捷菜单中选择“添加文字”，此时在选中的自选图形上会出现插入点。

（3）利用插入点即可在形状图形上插入文字，并对文字进行格式设置。

小贴士

✓ 有时一幅图是由多个单个独立的形状图形组成的，在移动或复制等操作时需要对每一个图形单独操作，这样比较麻烦。因此需要把多个设置好的形状图形进行组合，具体的组合方法是：按住 Shift 键选中需要组合在一起的多个形状图形后单击鼠标右键，在弹出的快捷菜单中选择“组合”，即可把多个形状图形组合成一个，之后再对形状图形进行移动、复制等操作即可一次完成。

视频：形状图形的组合

如果需要删除或添加形状图形，还可取消“组合”，其方法是：选中需要取消组合的形状图形并单击鼠标右键，在弹出的快捷菜单中选择“取消组合”，即可取消组合在一起的形状图形，把它们变为个体。

（二）SmartArt 图形

SmartArt 图形是信息和观点的视觉表示形式，多用于在文档中演示流程、层次结构、循环或者关系。SmartArt 图形包括列表、层次结构图、流程图、关系图、循环图、矩阵图、棱锥图和图片图。利用 SmartArt 工具可以制作出精美的文档图表。

1. 插入 SmartArt 图形

插入 SmartArt 图形的步骤如下。

（1）单击“插入”选项卡中的“SmartArt”按钮，弹出“选择 SmartArt 图形”对话框，如图 3-90 所示。

（2）从中选择一种图像样式，如选择左侧的“层次结构”，然后选择右侧图库中的“组织结构图”，单击“确定”按钮，即可在文档中插入一个层次结构图。

（3）在图形上面单击输入文字，也可以在左侧的文本框中输入文字，输入文字后的效果如图 3-91 所示。

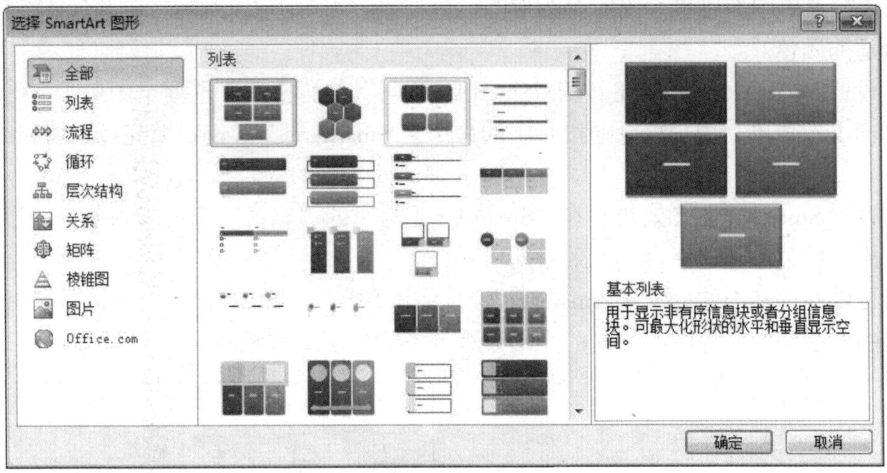

图 3-90 “选择 SmartArt 图形”对话框

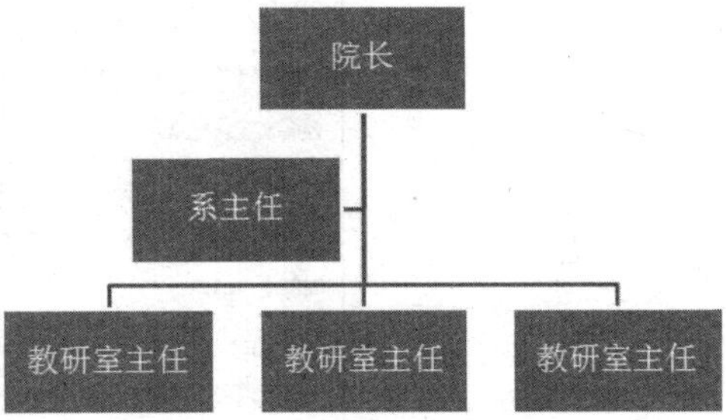

图 3-91 输入文字后的效果

2. 修改和设置 SmartArt 图形

当插入 SmartArt 图形之后，如果对图形的样式和效果不满意，可以对其进行必要的修改。从整体上讲，SmartArt 图形是一个整体，但它是由图形和文字组成的。因此，Word 允许用户对整个 SmartArt 图形、文字和构成 SmartArt 的子图形分别进行设置和修改。

视频：SmartArt 增加和删除项目

（1）增加和删除项目。一般的 SmartArt 图形是由一条一条的项目组成的，有些 SmartArt 图形的项目是固定不变的，而很多则是可以修改的。如果默认的项目不够用，可以添加项目。选中 SmartArt 图形图表中的某个项目，在“SmartArt 工具”的“设计”选项卡内单击“添加形状”按钮，在下拉菜单中选择适合的命令即可在选中项目的前面、后面、上面或下面添加项目。如果要删除项目，只需选中构成本项目的图形，按下键盘上的 Delete 键即可。

（2）修改 SmartArt 图形的布局。SmartArt 图形的布局就是图形的基本形状，也就是在刚开始插入 SmartArt 图形的时候所选择的图形类别和形状。如果用户对 SmartArt 图形的布局不满意，可以在“SmartArt 工具”的“设计”选项卡内的“布局”选项组中选择一种合适的样式。如在“布局”组中选择“半圆组织结构图”样式，其效果如图 3-92 所示。

（3）修改 SmartArt 图形的样式。在“SmartArt 工具”的“设计”选项卡内的“SmartArt 样式”组是动态的，它会随着插入的 SmartArt 图形的不同自动变化，用户从中可以选择合适的样式。

（4）修改 SmartArt 图形颜色。在“SmartArt 工具”的“设计”选项卡内单击“更改颜色”按钮，在下拉菜单中即可显示出所有图形的颜色样式，如图 3–93 所示，在颜色样式列表中即可选择合适的颜色。

（5）设置 SmartArt 图形填充。在“SmartArt 工具”的“格式”选项卡中单击“形状填充”按钮，弹出下拉菜单，用户可以通过其中的命令为 SmartArt 图形设置填充色、填充纹理或填充图片。

（6）设置 SmartArt 图形效果。在“SmartArt 工具”的“格式”选项卡内单击“形状效果”按钮，弹出下拉菜单，选择合适的效果即可。

用户可以通过其中的命令为 SmartArt 图形设置阴影、映像、棱台、三维旋转效果。设置图形效果的方法与前面为图片绘制的图形设置效果的方法基本相同。

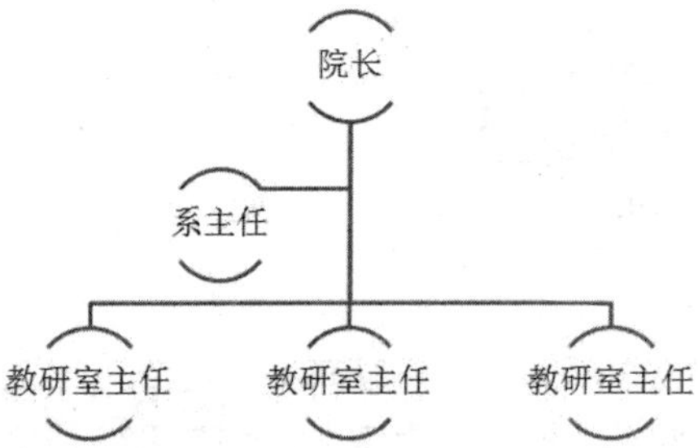

图 3–92　修改样式后的效果

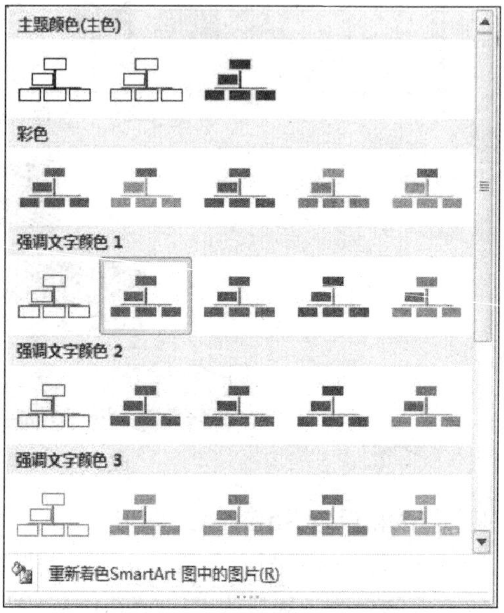

图 3–93　修改 SmartArt 图形颜色

（三）文档的页面设置与打印

完成页面设置后可以利用打印预览功能先看一下打印效果，若无误就可以打印文档了。打印预览和打印文档需要选择“文件”选项卡的“打印”命令，打开打印界面，如图 3–94 所示。

（1）打印预览。在正式打印之前可以先进行打印预览，打印预览的效果和打印出的效果是一致的。因此可以通过打印预览找出文档设置的问题。

Word 2010 的打印预览和打印是在同一个界面中，在“打印”界面的右部是文档的打印预览的效果。预览效果的大小可以通过界面右下角的“显示比例”进行调整，预览时的翻页可通过界面下方的调整按钮进行。

（2）打印。在打印之前需要对打印形式、内容等进行设置。在“文件”列表中单击“打印”，打开“打印”界面，可以设置以下内容。

① 在“打印份数”中设置需要打印的文档数量。

② 在“打印机”中选择所使用的打印机对应的驱动程序。

③ 在“设置”中的“打印所有页”中可以设置打印的范围、打印方向，同时还可以设置

是单面打印还是双面打印以及页边距、纸张大小等。

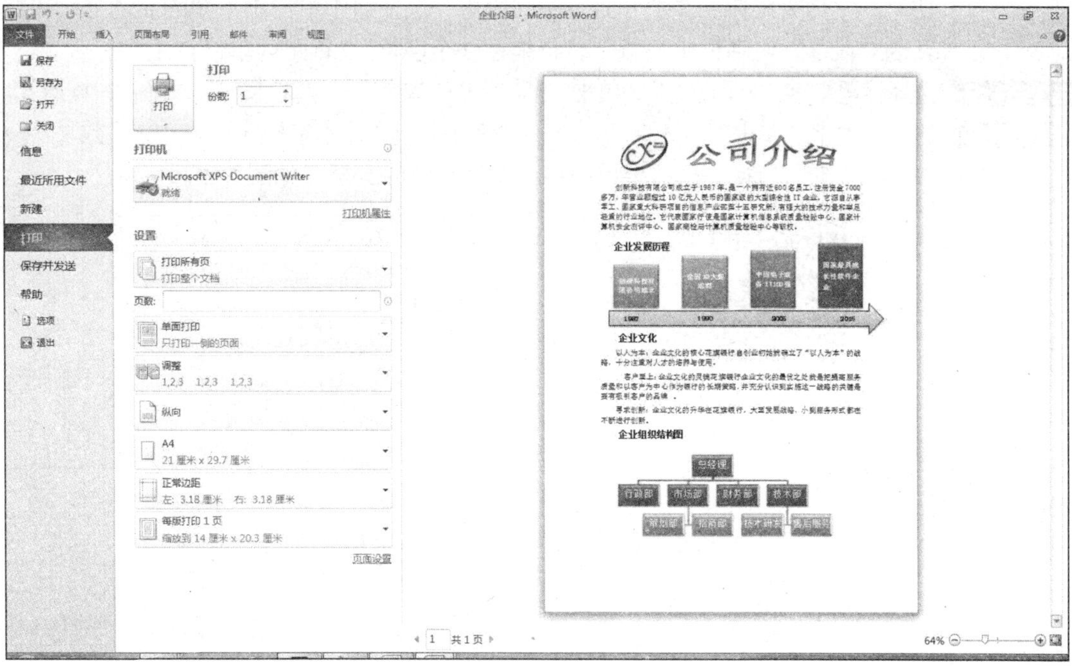

图 3-94 “打印”界面

五、任务实施

STEP 1 启动 Word 2010，选择“文件”→“新建”菜单命令，创建一个空白文档。

STEP 2 将输入切换成中文输入法，在文档中输入文档“企业介绍”相关内容，如图 3-95 所示。

视频：任务三效果图分析

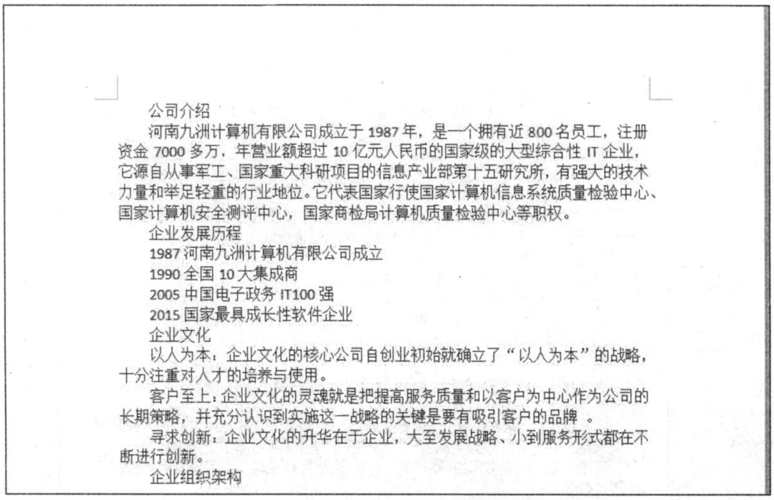
公司介绍
河南九洲计算机有限公司成立于 1987 年，是一个拥有近 800 名员工，注册资金 7000 多万，年营业额超过 10 亿元人民币的国家级的大型综合性 IT 企业，它源自从事军工、国家重大科研项目的信息产业部第十五研究所，有强大的技术力量和举足轻重的行业地位。它代表国家行使国家计算机信息系统质量检验中心、国家计算机安全测评中心，国家商检局计算机质量检验中心等职权。
企业发展历程
1987 河南九洲计算机有限公司成立
1990 全国 10 大集成商
2005 中国电子政务 IT100 强
2015 国家最具成长性软件企业
企业文化
以人为本：企业文化的核心公司自创业初始就确立了“以人为本”的战略，十分注重对人才的培养与使用。
客户至上：企业文化的灵魂就是把提高服务质量和以客户为中心作为公司的长期策略，并充分认识到实施这一战略的关键是要有吸引客户的品牌 。
寻求创新：企业文化的升华在于企业，大至发展战略、小到服务形式都在不断进行创新。
企业组织架构

图 3-95 公司介绍文字资料

STEP 3 按住 Ctrl+A 组合键全选所有文字，在“开始”→“字体”选择组中设置字号为小四号，字体为宋体。在“开始”→“段落”选择组中单击右下角的启动器，在打开的“段落”对话框中设置“首行缩进 2 个字符”，行距为单倍行距。

STEP 4 选择标题文字“公司介绍”，单击“插入”→“文本”→“艺术字”，如图 3-96 所示。

STEP 5 选中艺术字，单击“艺术字工具”→“格式”→“艺术字样式”→“文本效果”→“转换”，在“转换”下拉菜单中单击第三种弯曲类型，如图 3-97 所示。

视频：Step 4-6

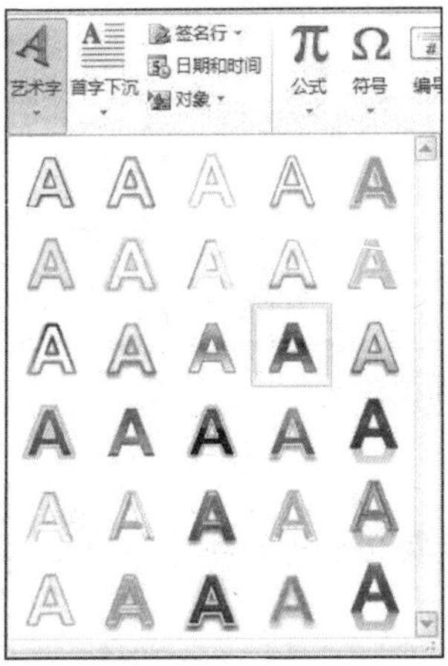

图 3-96　艺术样式设置

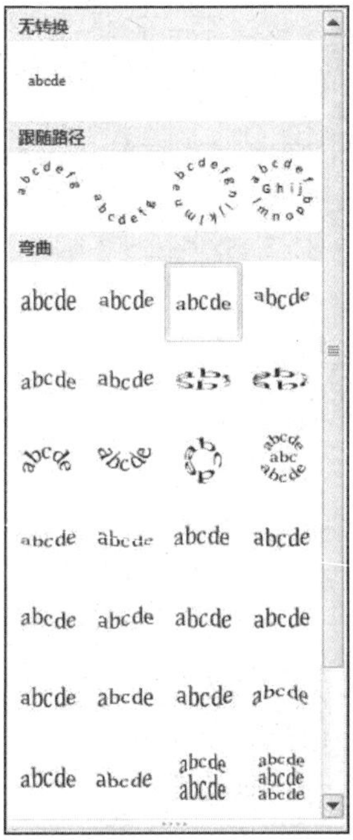

图 3-97　艺术字文本效果设置图

STEP 6 选中“公司介绍”艺术字，单击“绘图工具”→“格式”→“排列”命令，在“自动换行”下拉菜单中选择“上下型环绕”，在“对齐”下拉菜单中选择“左右居中”，在效果如图 3-98 所示。

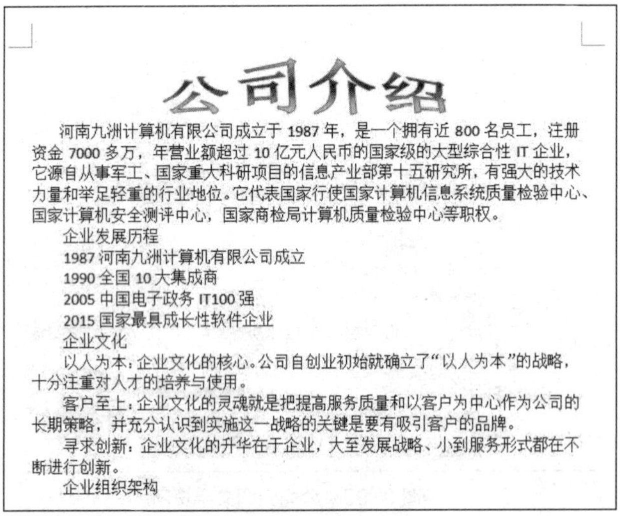

公司介绍

河南九洲计算机有限公司成立于 1987 年，是一个拥有近 800 名员工，注册资金 7000 多万，年营业额超过 10 亿元人民币的国家级的大型综合性 IT 企业，它源自从事军工、国家重大科研项目的信息产业部第十五研究所，有强大的技术力量和举足轻重的行业地位。它代表国家行使国家计算机信息系统质量检验中心、国家计算机安全测评中心，国家商检局计算机质量检验中心等职权。

企业发展历程

1987 河南九洲计算机有限公司成立

1990 全国 10 大集成商

2005 中国电子政务 IT100 强

2015 国家最具成长性软件企业

企业文化

以人为本：企业文化的核心。公司自创业初始就确立了“以人为本”的战略，十分注重对人才的培养与使用。

客户至上：企业文化的灵魂就是把提高服务质量和以客户为中心作为公司的长期策略，并充分认识到实施这一战略的关键是要有吸引客户的品牌。

寻求创新：企业文化的升华在于企业，大至发展战略、小到服务形式都在不断进行创新。

企业组织架构

图 3-98　艺术字设置效果

STEP 7 将光标定在正文的开头，单击“插入”→“图片”，打开“插入图片”对话框，找到已经准备好的公司 LOGO 图片插入即可。

STEP 8 选择已经插入的公司 LOGO 图片，单击“图片工具”→“格式”→“大小”，在“大小”选项组中设置宽度为 3，高度为 2.5。

STEP 9 选择图片，单击“图片工具”→“格式”→“排列”，在“自动换行”下拉菜单中选择“上下型环绕”，在“对齐”下拉菜单中选择“左对齐”和“顶端对齐”，其效果如图 3-99 所示

视频：STEP 7–9

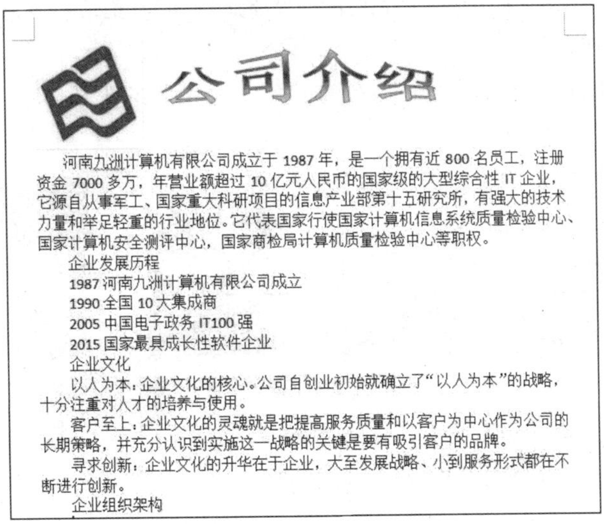
公司介绍

河南九洲计算机有限公司成立于 1987 年，是一个拥有近 800 名员工，注册资金 7000 多万，年营业额超过 10 亿元人民币的国家级的大型综合性 IT 企业，它源自从事军工、国家重大科研项目的信息产业部第十五研究所，有强大的技术力量和举足轻重的行业地位。它代表国家行使国家计算机信息系统质量检验中心、国家计算机安全测评中心，国家商检局计算机质量检验中心等职权。

企业发展历程

1987 河南九洲计算机有限公司成立

1990 全国 10 大集成商

2005 中国电子政务 IT100 强

2015 国家最具成长性软件企业

企业文化

以人为本：企业文化的核心。公司自创业初始就确立了“以人为本”的战略，十分注重对人才的培养与使用。

客户至上：企业文化的灵魂就是把提高服务质量和以客户为中心作为公司的长期策略，并充分认识到实施这一战略的关键是要有吸引客户的品牌。

寻求创新：企业文化的升华在于企业，大至发展战略、小到服务形式都在不断进行创新。

企业组织架构

图 3-99　图片插入效果图

STEP 10 单击“插入”→“插图”→“形状”，在打开的“形状”集里单击“矩形”，在文档中“企业发展历程”后面拖曳出一个矩形形状。

STEP 11 选中矩形，单击“绘图工具”→“格式”→“排列”，在“自动换行”下拉菜单中选择“上下型环绕”，在“对齐”下拉菜单中选择“左对齐”。

STEP 12 单击“绘图工具”→“格式”→“形状样式”，在打开的“形状样式”集里面选择图 3-100 所示的样式效果。

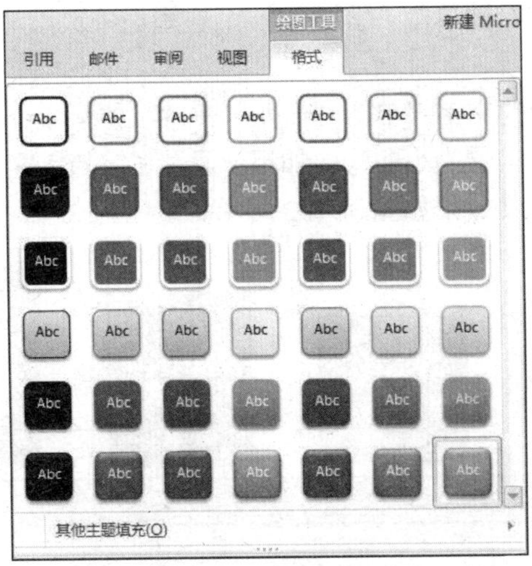

图 3-100　形状样式图

视频：STEP 10–17

STEP 13 按着 Ctrl 键，选中矩形图形，按住鼠标左键不放，依次再拖曳出三个矩形图形。

STEP 14 选择第一个矩形，单击 “绘图工具”→“格式”→“大小”，在“大小”选择组中设置高为 2 厘米，宽为 2.5 厘米。用同样的方法设置第二个矩形高为 2.5 厘米，宽为 2.5 厘米，第三个矩形高为 3 厘米，宽为 2.5 厘米，第四个矩形高为 3.5 厘米，宽为 2.5 厘米。

STEP 15 根据 STEP 12 依次选择后面三个矩形为它们选择不同颜色的形状样式。

STEP 16 按住 Shift 键，依次单击选择四个矩形，单击“绘图工具”→“格式”→“排列”→“对齐”命令，使用对齐方式中的“顶端对齐”“纵向分布”等方式将四个矩形做对齐处理。

STEP 17 依次选中矩形右键单击“添加文字”，分别为它们添加文字。效果如图 3-101 所示。

图 3-101 矩形效果

STEP 18 按住 Shift 键，依次单击选择四个矩形，单击“开始”→“字体”命令，在“字体”选项组中设置字体为宋体，字号为五号，加粗。

视频：STEP 18-24

STEP 19 单击“插入”→“插图”→“形状”，在打开的“形状”集里单击线头汇总中的第一个箭头类型，在四个矩形的下方拖曳出一个长的箭头。

STEP 20 选中箭头图形，单击“绘图工具”→“格式”→“排列”，在“自动换行”下拉菜单中选择“上下型环绕”，在“对齐”下拉菜单中选择“居中对齐”。

STEP 21 单击“绘图工具”→“格式”→“形状样式”，在打开的“形状样式”集里面选择一种样式效果。

STEP 22 选择箭头图形右键单击“添加文字”，在里面依次添加“1987、1990、2005、2015”文字。

STEP 23 选择箭头里面的文字，单击“开始”→“字体”命令，在“字体”选项组中设置字体为宋体，字号为小四号，加粗。通过在字与字之间键入空格，适当调整它们之间的间距，其效果如图 3-102 所示。

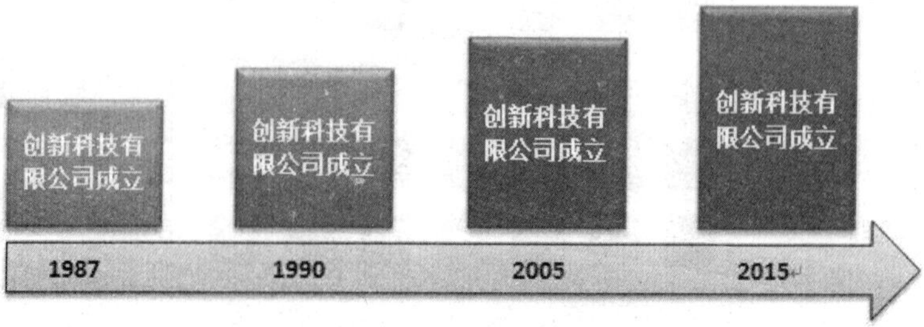

图 3-102 箭头形状添加效果图

STEP 24 按着 Shift 键，加选所有的形状图形后右键单击“组合”，使它们成为一个整体。

STEP 25 将光标定在正文的最后一行位置，单击“插入”→“插图”→“SmartArt”命令，在弹出的“选择 SmartArt 图形”对话框中选择层次结构，如图 3-103 所示。

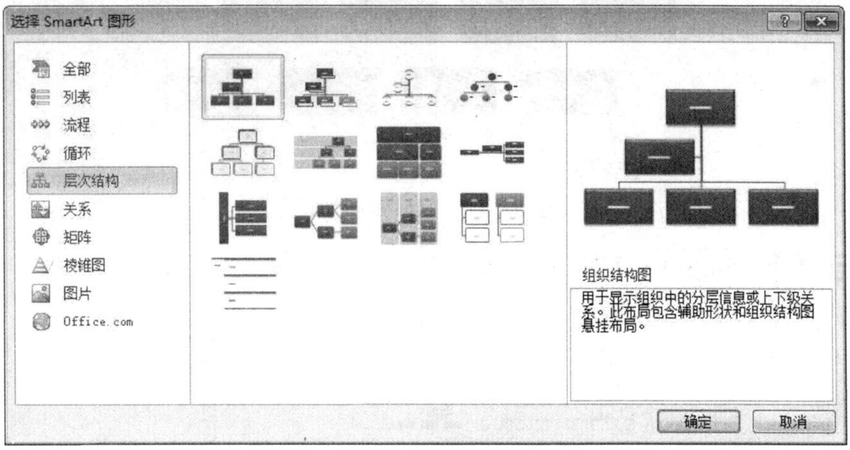

图 3-103　层次结构效果图

STEP 26 选择层次结构图中第二层中的矩形后单击 Delete 键将其删除。

STEP 27 选择层次结构中最上面的矩形后，右键单击“添加形状”→“在下方添加形状”。

STEP 28 选择层次结构图中最下边的第二个矩形后，右键单击“添加形状”→“添加助理”，设置如图 3-104 所示。

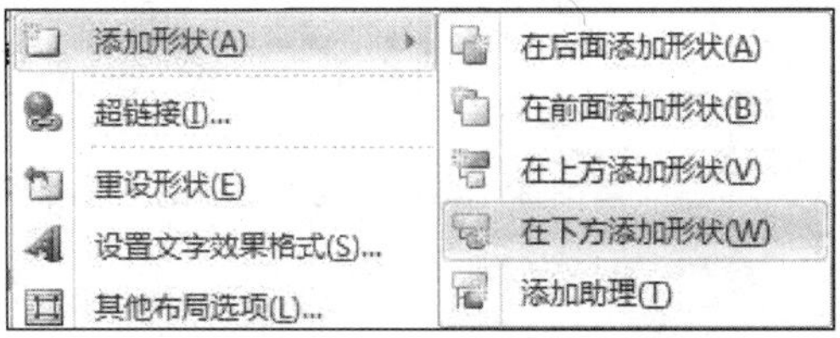

图 3-104　“添加形状”图形设置图

STEP 29 重复 STEP28 再为此添加一个助理，效果如图 3-105 所示。

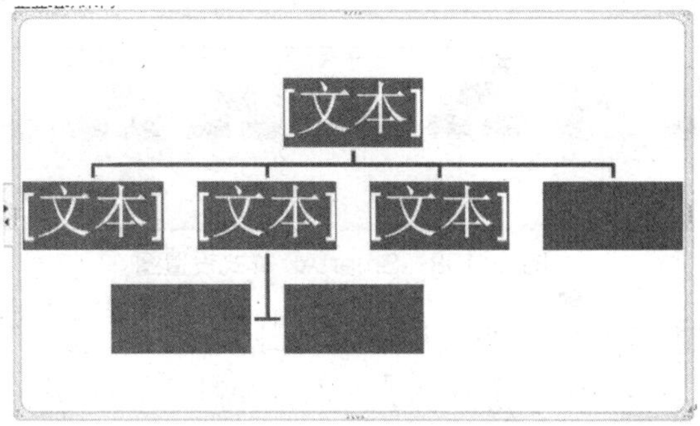

图 3-105　“添加助理”效果图

STEP 30 根据 STEP27、STEP28 为第四个添加相似的两个助理。

STEP 31 在里面分别填上文字，其效果图如图 3-106 所示。

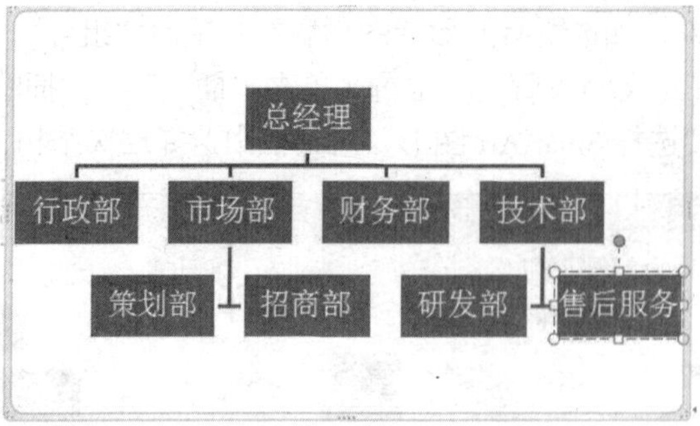

图 3-106　组织机构效果图

STEP 32 单击“SmartArt 工具”→“设计”→“更改颜色”命令，选择一种颜色，设置如图 3-107 所示。

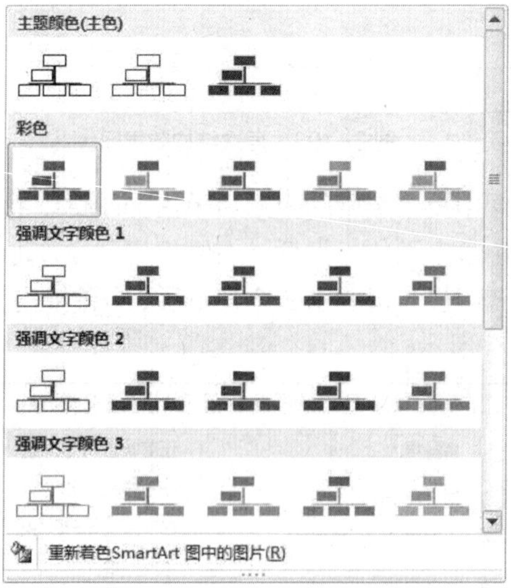

图 3-107　更改颜色设置图

STEP 33 单击“SmartArt 工具”→“设计”→“SmartArt 样式”命令，选择一种样式，设置如图 3-108 所示。

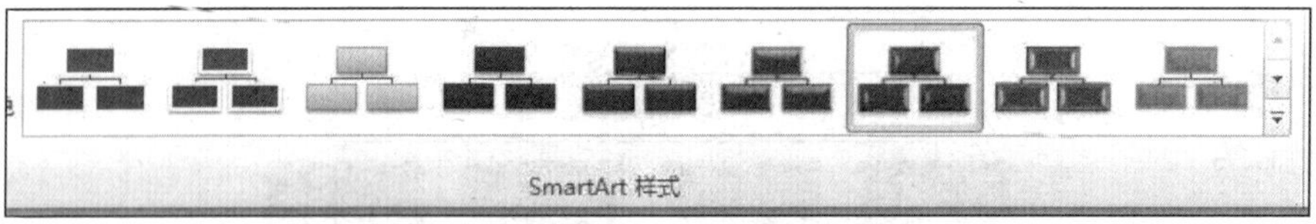

图 3-108　SmartArt 样式设置图

STEP 34 按着 Shift 键选中“企业发展历程”“企业文化”“企业组织架构”文字，在“开始”→“字体”选项组中设置字号为小四，加粗。文档编辑完成。

牛刀小试

2012 级优秀毕业生王凯被信息工程学院邀请回来为新生做一个题为“大学第一课”的讲座。在开讲前，他用 Word 2010 制作出一个讲稿，效果如图 3-109 所示。

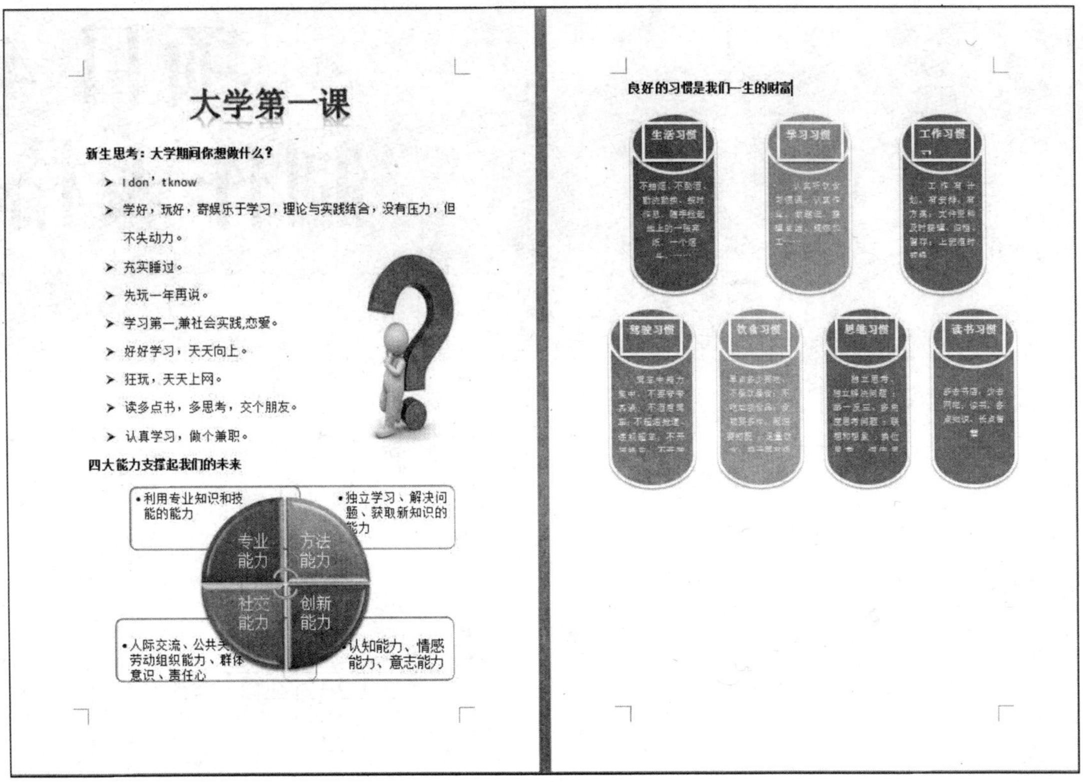

图 3-109　作业效果图

要求:

建立 Word 文档，输入文字，并按以下要求进行设置。

（1）标题使用艺术字进行设计。

（2）正文文字为宋体，字号为四号。

（3）根据图示给文本添加项目符号和编号。

（4）插入图片，调整大小，

（5）使用 SmartArt 展示大学生需要培养的四种能力。

（6）使用形状图形展示出大学生需要养成的七大习惯。

（7）保存文档，以“大学第一课”命名。

PART 4

项目 4 制作表格

姓名		性别		民族		
出生年月		出生地		政治面貌		
学制		学历		毕业时间		
专业		毕业学校				
求职意向						
特长、爱好						
个人技能						
爱好特长		其他证书				
担任职务						
奖励情况						

姓名	部门	基本工资	生活补贴	全勤奖	社保	实得工资
张 1	行政部	2000	200	0	175	
张 2	行政部	2100	190	460	220	
张 3	行政部	2200	180	480	228.8	
张 4	行政部	2400	170	500	237.6	
张 5	行政部	2400	160	520	246.4	
张 6	行政部	2500	150	540	255.2	
张 7	行政部	2600	140	560	264	
张 8	行政部	2700	130	580	272.8	
张 9	行政部	2800	120	600	281.6	
张 10	行政部	2900	110	620	290.4	
张 11	行政部	3000	100	640	299.2	
张 12	行政部	3100	90	660	308	
张 13	行政部	3200	80	680	316.8	
张 14	行政部	3000	85	700	318	

姓名	部门	基本工资	生活补贴	全勤奖	社保	实得工资
张 1	行政部	2000	200	0	175	
张 2	行政部	2100	190	460	220	
张 3	行政部	2200	180	480	228.8	
张 4	行政部	2400	170	500	237.6	
张 5	行政部	2400	160	520	246.4	
张 6	行政部	2500	150	540	255.2	
张 7	行政部	2600	140	560	264	
张 8	行政部	2700	130	580	272.8	
张 9	行政部	2800	120	600	281.6	
张 10	行政部	2900	110	620	290.4	
张 11	行政部	3000	100	640	299.2	
张 12	行政部	3100	90	660	308	
张 13	行政部	3200	80	680	316.8	
张 14	行政部	3000	85	700	318	

类别 姓名	部门	基本工资	生活补贴	全勤奖	社保	实得工资
张 13	行政部	3200	80	680	316.8	4276.8
张 12	行政部	3100	90	660	308	4158
张 14	行政部	3000	85	700	318	4103
张 11	行政部	3000	100	640	299.2	4039.2
张 10	行政部	2900	110	620	290.4	3920.4
张 9	行政部	2800	120	600	281.6	3801.6
张 8	行政部	2700	130	580	272.8	3682.8
张 7	行政部	2600	140	560	264	3564
张 6	行政部	2500	150	540	255.2	3445.2
张 5	行政部	2400	160	520	246.4	3326.4
张 4	行政部	2400	170	500	237.6	3307.6
张 3	行政部	2200	180	480	228.8	3088.8
张 2	行政部	2100	190	460	220	2970
张 1	行政部	2000	200	0	175	2375

任务1　制作个人简历表

一、任务描述

学生会招新，刘之林准备去试试。在面试的时候，如果能拿着一份吸引人的简历可能会起到意想不到的效果。刘之林想利用 Word 2010 强大、便捷的表格制作和编辑功能，做一份图 4-1 所示的应聘简历。

姓名		性别		民族		
出生年月		出生地		政治面貌		
学制		学历		毕业时间		
专业			毕业学校			
求职意向						
特长、爱好						
个人技能						
爱好特长			其他证书			
担任职务						
奖励情况						
家庭成员及社会关系	关系	姓名	所在单位	职务	联系电话	备注

图 4-1　个人简历表

二、任务分析

个人简历的编写需要有所讲究，写好了将在求职的时候能脱颖而出。个人简历也是在求职中的第一步，不管是哪种招聘方式，都需要编写个人简历。个人简历基本内容包含有个人信息、教育经历、实习经历、校园实践、所获奖励等。

三、任务目标

- 掌握表格的创建及编辑方法。
- 掌握单元格的插入和删除。
- 掌握单元格的合并和拆分。
- 掌握表格中行高和列宽的调整方法。

四、知识链接

（一）创建表格

表格是由行和列组成的，行和列交叉的空间叫作单元格。建立表格时，一般先制定行数、列数，生成一个空表，然后再输入内容；也可以将输入的文本转换成表格。

视频：创建表格

Word 2010 中提供了多种创建表格的方法。常用的有以下几种。

1. 使用“表格”菜单

（1）把光标定位到要插入表格的位置。

（2）在“插入”选项卡的“表格”选项组中，单击“表格”。然后在“插入表格”列表（见图 4-2）中拖动鼠标以选择需要的行数和列数，在文档中可以同步浏览表格的效果，单击鼠标即可在插入点处插入一张表格。

2. 使用“插入表格”命令

（1）把光标定位到要插入表格的位置。

（2）打开图 4-2 所示的列表后，单击“插入表格”选项，弹出“插入表格”对话框，如图 4-3 所示。

图 4-2　表格

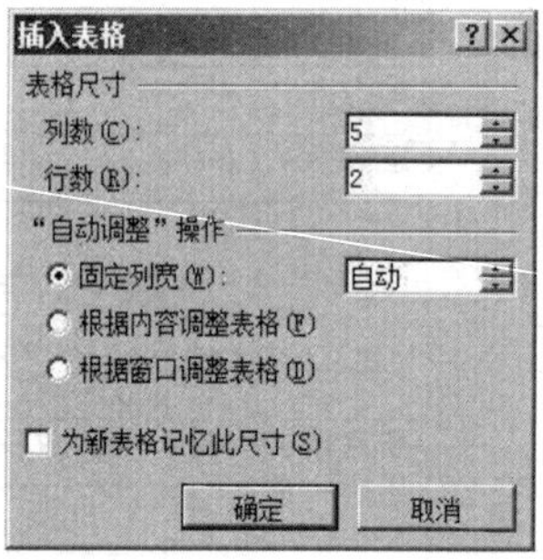

图 4-3　“插入表格”对话框

（3）在“表格尺寸”中，输入列数和行数。

（4）在“‘自动调整’操作”中，选择合适选项。

（5）设置完成后单击“确定”按钮即可。

小贴士

✓　对于不规则表格的创建原则是：最多的行为行，最多的列为列。

3. 绘制表格

有些表格的行、列或单元格没有特定的排列规律，采用插入表格的方式创建往往达不到要求。这时，可采用“绘制表格”功能，自动绘制表格的线框和单元格。其步骤如下。

（1）打开图 4-2 所示的列表后，单击“绘制表格”选项，这时指针变为铅笔状。

（2）将铅笔形状的鼠标指针移到绘制表格的位置，按住鼠标左键拖动鼠标绘制出表格的外框虚线，放开鼠标左键可以得到实线的表格外框。

（3）再拖动鼠标笔形指针，在表格中绘出水平或垂直线，也可以在单元格中绘制其对角斜线。

（4）在绘制表格的同时在标题栏上也出现了“表格工具”菜单，如图 4-4 所示，利用“设计”选项组中“绘图边框”组中的“擦除”按钮，使鼠标指针变成一个橡皮擦形，拖动它可擦掉多余的线。还可以利用“绘制边框”组中的其他功能对绘制的表格进行修改。

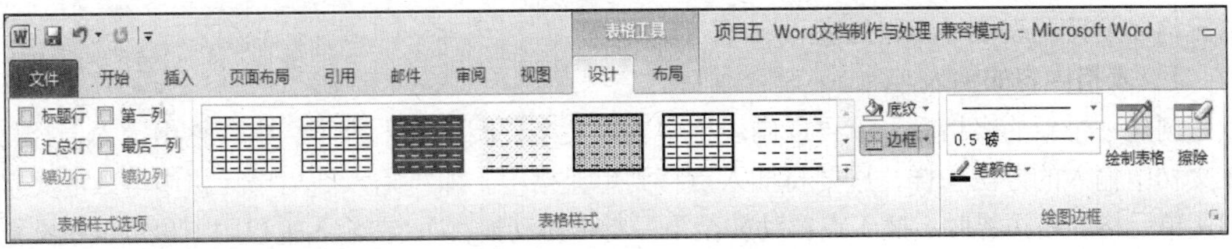

图 4-4 “表格工具”选项组

4．使用表格模板

可以使用表格模板快速创建表格。表格模板包含示例数据，可查看添加数据时表格的外观。

（1）把光标定位到要插入表格的位置。

（2）打开图 4-2 所示的列表后，单击“快速表格”选项，选择需要的模板即可。

（3）使用所需的数据替换模板中的数据。

5．在新文档中创建表格

创建三个表格：基本信息表、学习经历表、学习的主要课程表。根据上面介绍的方法在新文档中可创建以下三个表格。

（1）创建表格 1，即基本信息表（4×6），输入数据，如图 4-5 所示。

姓名	张斌	性别	男	照片
出生日期	1988.10	民族	汉	
籍贯	河南省郑州市			
专业	计算机科学与技术	学历	本科	
联系方式	河南省郑州市花园路幸福小区 5 号			

图 4-5 基本信息表

（2）创建表格 2，即学习经历表（4×6），输入数据，如图 4-6 所示。

（3）创建表格 3，即学习的主要课程表（6×4），输入数据，如图 4-7 所示。

主要学习经历	起始时间	终止时间	学校	专业	获得证书
	2001.9	2004.6	郑州二十四中	综合班	初中毕业证
	2004.9	2007.6	郑州一中	综合班	高中毕业证
	2007.9	2011.6	郑州大学	计算机科学与技术	本科毕业证

图 4-6 学习经历

课程名	成绩	课程名	成绩
计算机基础	85	微机原理	85
计算机网络技术	90	编译原理	75
网络操作系统	88	JAVA	82
.ASP	80	C 语言	88
大学英语	92	数据库	95

图 4-7 主要课程表

（二）编辑表格

表格的编辑主要是指在表格中插入单元格、行和列，删除单元格、行和列，合并与拆分单元格以及设置表格行高和列宽。

1．表格内容的输入

创建一个新的表格后，就可以向表格中输入文字、图形等内容了。在表格中输入内容与在文档中输入的方法一样，只要将插入点移到单元格中，即可输入。当单元格中输入的文字到达单元格的右边界时，插入点自动转至下一行（自动换行）；在输入过程中，也可以根据需要按 Enter 键换行，在单元格中开始一个新的段落。Word 能够根据输入内容的多少来自动调整单元格的高度。一个单元格的内容输完后，可以用鼠标或光标移动键在表格间移动插入点，也可以按 Tab 键或 Shift+Tab 键将插入点移到下一个或上一个单元格中。

小贴士

✓ 移动插入点的位置也可以通过键盘操作，具体功能如表 4-1 所示。

表 4-1　键盘控制插入点位置

按　　键	功　　能
Tab	选定下一个单元格
Shift+Tab	选定上一个单元格
上、下、左、右光标键	将插入点分别移到与该单元格相邻的单元格中
Alt+Home	将插入点移到当前行的第一个单元格
Alt+End	将插入点移到当前行的最后一个单元格
Alt+PgUp	将插入点移到当前列的第一个单元格
Alt+ PgDn	将插入点移到当前列的最后一个单元格

● 插入编号法

方法：在表格的某列中选择需要统计的行，单击“开始”选项卡，在“段落”选项组内选择编号，如图 4-8 所示，即可完成添加。

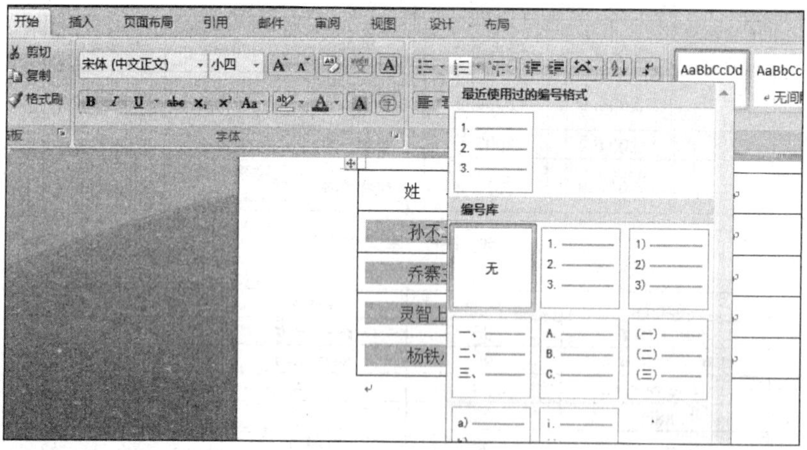

图 4-8　单元格插入编号

2．表格的选定

表格的选定主要是指选定行、列、单元格等的方法。

（1）选定单元格

把鼠标指针移到要选定的单元格中，当指针变为向右上方指的箭头时，单击鼠标左键，就可选定所指的单元格。Word 反白显示选定的单元格（请注意区别单元格的选定与单元格内全部文字的选定的表现形式）。

（2）选定表格的行

把鼠标指针移到文档窗口的选择区，当指针改变成向右上方指的箭头时，单击就可选定箭头所指的行。

（3）选定表格的列

把鼠标指针移到表格的顶端，当鼠标指针改变成黑色向下指的箭头时，单击就可选定箭头所指的列。

（4）选定多个单元格或多行或多列

按住鼠标左键拖动，或先选定开始的单元格，再按住 Shift 键并选定结束的单元格。

（5）选定表格

鼠标指针移到表格中，表格左上角将出现⊞，单击⊞将选定全表。

小贴士

✓ 按 Shift+End 组合键可以选定插入点所在的单元格。

✓ 按 Shift+光标移动键，可以选定包括插入点在内的相邻的单元格。

3．调整表格行高和列宽

（1）利用鼠标调整行高和列宽

将光标指针移动到表格的列边界上，当鼠标指针变成“夹形”箭头（左、右指向的分裂箭头）时，按住鼠标左键，此时出现一条垂直的虚线，如图 4-9 所示。拖动鼠标到所需的位置，放开左键即可。

视频：调整行高和列宽

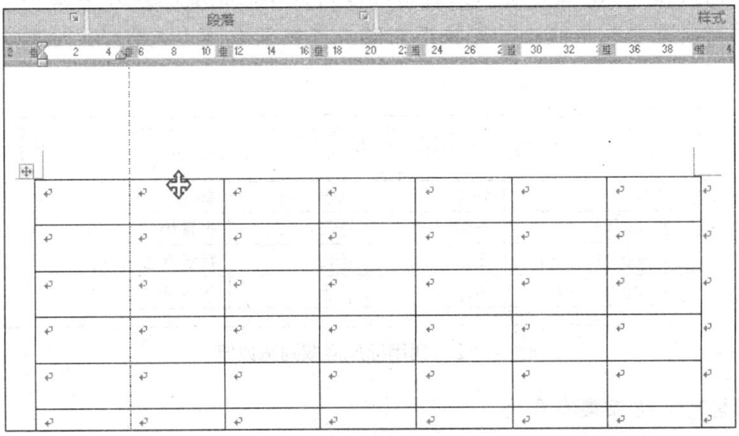

图 4-9　鼠标调整列宽

行高可以按照列宽的调整方法自行调整。

（2）利用“表格属性”对话框调整行高和列宽

具体操作步骤如下。

① 光标插入表格中（如果要使相邻几行或几列具有相同的高度或列宽，应选定这几行或这几列）。

② 单击鼠标右键，在弹出的快捷菜单中选择“表格属性”命令，弹出图 4-10 所示的“表格属性”对话框。

③ 单击“行”选项卡，再选中“指定高度”单选项，在“指定高度”数值框中输入需要的高度值，如果要调整下一行或上一行的高度，可单击“上一行”或“下一行”按钮，如图 4-11 所示。最后单击“确定”按钮，完成行高设置。用同样的方法可以对列宽进行设置。

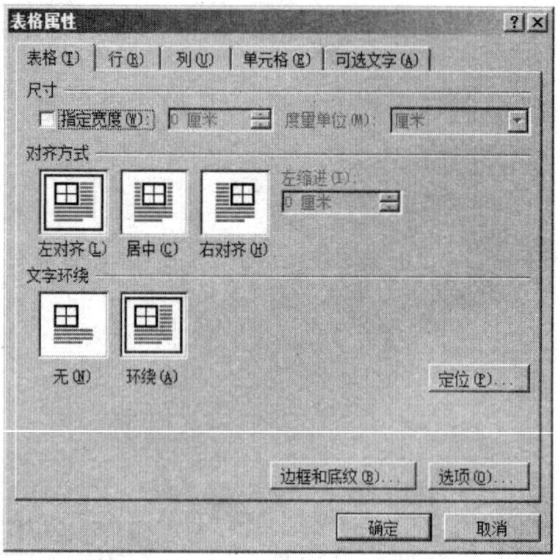

图 4-10 “表格属性”对话框

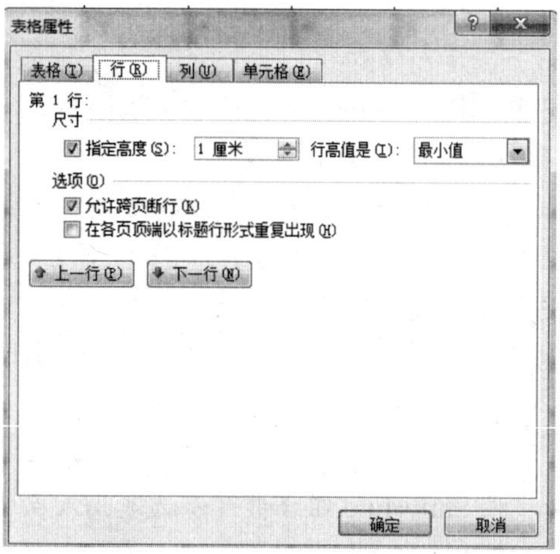

图 4-11 “表格属性”对话框“行”选项卡

小贴士

✓ 显示表格列（行）具体宽度

方法一：将鼠标指针放在表格内的任一列框线上，此时指针将变成等待手工拖动的形状，按下鼠标左键，同时按下 Alt 键，标尺上将出现每列具体的宽度，如图 4-12 所示。

方法二：将指针置于列框线上，先按下左键，再按下右键（注意：次序颠倒无效），也能看到每列的宽度。

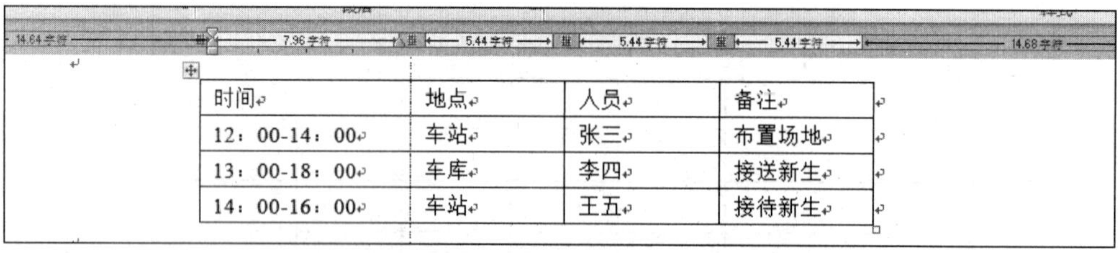

图 4-12 利用标尺读取列宽数值

✓ 自动调整列宽适应文字宽度

将鼠标指针置于表格列的分隔线上双击，可以使左边一列的列宽自动适应单元格内文字的总宽度（注意：如果表格列中没有文字，此法无效；如果文字过长，当前列将自动调整为页面允许的最适宽度，调整后如果继续在分隔线上双击，列宽还能以字符为单位继续扩大一定的范围），如图 4-13 所示。

✓ 调整某一单元格列宽

选中该单元格，然后拖动左或右边框线即可完成。

4．设置表格属性

表格属性主要指表格、行、列和单元格等的属性。若要对它们的属性进行设置可执行如下操作。

（1）选中表格，打开“表格工具”，在“布局”选项组中单击“属性”按钮，即可打开“表格属性”对话框，如图 4-14 所示。

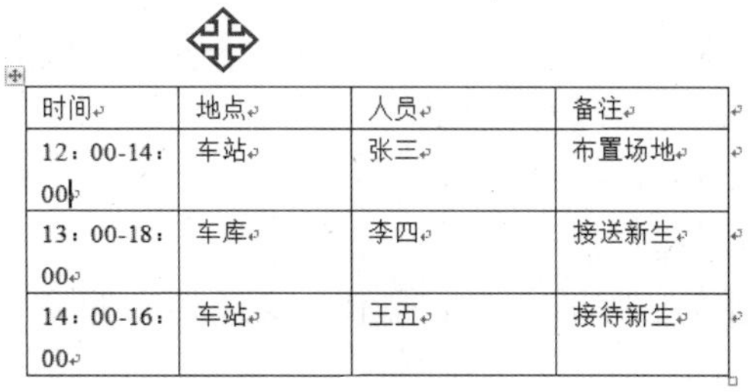

时间	地点	人员	备注
12：00-14：00	车站	张三	布置场地
13：00-18：00	车库	李四	接送新生
14：00-16：00	车站	王五	接待新生

图 4-13　自动调整列宽

图 4-14　“表格属性”对话框

（2）在“表格”选项卡中可设置表格尺寸、表格在文档中的对齐方式、缩进的距离、文字是否环绕在表格周围等属性。

（3）在“表格”选项卡中单击“边框和底纹”，打开“边框和底纹”对话框，可以给表格添加边框和底纹。这在后面会详细介绍。

（4）在“单元格”选项卡中除了可以指定单元格宽度和度量单位外，还可对单元格中的内容设置垂直对齐方式。

5．插入单元格、行和列

在制作表格的过程中，可以根据需要在表格内插入单元格、行、列，甚至可以在表格内再插入一张表格。

其方法为选中表格或将光标定位在单元格中，选择“表格工具”中的“布局”选项组，在“行和列”组中选择相应的按钮即可，如图 4-15 所示。也可单击“行和列”右下角的启动器，打开“插入单元格”对话框，如图 4-16 所示，在其中选择相应的命令。也可使用“绘制表格”工具在所需的位置绘制行或列。

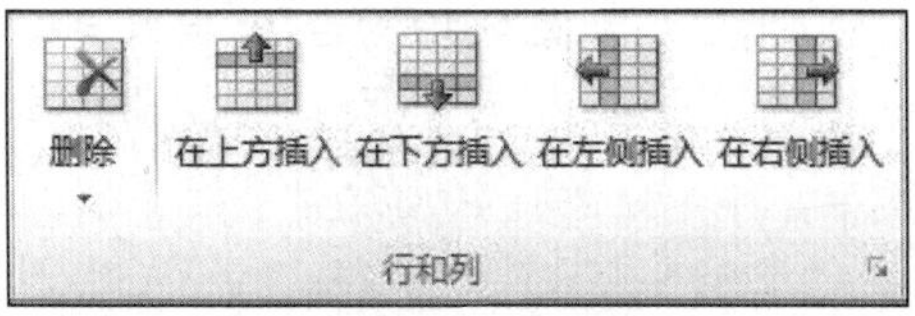

图 4-15　“行和列”组

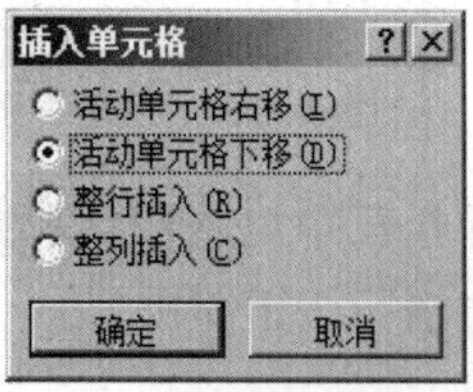

图 4-16　“插入单元格”对话框

小贴士

✓ 在 Word 文档中，如果一个表格位于首页且上面没有空行，要想在其上添加标题可以将光标置于左上角第一个单元格中（单元格内有文字则放在文字前），按 Enter 键，表格上方就会空出一行了。注意：如果表格上方有文字或空行，这种方法无效，如图 4-17 所示。

时间	地点	人员	备注
12：00-14：00	车站	张三	布置场地
13：00-18：00	车库	李四	接送新生
14：00-16：00	车站	王五	接待新生

图 4-17　添加标题

6．删除单元格、行和列

如果要删除单元格中的文字，则在选中该单元格后，用 Delelte 键或 Backspace 键删除即可；如果要删除表中的单元格、行、列或整张表格，可执行如下操作。

（1）选中需要删除的单元格、行或列。

（2）在“表格工具”中，单击“布局”选项组。

（3）单击“行和列”组中的“删除”下拉列表，如图 4-18 所示，选择相应的命令即可。

7．合并与拆分单元格

合并单元格是将选定的多个单元格合并成一个单元格；而拆分单元格则是将一个单元格或多个单元格再次拆分成多个单元格。可根据需要对单元格进行合并或拆分。

视频：合并和拆分单元格

（1）合并单元格。先选中要合并的单元格，然后单击“布局”选项组中的“合并单元格”按钮即可，如图 4-19 所示。

（2）拆分单元格。先选中要拆分的一个或多个单元格， 然后单击“布局”选项组中的“拆分单元格”按钮，打开“拆分单元格”对话框。在“拆分单元格”对话框中设置拆分的列数或行数，单击“确定”即可。

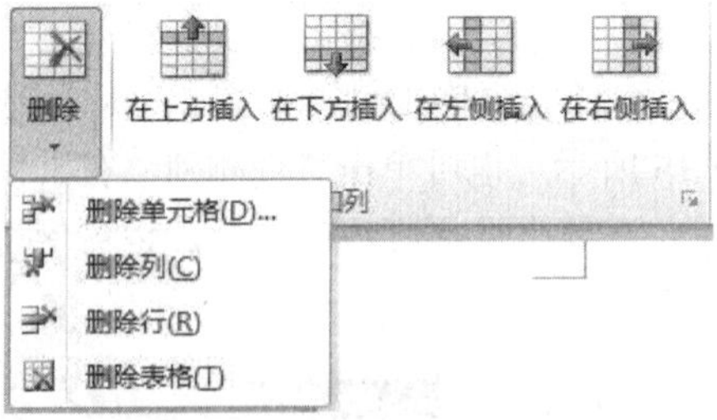

图 4-18　“删除”下拉列表

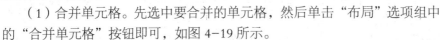

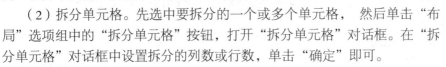

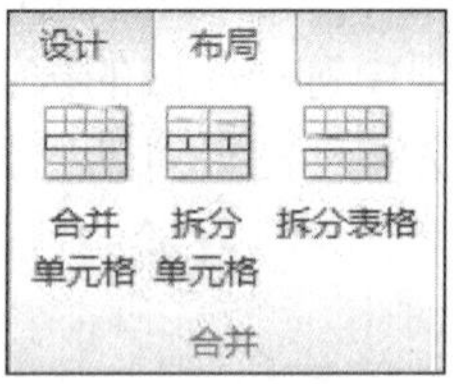

图 4-19　“合并”组

（3）拆分表格。先选中需要拆分行中的一个或多个单元格， 然后单击“布局”选项组中的“拆分表格”按钮即可。

小贴士

✓ 有时跨页的表格较长，需要将表格一分为二，分别放到不同的页面中进行打印。这时只需将光标定位到需要拆分的行中，按快捷键 Ctrl+Shift+Enter，表格便会从该行处断开了，注意光标所在的行被放置到下面的表格中。

五、任务实施

STEP 1 新建一个空白文档，单击“插入”→“表格”→“插入表格”命令，出现“插入表格”对话框，如图 4–20 所示，将列数改为 7，行数改为 5，然后单击“确定”按钮。

STEP 2 把光标放在第 5 行的左侧，先单击左键，选中整行，然后再单击鼠标右键，在弹出的快捷菜单中，选择“插入行“→“在下方插入行”命令，如图 4–21 所示，插入 1 行。

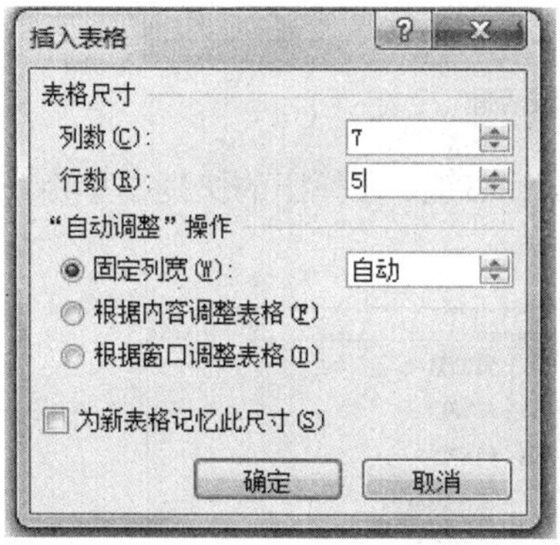

图 4–20 “插入表格”对话框

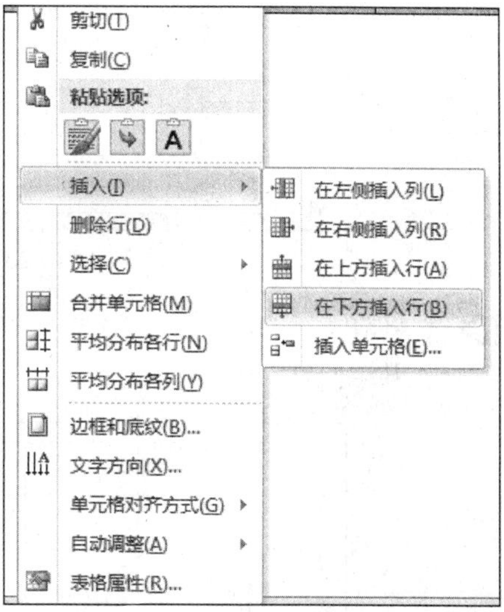

图 4–21 选择“插入行”命令

STEP 3 把鼠标放置在表格最后一行的外侧，如图 4–22 所示，按 Enter 键，反复 9 次，共插入 9 行。

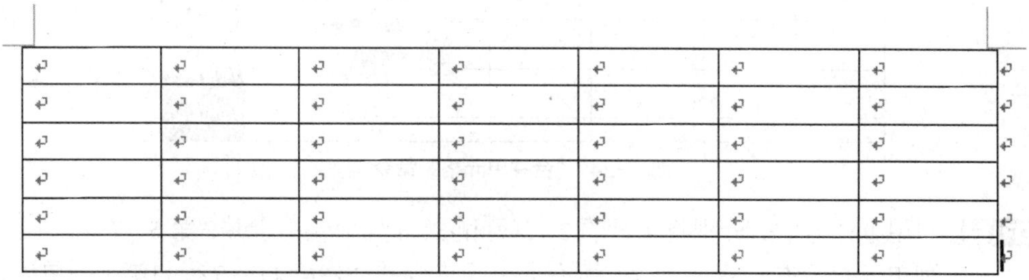

图 4–22 “插入行”操作

STEP 4 单击表格左上角的⊞标记，选中整个表格，在表格内的任意位置单击鼠标右键，在弹出的快捷菜单中，选择“表格属性”命令，选择“行”选项卡，在“指定高度”文本框中输入“1cm”，效果如图 4–23 所示，单击“确定”按钮即可。

图 4-23　设置行高对话框

STEP 5 将前 4 行的第 7 列全部选中，然后单击鼠标右键，在弹出的快捷菜单中，选择“合并单元格”命令，如图 4-24 所示。

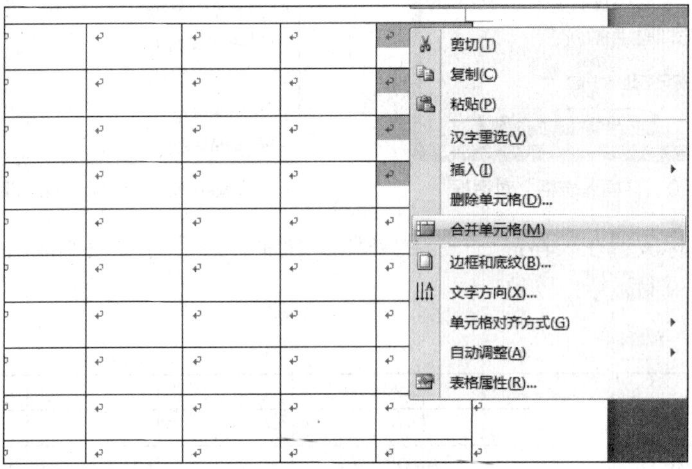

图 4-24　“合并单元格”命令

STEP 6 利用上述方法，分别将 4 行的 2、3 列和 5、6 列单元格合并；第 5、7~10 行的 2~7 列单元格合并；将第 6 行的所有列单元格合并；将第 11~15 行的第 1 列单元格合并，效果如图 4-25 所示。

STEP 7 将光标放在第 7 行的下边框线上，这时光标会出现“‡”的标记，然后按住鼠标左键向下拖动下边框线，使单元格变大。利用同样方法修改第 10 行单元格的大小。

STEP 8 将光标放在第 8 行第 2 列上，然后单击鼠标右键，在弹出的快捷菜单中，选择“拆分单元格”命令，出现“拆分单元格”对话框，如图 4-26 所示，按照要求分为 3 列，行数不变，然后单击“确定”按钮。

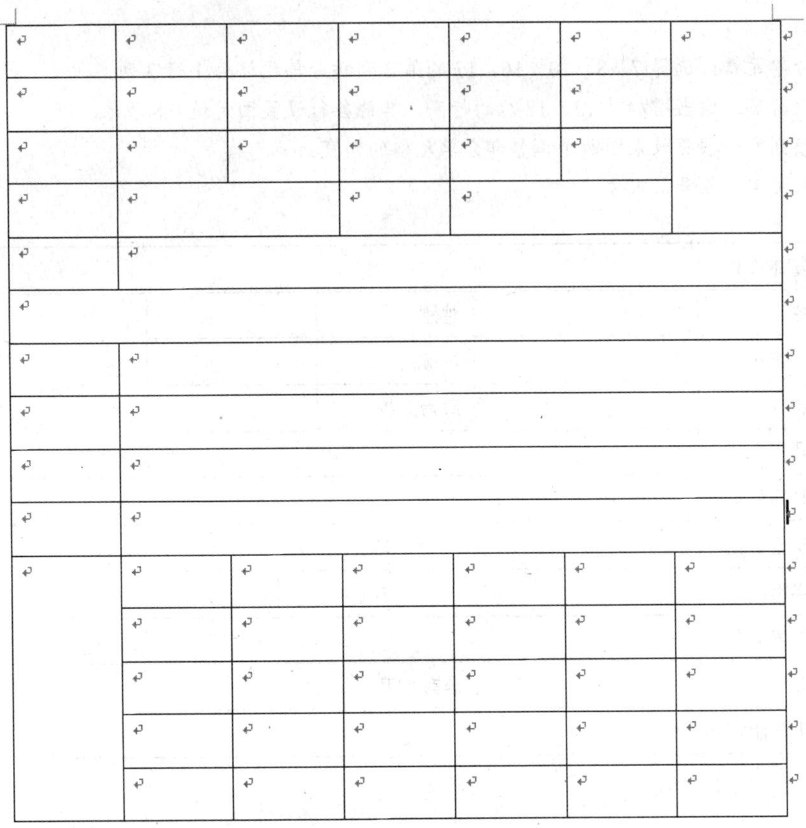

图 4-25　合并单元格后效果

STEP 9 在对应单元格内添加文字，默认均为“宋体”“五号”。

STEP 10 选中“毕业院校”单元格，拖到右边框线，如图 4-27 所示，调整该单元格的宽度，完成最终如图 4-1 所示的效果。

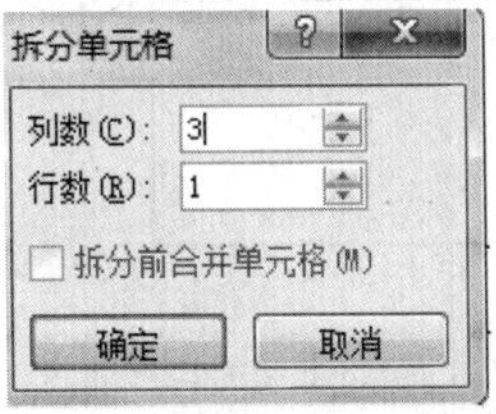

图 4-26　“拆分单元格”对话框

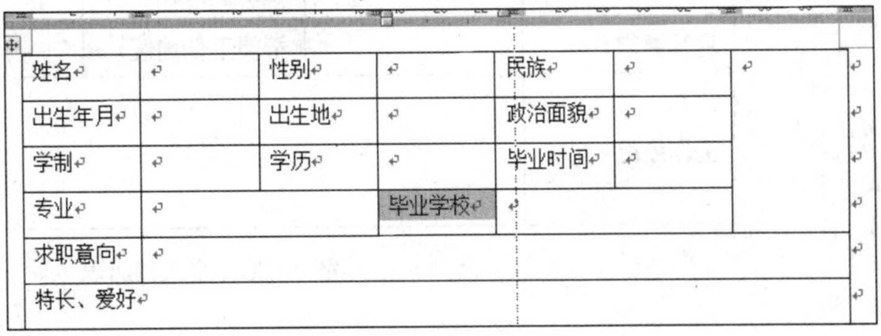

姓名
性别
民族
出生年月
出生地
政治面貌
学制
学历
毕业时间
专业
毕业学校
求职意向
特长、爱好

图 4-27　调整单元格列宽

牛刀小试

请按照图 4-28 所示制作出一份个人简历表。

要求：

（1）插入表格：8 行 5 列。

（2）插入行：插入 10 行。

（3）合并单元格：第 1 行 1~5 列；第 5 列 2~5 行；第 5 行 2~4 列；第 7、8、10、14~17 行的 2~4

列等。

（4）拆分单元格：选择 7、8、10、16、17 的第 2 列拆分单元格为 1 行 3 列。

（5）设置行高：适当增加第 12、18 行的行高，其他各行设置固定值 0.8 厘米。

（6）调整列宽：按照效果图所示调整部分单元格的列宽。

（7）输入文字：五号，宋体。

<table>
<tr><td colspan="5">基本资料</td></tr>
<tr><td>姓名</td><td></td><td>性别</td><td></td><td rowspan="4">照片</td></tr>
<tr><td>年龄</td><td></td><td>民族</td><td></td></tr>
<tr><td>特长</td><td></td><td>政治面貌</td><td></td></tr>
<tr><td>籍贯</td><td colspan="3"></td></tr>
<tr><td colspan="5">教育背景</td></tr>
<tr><td>毕业日期</td><td></td><td>毕业院校</td><td colspan="2"></td></tr>
<tr><td>学历</td><td></td><td>专业</td><td colspan="2"></td></tr>
<tr><td colspan="5">语言能力</td></tr>
<tr><td>语种</td><td></td><td>语言水平</td><td colspan="2"></td></tr>
<tr><td colspan="5">工作能力及专长</td></tr>
<tr><td colspan="5"></td></tr>
<tr><td colspan="5">求职意向及工作经历</td></tr>
<tr><td>人才类型：</td><td colspan="4"></td></tr>
<tr><td>应聘职位</td><td colspan="4"></td></tr>
<tr><td>求职类型：</td><td></td><td>可到职日期：</td><td colspan="2"></td></tr>
<tr><td>月薪要求：</td><td></td><td>希望工作地区：</td><td colspan="2"></td></tr>
<tr><td>工作经历</td><td colspan="4"></td></tr>
</table>

图 4-28　个人简历表

任务 2　制作员工工资表

一、任务描述

新一年招聘的员工已经到岗，每月一次的工资计算工作又即将到来。刘之林是鑫源份有限公司的会计，她希望能用 Word 对公司员工的工资进行管理、统计。在编制员工工资表前，刘之林从人事部门获取了文本格式（.txt）的员工信息，以完成员工的工资表数据计算。最终刘之林不但计算出了工人工资，还用图表对数据进行了展示，效果如图 4-29 所示。

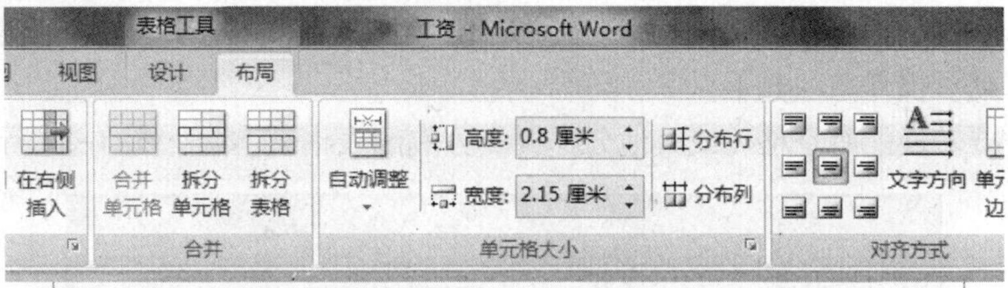

类别/姓名	部门	基本工资	生活补贴	全勤奖	社保	实得工资
张 13	行政部	3200	80	680	316.8	4276.8
张 12	行政部	3100	90	660	308	4158
张 14	行政部	3000	85	700	318	4103
张 11	行政部	3000	100	640	299.2	4039.2
张 10	行政部	2900	110	620	290.4	3920.4
张 9	行政部	2800	120	600	281.6	3801.6
张 8	行政部	2700	130	580	272.8	3682.8
张 7	行政部	2600	140	560	264	3564
张 6	行政部	2500	150	540	255.2	3445.2
张 5	行政部	2400	160	520	246.4	3326.4
张 4	行政部	2400	170	500	237.6	3307.6
张 3	行政部	2200	180	480	228.8	3088.8
张 2	行政部	2100	190	460	220	2970
张 1	行政部	2000	200	0	175	2375

图 4-29 员工工资表

二、任务分析

每个员工的工资项目有基本工资、岗位工资、奖金、住房补贴、病事假扣款、养老保险扣款、医疗保险扣款等，合理公正地计算出员工的工资，不但可以激发员工的工作热情，而且能保证公司和谐稳定地发展。

三、任务目标

- 掌握文本和表格之间的转换。
- 掌握表格的格式化设置。
- 掌握表格内数据的计算方法。
- 掌握图表的创建方法。

四、知识链接

（一）文本和表格的相互转换

Word 2010 提供了将文本和表格相互转换的功能。由于文本和表格的表达方式不同，转换前需要设置正确的分隔符，以便转换时将文本放入不同的单元格，或将不同单元格中的文本用分隔符隔开。这些分隔符可以是段落标记、制表符、空格或用户指定的其他符号。

1. 将文本转换成表格

将文本直接转换成表格是一种非常有意思的创建表格的方式。这里的文本不能像普通的文本那样完全连续，而是在文本中插入分隔符（如空格、制表符、逗号或段落标记等）以指明文本的行、列。操作方法如下。

（1）选定要转换的有空格（或其他分隔符）分隔的表格文本，如图 4-30 所示。

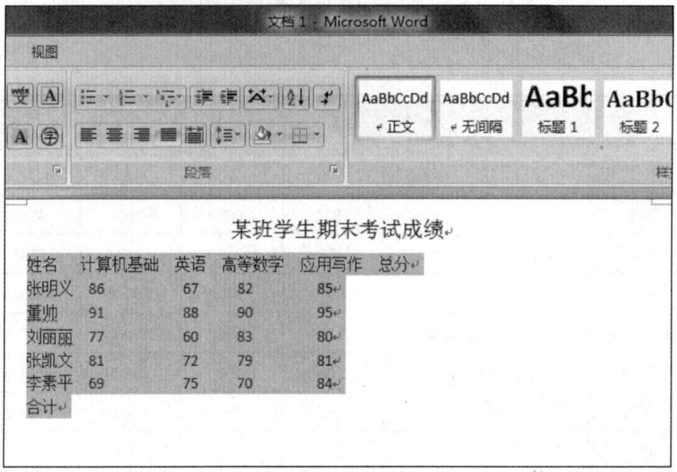

图 4-30　选定文本

（2）单击“插入”→“文本”→“文本转换成表格”命令，如图 4-31 所示，弹出“将文字转换成表格”对话框，按图 4-32 所示参数进行设置。

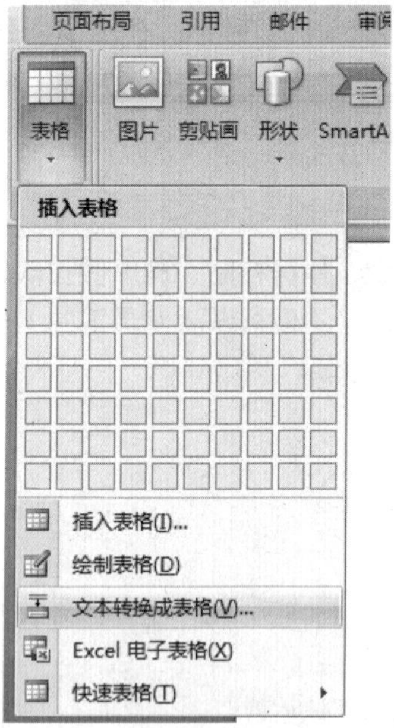

图 4-31　“文本转换成表格”

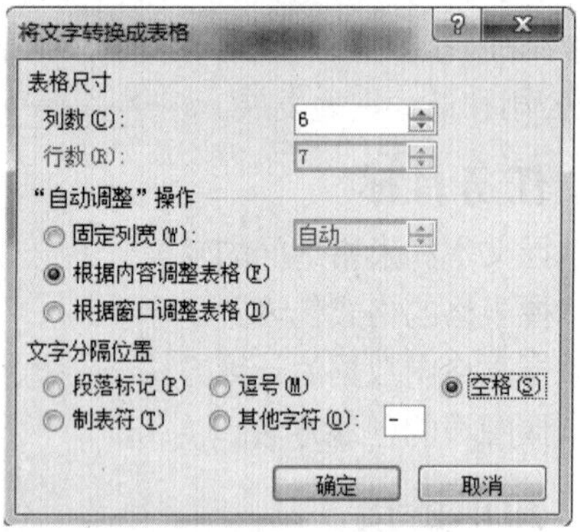

图 4-32　“将文字转换成表格”对话框

（3）单击“确定”按钮，文本就转换成图 4-33 所示的表格。

2．将表格转换成文本

将表格转换成文本的方法是：选择要转换的表格，单击“布局”选项卡命令，在“数据”选项组中选择“转换为文本”命令，弹出“表格转换成文本”对话框，如图 4-34 所示，在对话框“文本分隔符”组中选择“制表符”，然后单击“确定”按钮即可完成。

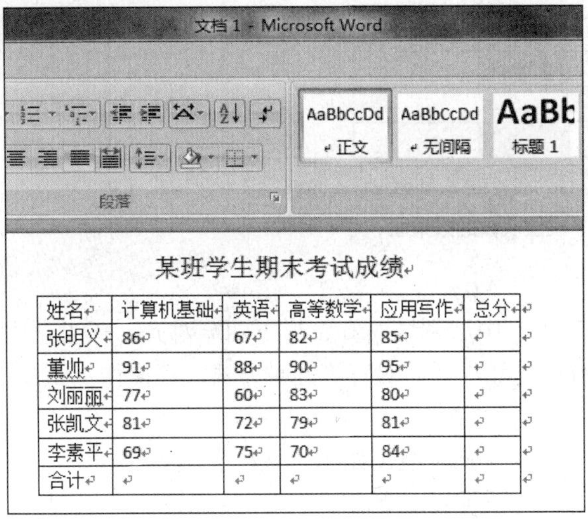

某班学生期末考试成绩

姓名	计算机基础	英语	高等数学	应用写作	总分
张明义	86	67	82	85	
董帅	91	88	90	95	
刘丽丽	77	60	83	80	
张凯文	81	72	79	81	
李素平	69	75	70	84	
合计					

图 4-33　转换成表格效果

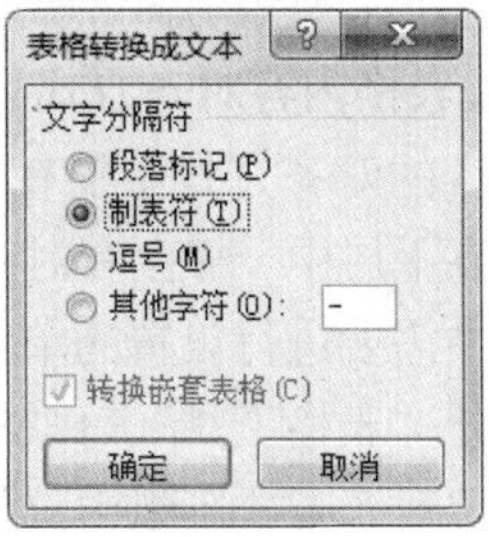

图 4-34　“表格转换成文本”对话框

（二）表格的格式化

1．设置边框与底纹

为了使表格更加美观，在表格创建完成后，可以为表格设置边框与底纹。表格的区域不同，边框和底纹也可以不同。在单个单元格内单击，选择“表格工具”→“设计”→“表格样式”组，即可把表格设置为用户所需的样式。若系统提供的样式不合适，用户也可手动设置表格的边框和底纹。

视频：设置边框和底纹

（1）设置边框。选中要添加边框的表，选择“表格工具”→“设计”→“表格样式”组，打开“边框”的下拉列表框，单击“边框与底纹”，打开“边框和底纹”对话框，如图 4-35 所示。在“边框”选项组中可对边框的样式、颜色和宽度进行设置。

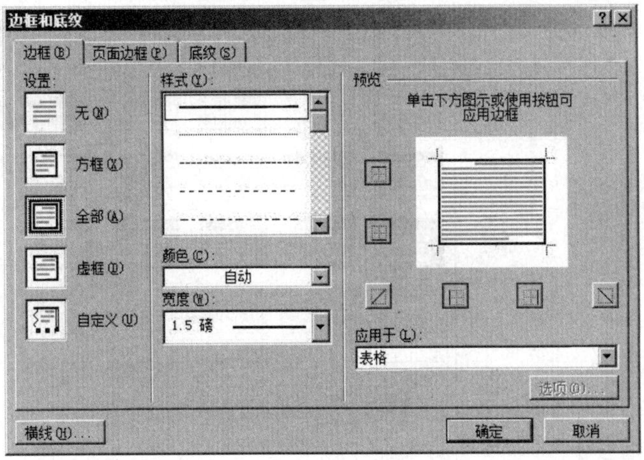

图 4-35　“边框与底纹”对话框

（2）设置底纹。选择要添加底纹的单元格。选择“表格工具”→“设计”→“表格样式”组，单击“底纹”按钮可对其进行设置。也可在“边框和底纹”对话框的“底纹”选项组中设置，效果如图 4-36 所示。

姓名	张斌	性别	男	照片
出生日期	1988.10	民族	汉	
籍贯	河南省郑州市			
专业	计算机科学与技术	学历	本科	
联系方式	河南省郑州市花园路幸福小区5号			

图 4-36　设置底纹的效果图

2．设置表格内容对齐方式

表格内容的对齐方式主要有靠上两端对齐、中部两端对齐、靠下两端对齐、靠上居中、中部居中、靠下居中、靠上右对齐、中部右对齐和靠下右对齐等九种方式。其操作步骤如下。

（1）选中需要进行设置的单元格。

（2）打开"表格工具"→"布局"→"对齐方式"组，如图 4-37 所示。

（3）在"对齐方式"组中选择合适的对齐方式即可。

3．自动套用表格样式

对于表格，除了进行手工建立与修饰外，Word 2010 还提供了一些已经设置好的经典样式供用户使用，称为"自动套用样式"。"自动套用样式"的应用使得表格的排版变得轻松、容易。设置"表格样式"的步骤如下。

（1）选中需要设置表格样式的表。

（2）选择"表格工具"→"设计"→"表格样式"组，单击表格样式的下拉列表按钮，选择合适的样式即可，如图 4-38 所示。

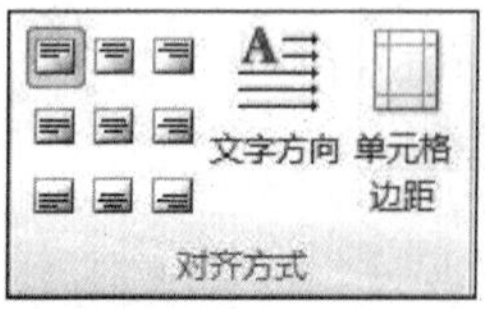

图 4-37　"对齐方式"组

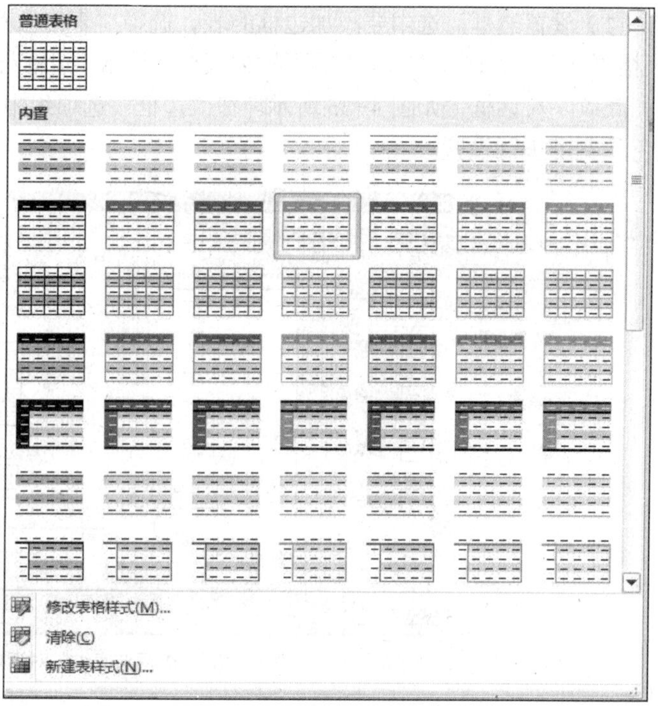

图 4-38　表格样式

4．绘制斜线表头

在日常使用 Word 的过程中，往往需要在 Word 中插入表格，以更方便地解释说明数据。

当做的表格遇到有两个或两个以上数据项时，就需要制备两个或多个斜线表头了。

视频：绘制斜线表头

Word 2010 中提供了多种创建表头的方法。常用的有以下几种。

（1）使用“边框”命令

① 将光标放置到第一个单元格内，单击“设计”选项卡，在“表格样式”选项组内，选择“框线”→“斜下框线”命令，如图 4-39 所示。

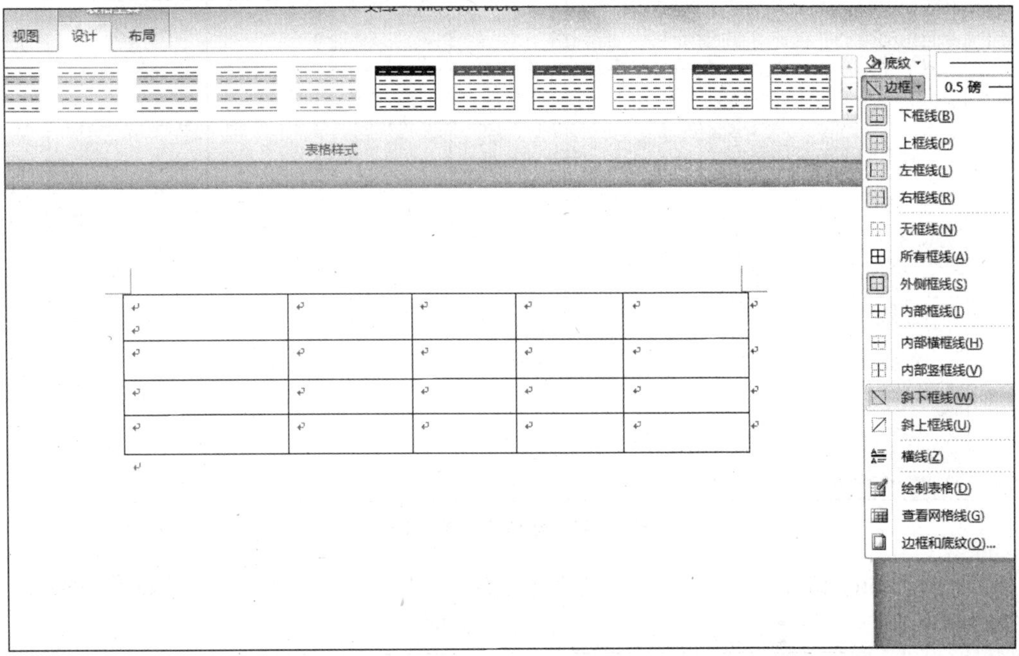

图 4-39　添加边框

② 利用 Enter 和 Backspace 键调整到合适位置，输入表头文字，最终效果如图 4-40 所示。

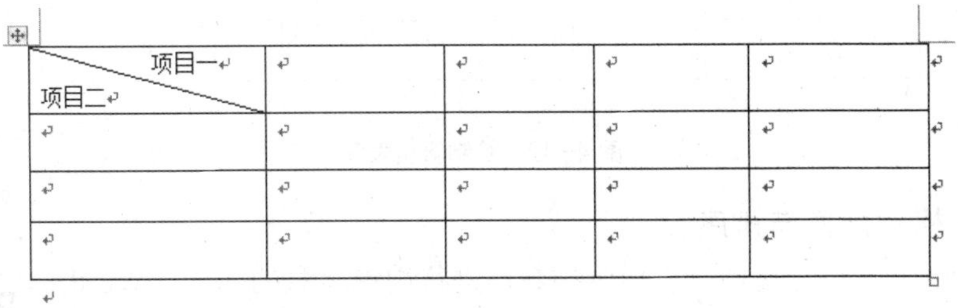

图 4-40　斜线表头

（2）使用“直线”绘制

① 创建表格，并调整合适的行高和列宽。

② 将光标放置到第一个单元格内，单击“插入”选项卡，在“插图”选项组内，选择“形状”→“直线”命令，如图 4-41 所示。

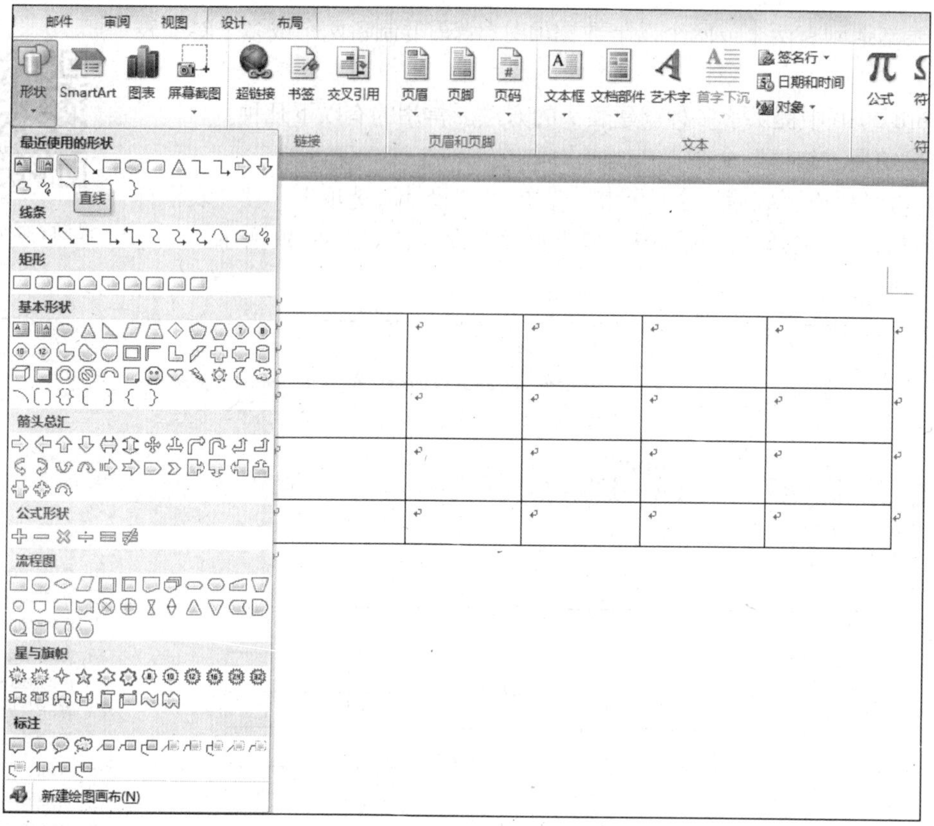

图 4-41　选择“直线”工具

③ 利用 Enter 和 Backspace 键调整到合适位置，输入表头文字，最终效果如图 4-42 所示。

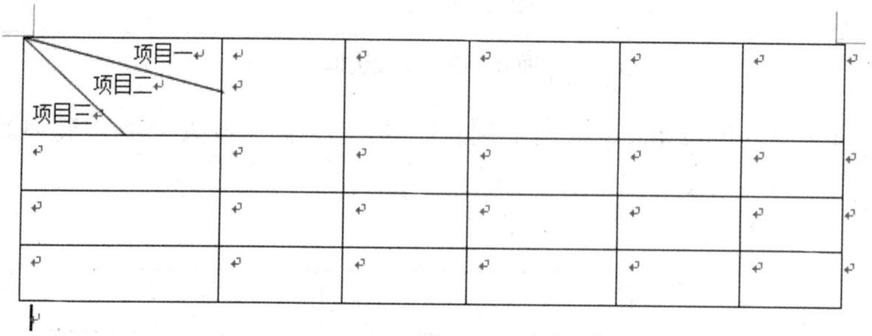

图 4-42　绘制斜线表头

（三）表格的计算与排序

Word 提供了一些对文档或表格中的数据进行简单运算的功能。Word 可以通过输入带有加（+）、减（-）、乘（*）、除（/）等运算符的公式进行计算，也可以使用 Word 附带的函数进行复杂的计算。另外，还可以利用排序功能对表格中的数据进行排序。

视频：表格的计算

1．表格的计算

现以计算每名学生的总成绩为例说明利用公式进行运算的操作过程。表 4-2 为学生成绩表。

表 4-2 学生成绩表

班级	姓名	操作系统	ASP	数据结构	局域网	总分
网络 10—1	李梅	87	95	83	78	
网络 10—1	张志成	96	91	75	80	
网络 10—1	陈思思	80	75	80	76	
网络 10—2	王珂	78	80	92	89	
网络 10—2	李斌	83	82	75	86	
网络 10—2	任海峰	75	76	83	85	

（1）将光标定位到要存放李梅同学总分的单元格。

（2）打开“布局”选项卡，在“数据”选项组中单击“格式”，打开“公式”对话框，如图 4-43 所示。

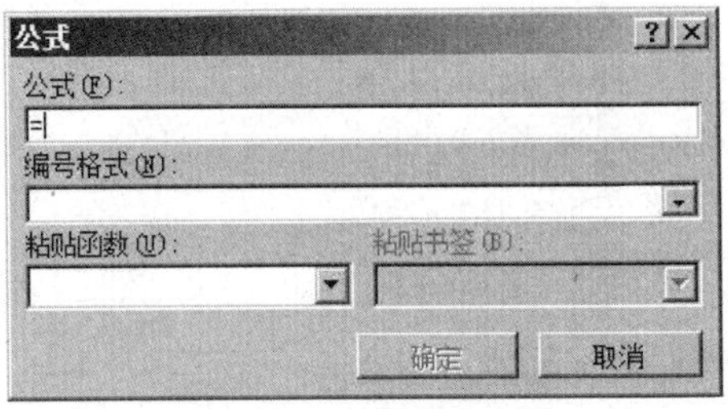

图 4-43 “公式”对话框

（3）在“公式”对话框中进行设置：在“公式”列表框中输入“=SUM（LEFT）”或“=SUM（C2：F2）”，也可以输入“=C2+D2+E2+F2”，最后单击“确定”按钮，所求结果就可以插入到所定位的单元格中。

其他同学的总分按照上述步骤操作即可。

视频：表格的排序

2．表格排序

利用公式计算完每个同学的总分后，可以按照总分进行排序。步骤如下。

（1）将光标定位到表格中。

（2）在“布局”选项卡的“数据组”选项组中单击“排序”，打开“排序”对话框，如图 4-44 所示。

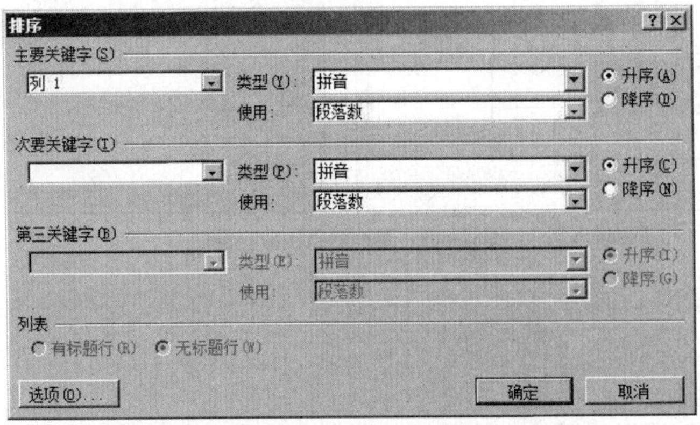

图 4-44 “排序”对话框

（3）在“排序”对话框中设置“主要关键字”为总分，若出现总分相同的情况，还可以设置“次要关键字”和“第三关键字”对相同的数据进行排序。在“列表”中设置：“有标题行”表示第一行作为标题行，不参与排序；“无标题行”表示第一行作为数据，参与排序。

（4）最后单击“确定”按钮即可完成排序。

（四）图表的创建与编辑

表格数据所表达的信息常常会使人感觉枯燥乏味、不易理解，如果将其制作成图表则能使人一目了然。

1. 插入图表

（1）在“插入”选项卡的“插图”选项组中单击“图表”，打开“插入图表”对话框，如图 4-45 所示。

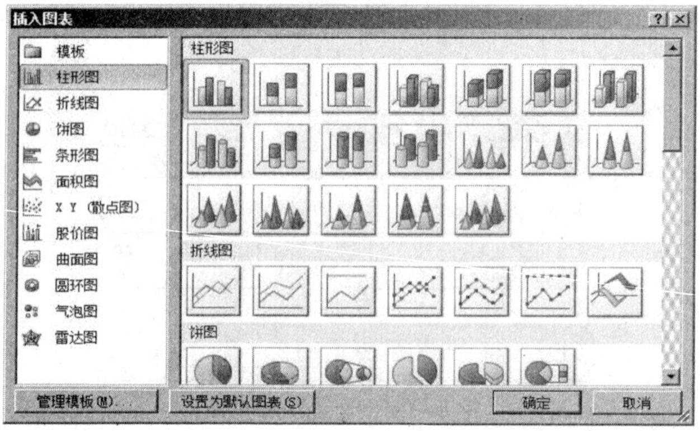

图 4-45 “插入图表”对话框

（2）从中选择合适的图表样式，单击“确定”，即可插入图表，如图 4-46 所示。

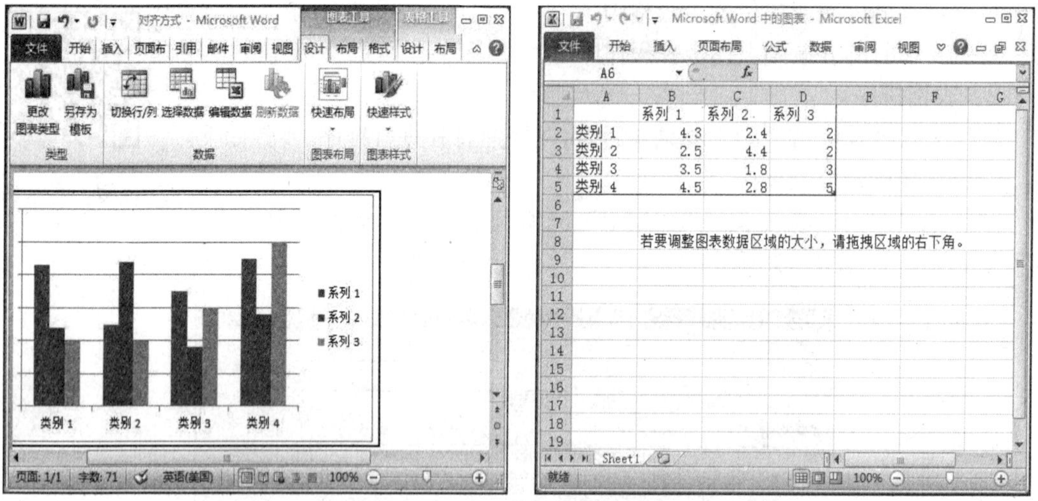

图 4-46 图表窗口和数据窗口

（3）打开图表窗口和数据窗口，修改数据窗口中的数据，左侧的图表会实时显示数据信息。

2. 编辑图表

插入图表之后还可以对图表中的数据及类型进行更新及更改，还可以给图表添加标题及设置图表的外观样式。

（1）更新数据。选择要更新数据的图表，在“图表工具”中的“设计”选项组中，单击“数据”组中的“编辑数据”按钮。然后将光标定位到数据窗口中数据区域的右下角，当光标变成双向箭头时，向下拖动鼠标，扩大数据区域。在扩大的区域中输入数据，完成图表的数据更新。

（2）更改图表类型。在“设计”选项组的“类型”组中，单击“更改图表类型”按钮，在打开的“更改图表类型”对话框中选择一种图表样式，单击“确定”即可。

（3）添加标题。为了增强视觉效果，在图表创建完成以后，可以为图表添加标题。添加标题是在“图表工具”的“布局”选项组中的“标签”组进行的，单击“图表标题”，从中选择一种方式，然后在图表的标题区输入标题即可。也可以在“设计”选项组中的“图表布局”组中通过改变布局来添加标题。

（4）设置图表的外观样式。在使用图表时，可以通过设置图表的外观样式来达到美化图表的目的。图表的外观样式的设置是在“图表工具”的“格式”选项组中进行的。其主要可以设置图表的艺术字样式、形状样式以及给图表添加填充颜色、轮廓样式和改变图表的形状效果。

（五）为文档设置背景图片

为了进一步对简历进行美化，创作一份具有独特风格的个人简历，可为文档设置背景图片。背景可以是单纯的颜色，也可以应用渐变、图案、图片或纹理。渐变、图案、图片和纹理将进行平铺或重复以填充页面。

1．为文档设置页面颜色

选择“页面布局”选项组中的“页面背景”组，单击“页面颜色”，就可以打开“主题颜色”对话框，如图4-47所示，可选择合适的颜色作为文档的背景色。

2．为文档设置填充效果

选择“页面布局”选项组中的“页面背景”组，单击“页面颜色”，在打开的“主题颜色”对话框中单击“填充效果”，即可打开“填充效果”对话框，如图4-48所示。在“填充效果”对话框中可以设置渐变、纹理、图案及图案背景等效果。

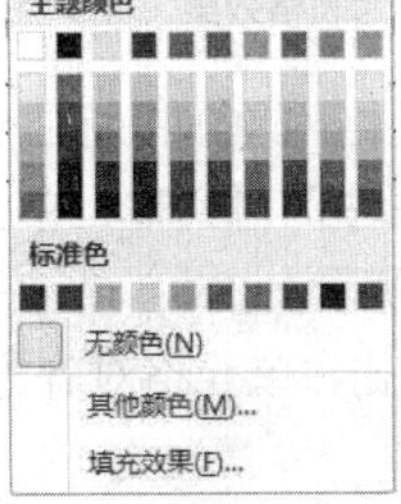

图4-47 “主题颜色”对话框

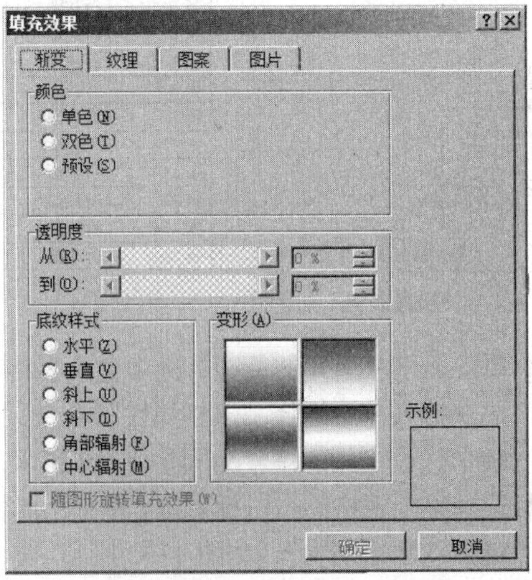

图4-48 “填充效果”对话框

五、任务实施

STEP 1 打开“计算机应用基础（上册）\项目素材\项目 4\素材文件”目录下的“工资数据”记事本，选中所有文本，粘贴到新建的文档中，如图 4-49 所示。

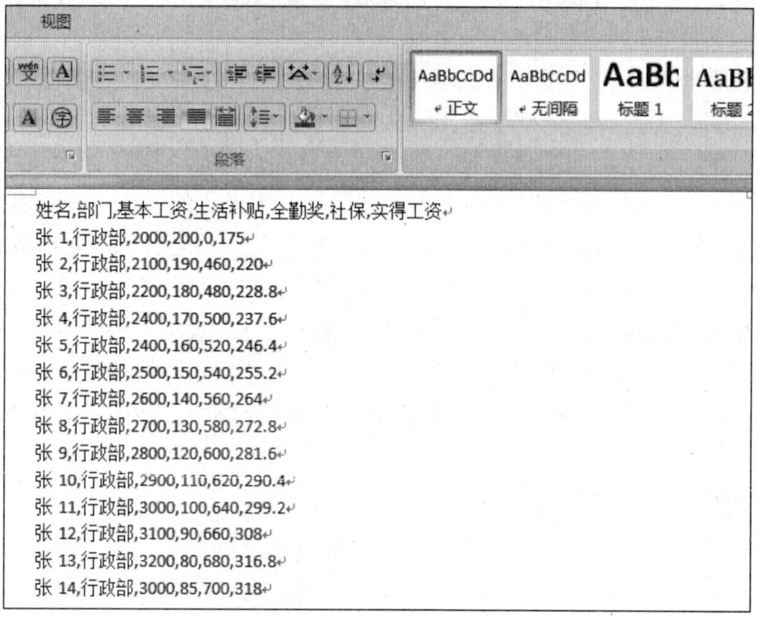

图 4-49　粘贴“文本”至文档

STEP 2 选中所有文本，单击“插入”→“表格”→“文本转化成表格”命令，弹出“将文字转换成表格”对话框，按照图 4-50 所示进行设置，然后单击“确定”按钮即可完成图 4-51 所示效果。

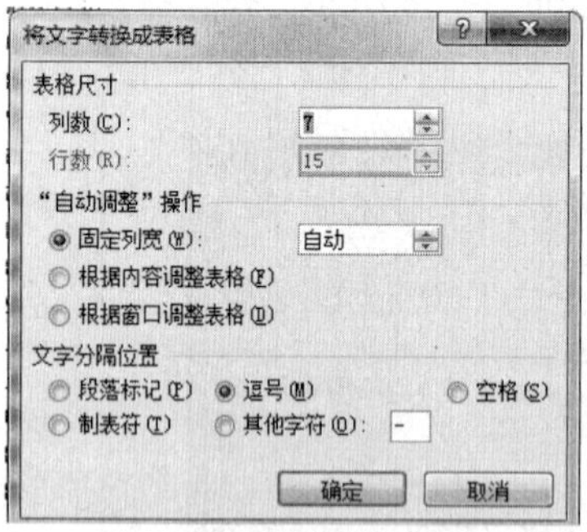

图 4-50　“将文字转换成表格”对话框

姓名	部门	基本工资	生活补贴	全勤奖	社保	实得工资
张 1	行政部	2000	200	0	175	
张 2	行政部	2100	190	460	220	
张 3	行政部	2200	180	480	228.8	
张 4	行政部	2400	170	500	237.6	
张 5	行政部	2400	160	520	246.4	
张 6	行政部	2500	150	540	255.2	
张 7	行政部	2600	140	560	264	
张 8	行政部	2700	130	580	272.8	
张 9	行政部	2800	120	600	281.6	
张 10	行政部	2900	110	620	290.4	
张 11	行政部	3000	100	640	299.2	
张 12	行政部	3100	90	660	308	
张 13	行政部	3200	80	680	316.8	
张 14	行政部	3000	85	700	318	

图 4-51　转换为表格效果

STEP 3 单击表格左上角的箭头，选中整个表格。在任一单元格内单击鼠标右键，在弹出的快捷菜单中选择“表格属性”命令，打开“表格属性”对话框，单击“行”选项卡，设定行的高度为固定值 0.8 厘米，如图 4-52 所示。

STEP 4 选择整个表格单击鼠标右键，在弹出的快捷菜单中单击“单元格对齐方式”命令，选择“水平居中”，如图 4-53 所示。

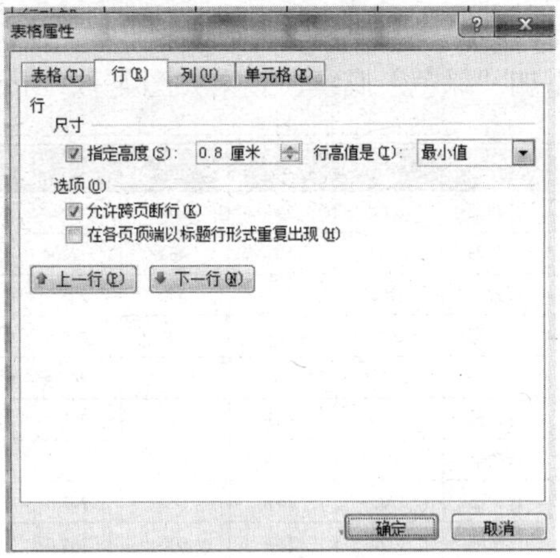

图 4-52　行高设置

图 4-53　设置对齐方式

STEP 5 选中整个表格，单击“设计”→“边框”→“边框和底纹”命令，弹出“边框和底纹”对话框，如图 4-54 所示，进行设置，为表格添加双边框线。

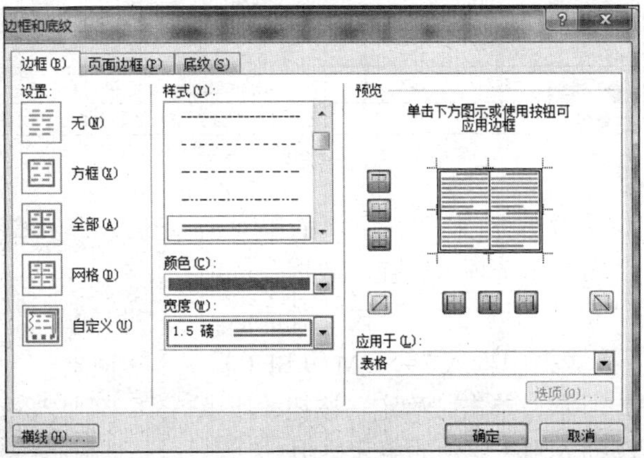

图 4-54　设置边框

STEP 6 选中表格第一行，单击“设计”→“底纹”命令，添加“蓝色”底纹。同样方法，为表格第一列添加“绿色”底纹，效果如图 4-55 所示。

姓名	部门	基本工资	生活补贴	全勤奖	社保	实得工资
张 1	行政部	2000	200	0	175	
张 2	行政部	2100	190	460	220	
张 3	行政部	2200	180	480	228.8	
张 4	行政部	2400	170	500	237.6	
张 5	行政部	2400	160	520	246.4	
张 6	行政部	2500	150	540	255.2	
张 7	行政部	2600	140	560	264	
张 8	行政部	2700	130	580	272.8	
张 9	行政部	2800	120	600	281.6	
张 10	行政部	2900	110	620	290.4	
张 11	行政部	3000	100	640	299.2	
张 12	行政部	3100	90	660	308	
张 13	行政部	3200	80	680	316.8	
张 14	行政部	3000	85	700	318	

图 4-55　添加边框和底纹效果

STEP 7 删除第一单元格的内容，单击 Enter 键，执行“设计”→“边框”→“斜下框线”命令，如图 4-56 所示，然后输入文字。

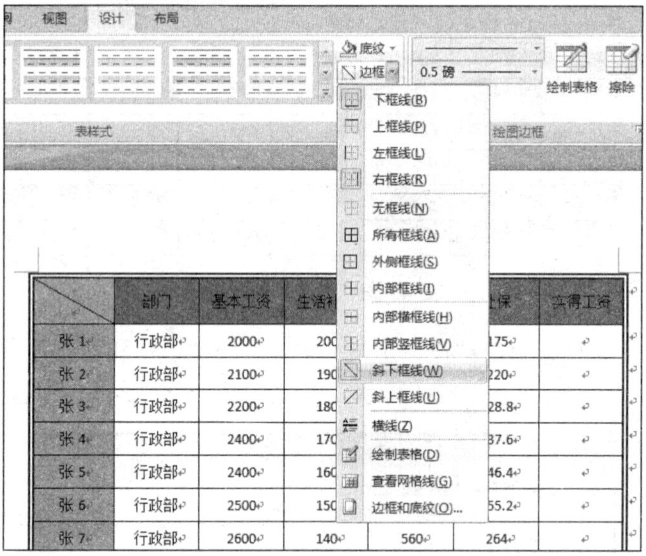

图 4-56　绘制斜线表头

STEP 8 将光标定位到存放张 1 实得工资的单元格内，打开“布局”选项卡，在“数据”选项组中单击“格式”，打开“公式”对话框，在“公式”列表框中输入“=SUM（LEFT）”，如图 4-57 所示，单击“确定”按钮，所求结果就可以插入到所定位的单元格中。

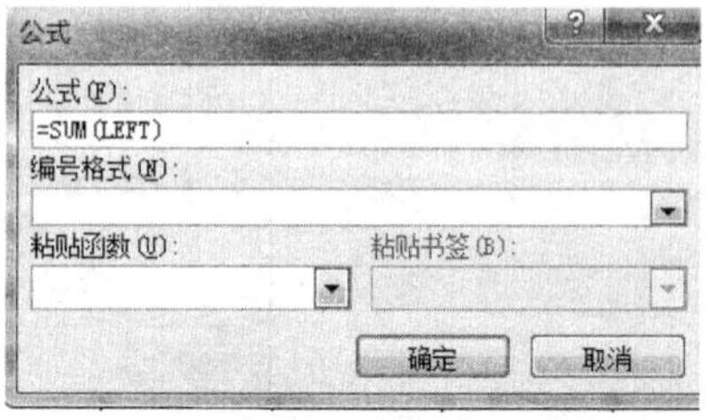

图 4-57　利用公式计算实得工资

STEP 9 按照同样的方法，计算出所有员工的实得工资，如图 4-58 所示。将光标定位到表格中，在“布局”选项卡的“数据组”选项组中单击“排序”，打开“排序”对话框，按图 4-59 所示参数进行设置。

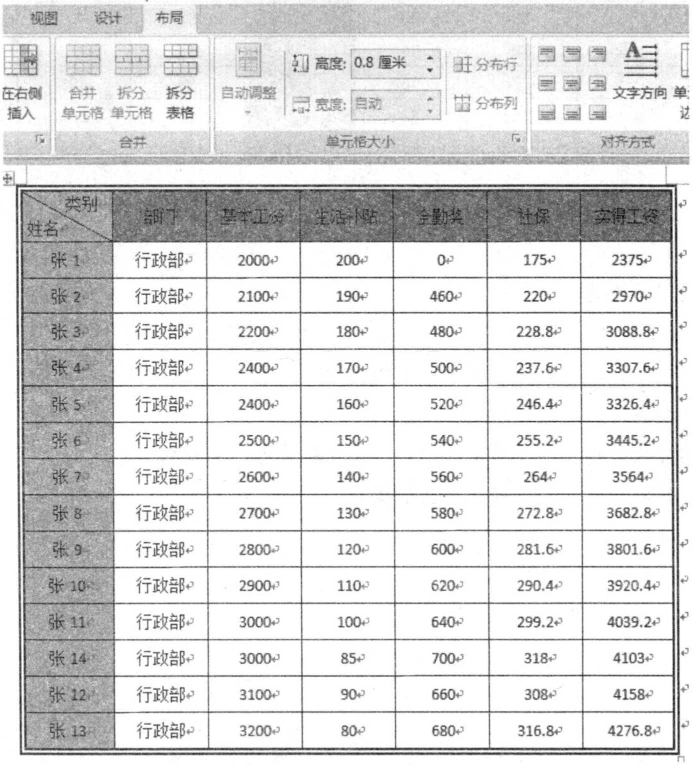

类别 姓名	部门	基本工资	生活补贴	全勤奖	社保	实得工资
张 1	行政部	2000	200	0	175	2375
张 2	行政部	2100	190	460	220	2970
张 3	行政部	2200	180	480	228.8	3088.8
张 4	行政部	2400	170	500	237.6	3307.6
张 5	行政部	2400	160	520	246.4	3326.4
张 6	行政部	2500	150	540	255.2	3445.2
张 7	行政部	2600	140	560	264	3564
张 8	行政部	2700	130	580	272.8	3682.8
张 9	行政部	2800	120	600	281.6	3801.6
张 10	行政部	2900	110	620	290.4	3920.4
张 11	行政部	3000	100	640	299.2	4039.2
张 14	行政部	3000	85	700	318	4103
张 12	行政部	3100	90	660	308	4158
张 13	行政部	3200	80	680	316.8	4276.8

图 4-58　所有实得工资

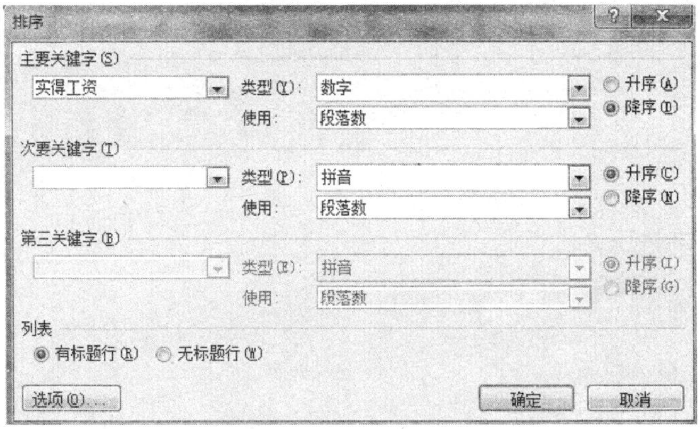

图 4-59　“排序”对话框设置

牛刀小试

请按照图 4-60 制作出一份学生成绩单。

学生成绩单

科目 姓名	数学	英语	计算机	应用写作	总分
小张	92	90	87	93	362
小王	80	88	91	90	349
小李	78	75	95	88	336
小钱	77	76	60	93	306
小孙	54	82	73	85	294
小赵	65	63	88	78	289

图 4-60　学生成绩表

要求：

（1）把提供的文字转换为表格。

（2）调整行高：0.7 厘米，列宽合适。

（3）制作斜线表头，并输入文字：宋体，小四。

（4）调整文字的对齐方式：水平居中。

（5）根据样表设置底纹和边框：第 1 行红色，第 4 列蓝色，第 6 列黄色；外边框线：1.5 磅单线型，第 1 行下框线、第 1 列右框线：0.75 磅，蓝色双线。

（6）利用公式计算所有人的总分。

（7）对总分进行降序排列。

PART 5 项目 5 制作长篇文档

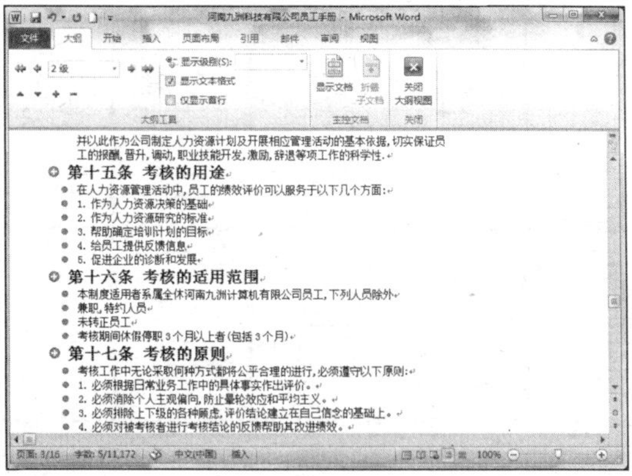

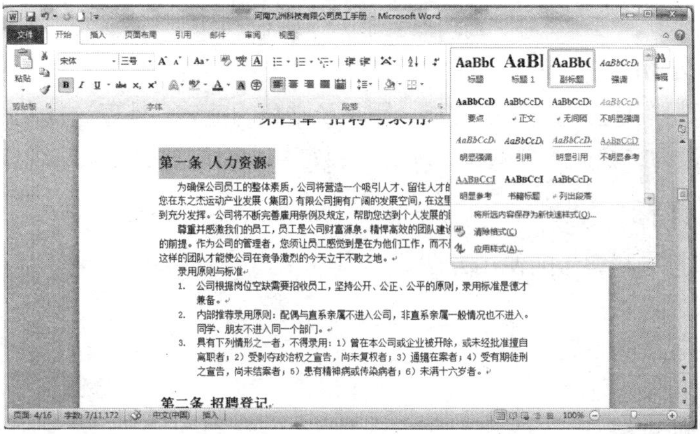

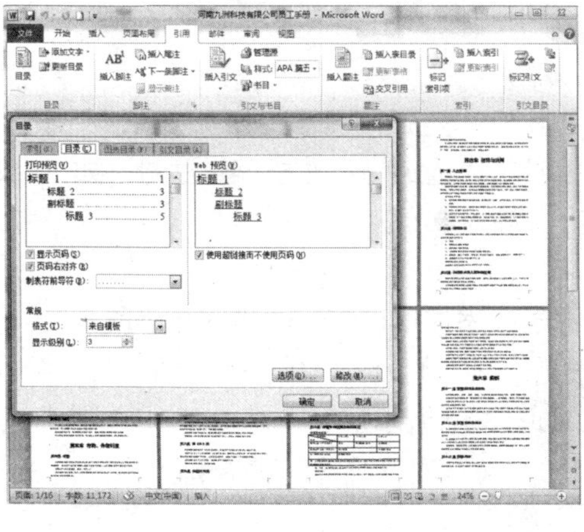

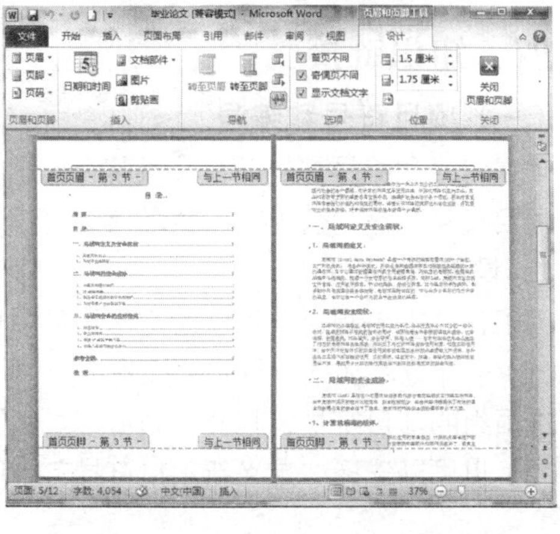

任务1 编辑“公司制度手册”文档

一、任务描述

河南九洲计算机有限公司要求人事部的小王编辑该公司的制度手册，并在开会时发放给每位公司人员。小王利用 Word 2010 编辑了图 5-1 所示的公司制度手册。

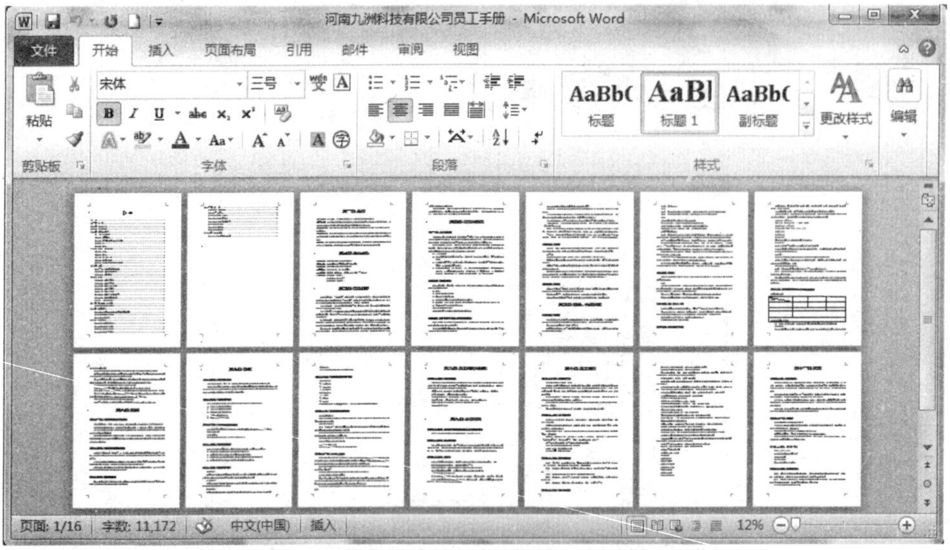

图 5-1 公司制度手册

二、任务分析

“公司制度手册”是公司规章类文档，属于长文档的范畴，处理这类文档应特别注重其排版工作，需要通过为文档插入分隔符，添加项目符号和编号等操作来实现。

三、任务目标

- 掌握项目符号和编号的使用方法。
- 掌握样式的设置。
- 掌握大纲视图的设置方法。
- 掌握插入目录方法。
- 掌握文档的审校。

四、知识链接

（一）项目符号和编号

项目符号和编号都是以自然段落为标志，编号是为选中的自然段编辑序号，如 1.、2.、3. 等；项目符号则是为选中的自然段落编辑符号，如■、●等。

1．设置项目符号

为了让文本更醒目，可以给文本添加项目符号。添加项目符号的步骤如下所示。

（1）选择要添加项目符号的文本，如“就职前培训”的段落，单击“开始”选项卡中“段落”选项组的项目符号，打开“项目符号库”，如图 5-2 所示。

（2）也可以选择“定义新项目符号”，打开“定义新项目符号”对话框，如图 5-3 所示。

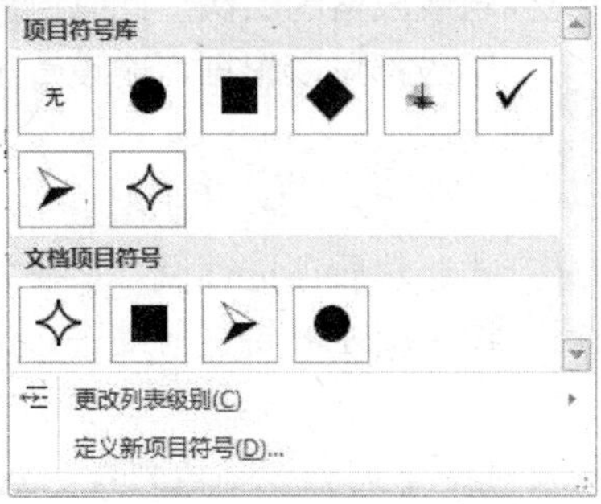

图 5-2 “项目符号库”

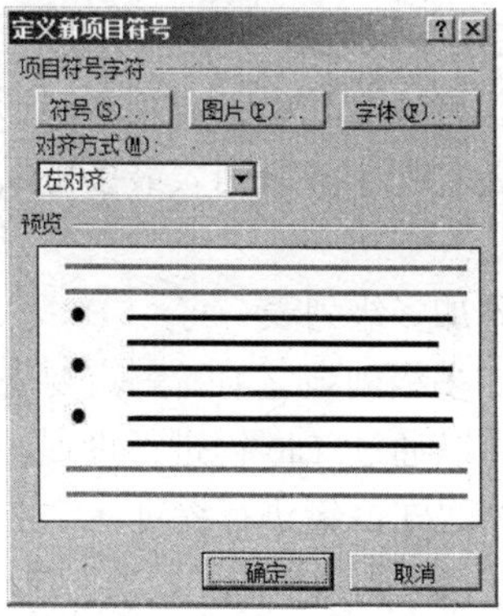

图 5-3 “定义新项目符号”对话框

（3）选择适合的项目符号以及设置项目符号的对齐方式，单击“确定”按钮，效果如图 5-4 所示。

2．设置编号

（1）选中需要设置编号的段落，如新员工培训目的、新员工培训内容、新员工培训反馈与考核、新员工培训教材和新员工培训项目实施方案。单击“开始”选项卡中“段落”选项组的编号 ⁝≡ ▾，打开图 5-5 所示的编号集。

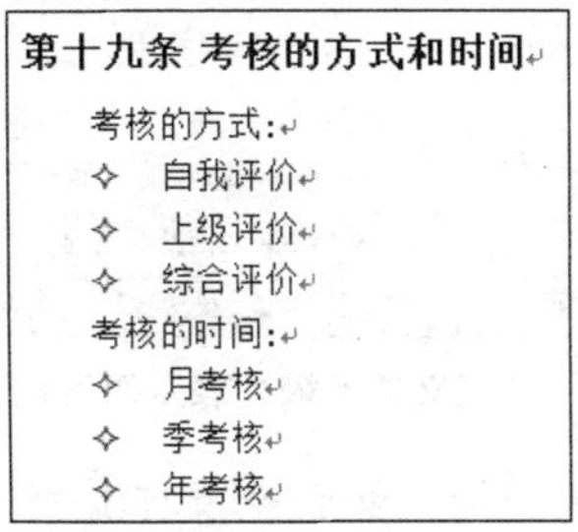
第十九条 考核的方式和时间

考核的方式：

✧ 自我评价
✧ 上级评价
✧ 综合评价

考核的时间：

✧ 月考核
✧ 季考核
✧ 年考核

图 5-4 添加项目符号

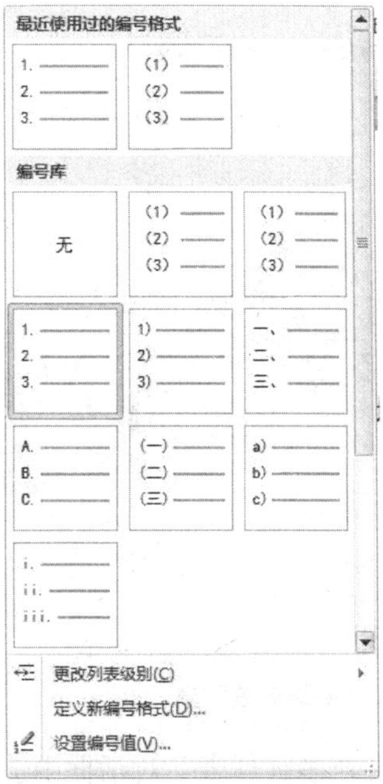

图 5-5 编号集

（2）在编号集中选择合适的编号，如“1.、2.、3.”，单击左键，效果如图 5-6 所示。

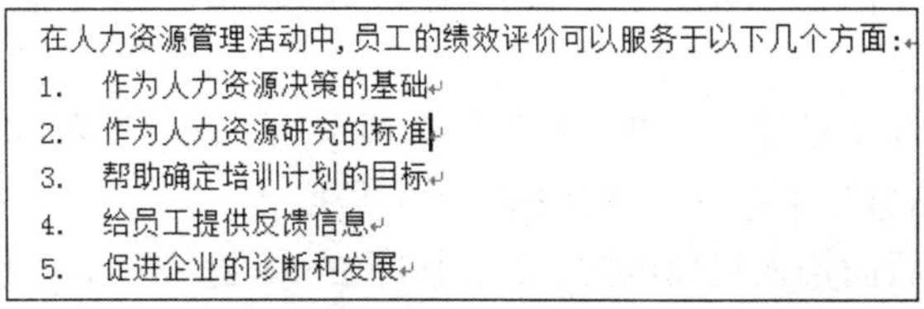
在人力资源管理活动中，员工的绩效评价可以服务于以下几个方面：

1. 作为人力资源决策的基础
2. 作为人力资源研究的标准
3. 帮助确定培训计划的目标
4. 给员工提供反馈信息
5. 促进企业的诊断和发展

图 5-6 添加编号

3．使用多级列表

在一些特殊文档中，要用不同形式的编号来表现标题或段落的层次。此时，就会用到多级符号列表功能。多级列表最多可以有九个层级，每一层级都可以根据需要设置出不同的格式和形式。

（1）添加多级列表

在添加多级列表之前，一定要先设置文档的缩进方式，然后再进行设置。在为段落设置缩进时，可以通过 Tab 键进行设置，选择一级项目后，按一次 Tab 键进行缩进；选择二级项目后，按两次 Tab 键进行缩进。

在“开始”选项卡的“段落”选项组中单击“多级列表”，打开“多级列表”下拉列表框，选择一种多级列表的样式即可插入列表。

（2）自定义多级列表

若对系统提供的多级列表的符号格式不满意时，可以通过定义新多级列表来改变多级列表中各级符号的格式。具体的设置步骤如下。

“开始”选项卡的“段落”选项组中，单击“多级列表”，打开“多级列表”下拉列表框，如图 5-7 所示。

①“多级列表”下拉列表框中单击“定义新的多级列表”，打开“定义新多级列表”对话框，如图 5-8 所示。

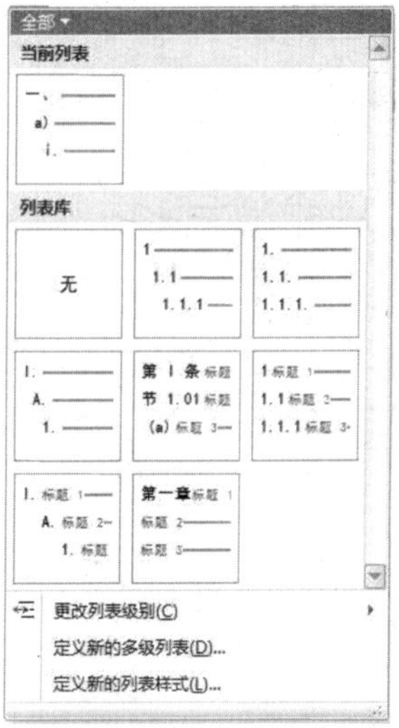

图 5-7 “多级列表”集

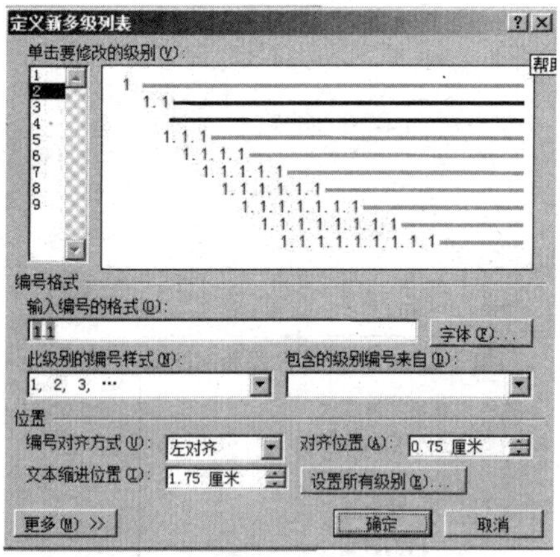

图 5-8 “定义新多级列表”对话框

② 在“定义新多级列表”对话框中选择需要修改的级别，然后设置其编号格式和位置。最后单击“确定”即可。

（3）快速定义多级列表

在 Word 2010 文档中输入多级列表时有一个快捷的方法，就是使用 Tab 键辅助输入编号列表，操作步骤如下。

① 打开 Word 2010 文档窗口，在“开始”选项卡的“段落”组中单击“编号”下拉三角按钮。并在打开的“编号”下拉列表中选择一种编号格式。

② 在第一级编号后面输入具体内容，然后按下 Enter 键。不要输入编号后面的具体内容，而是直接按下 Tab 键将开始下一级编号列表。如果下一级编号列表格式不合适，可以在“编

号”下拉列表中进行设置。第二级编号列表的内容输入完成以后，连续按下两次 Enter 键可以返回上一级编号列表。

③ 按下 Tab 键开始下一级编号列表。

（二）样式

在编排一篇长文档或者一本书时，需要对许多的文字和段落进行相同的排版工作，如果只是利用字体格式编排和段落格式编排功能，费时且容易厌烦，更重要的是很难使文档格式保持一致。使用样式能减少许多重复的操作，在短时间内排出高质量的文档。

样式是一组已经命名的字符和段落格式。它设定了文档中标题以及正文等各个文本元素的格式。用户可以将一种样式应用于某个段落或段落中选中的字符，所选定的段落或字符便具有这种样式的格式。

对文档应用样式主要有以下作用。

（1）使用样式使文档的格式更便于统一。

（2）使用样式还可以构筑大纲，使文档更有条理，编辑和修改更简单。

（3）使用样式还可以用来生成目录。

1．设置样式

样式有多种，为标题添加样式，可以采用标题样式功能，对于正文也可以添加相应的样式。设置样式的步骤如下。

（1）在要设置样式的段落的任意位置单击。

（2）打开“开始”选项卡，在“样式”选项组中选择相应的样式，如图 5-9 所示。

图 5-9 “样式”组

2．创建新样式

Word 2010 中内置样式有限，当用户需要使用的样式在 Word 中并没与内置时，可以创建样式。具体操作如下。

（1）选中需要添加新样式的文本，在“开始”→“样式”选项组中单击“样式窗口”，打开“样式”任务窗格，如图 5-10 所示。

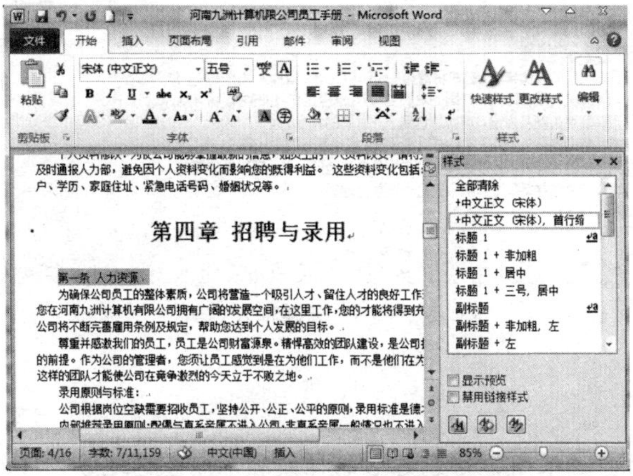

图 5-10 打开“样式”任务窗格

（2）单击新建样式按钮，在打开的对话框的“名称”文本框中输入“新样式 1”，在格式栏中将字体格式设置为“宋体，三号，加粗”，如图 5-11 所示。

（3）单击“格式”按钮，在打开的下拉列表中选择“段落”选项，打开“段落”对话框，在间距栏的“行距”下拉列表中选择“1.5 倍行距”，段前段后间距设置为“6 磅”，单击“确定”按钮，如图 5-12 所示。

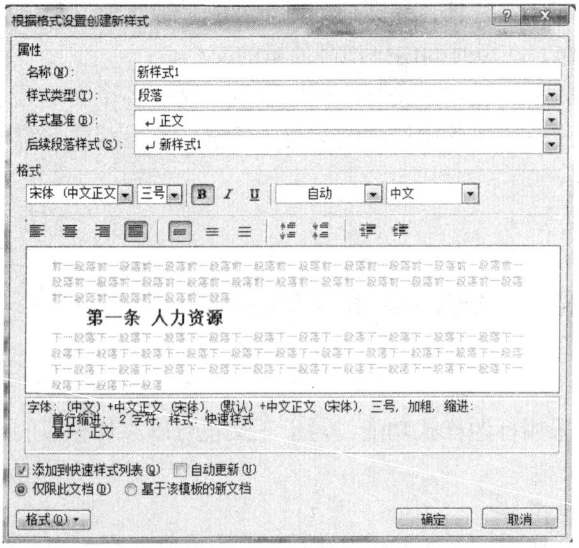

图 5-11　创建新样式

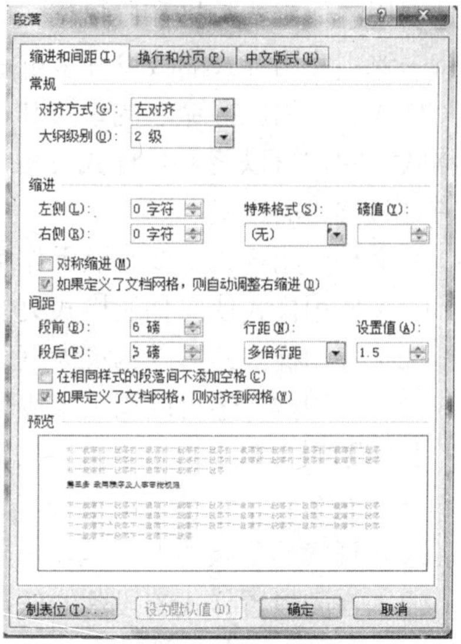

图 5-12　设置段落样式

（4）返回文档编辑区，即可查看设置后的文档效果，如图 5-13 所示。

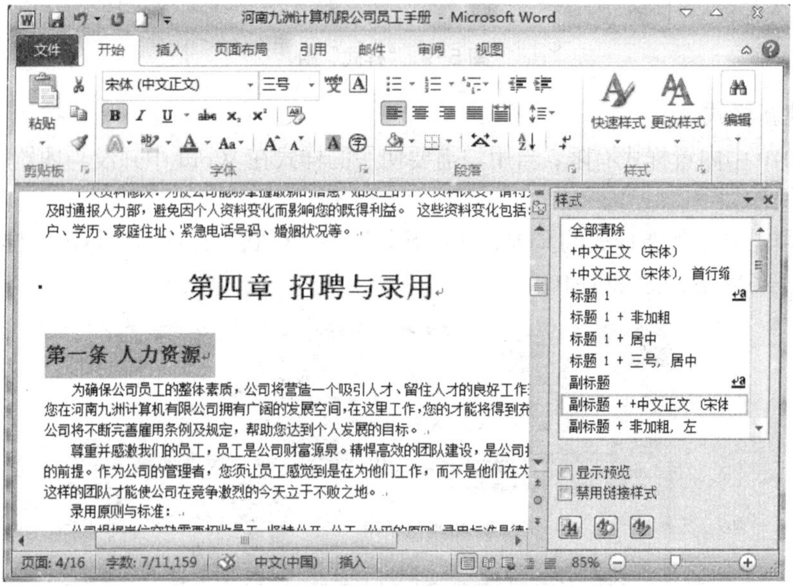

图 5-13　新建样式效果

小贴士

✓　创建新样式时，如果用户对创建后的样式有不满意的地方，可以通过“修改”样式功能对其进行修改。

3．清除样式

对于已经设置了样式或已经设置了格式的文档，用户可以随时将其样式或格式清除。清除样式的步骤如下。

（1）打开 Word 2010 文档窗口，选中需要清除样式或格式的文本块或段落。

（2）在“开始”选项卡中单击“样式”组右下角的对话框启动器，打开“样式”窗格，如图 5-14 所示。

（3）在样式列表中单击“全部清除”按钮即可清除所有样式和格式。

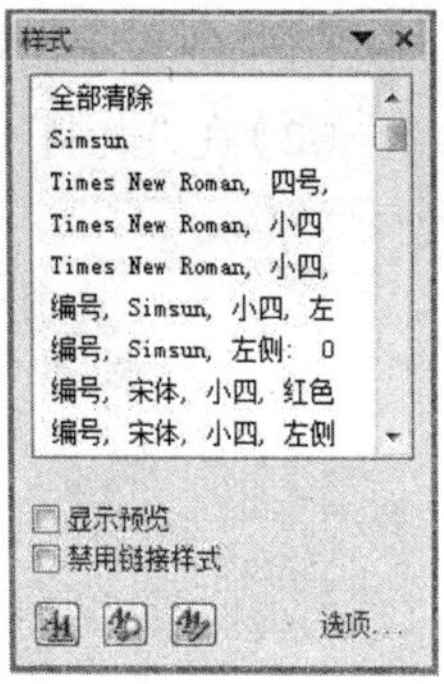

图 5-14 “样式”窗格

（三）设置大纲级别

大纲级别用于为文档中的段落指定等级结构（1 级～9 级）的段落格式。例如，指定了大纲级别后，就可在大纲视图或导航窗格中处理文档。

1．视图的切换

Word 文档默认的视图方式是页面视图，而大纲级别的设置需要在大纲视图中进行。因此，需要把视图方式从页面视图切换到大纲视图。视图的切换步骤如下。

（1）选择“视图”选项卡，单击“文档视图”组中的大纲视图，如图 5-15 所示。

图 5-15 “文档视图”组

（2）在“大纲工具”组中可以设置大纲级别为“正文文本”，效果图如图 5-16 所示。

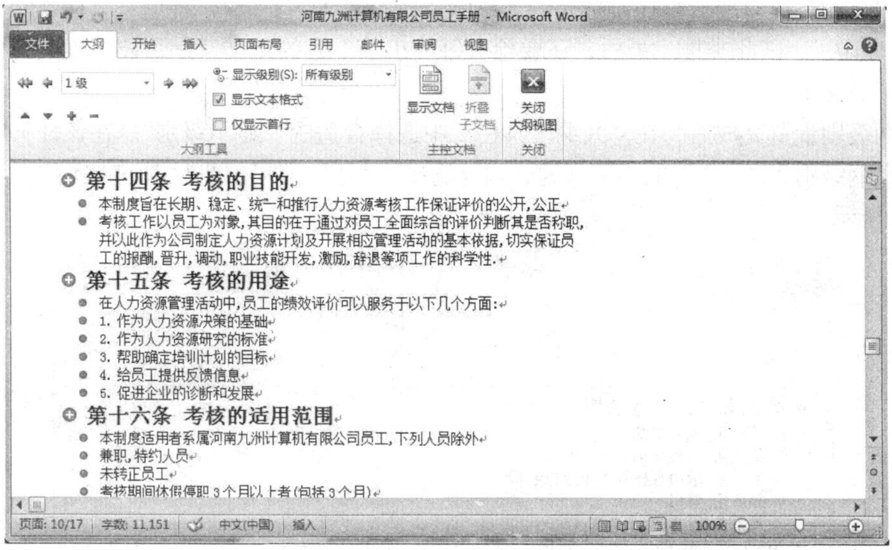

图 5-16 大纲视图的显示效果

2．设置大纲级别

在大纲视图方式下就可以给章节标题设置恰当的大纲视图了。大纲级别的设置方法是：单击每一个标题的任意位置或选中标题，在“大纲”选项卡下的“大纲工具”组中设置该标题的大纲级别，如图 5-17 所示。

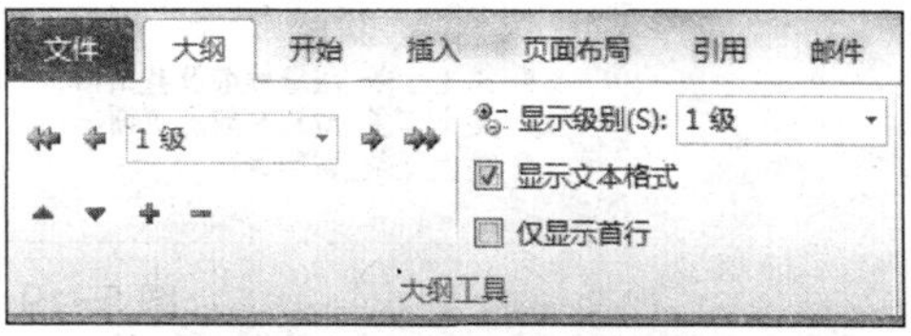

图 5-17 “大纲工具”组

例如，把“摘要”的大纲级别设置为“1 级”的步骤如下。

（1）选中“摘要”两个字。

（2）在“大纲”选项卡下的“大纲工具”组中的大纲级别中选择“1 级”。设置效果如图 5-18 所示。

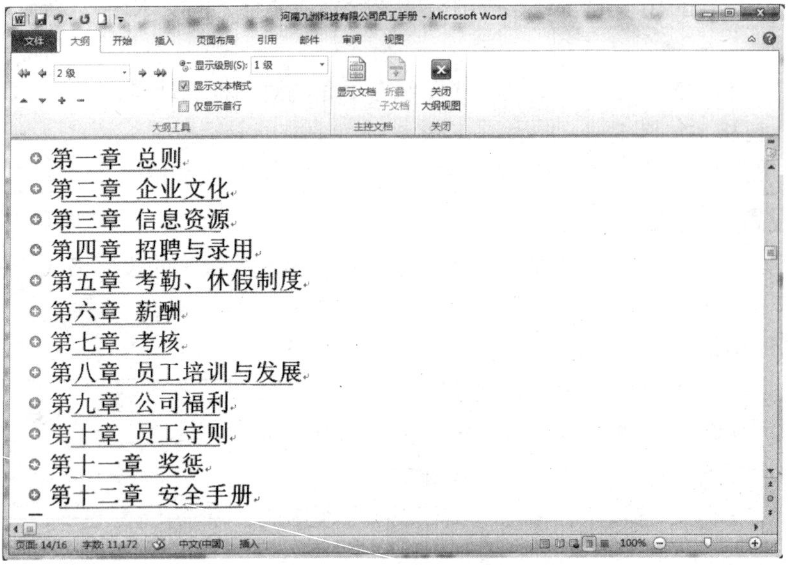

图 5-18　大纲级别设置效果

将“公司制度手册”每一章标题的大纲级别都设置为“1 级”，将每一节标题的大纲级别设置为“2 级”，以此类推。最后，还要检查每一小节下方的正文，是否被正确设置为大纲级别的“正文文本”。

大纲级别设置完成后，在“大纲工具栏”中选择合适的“显示级别”。在该任务中，由于最低的大纲级别为“2 级”的小节标题，因此选择“2 级”即可。此时大纲视图的显示效果如图 5-19 所示。

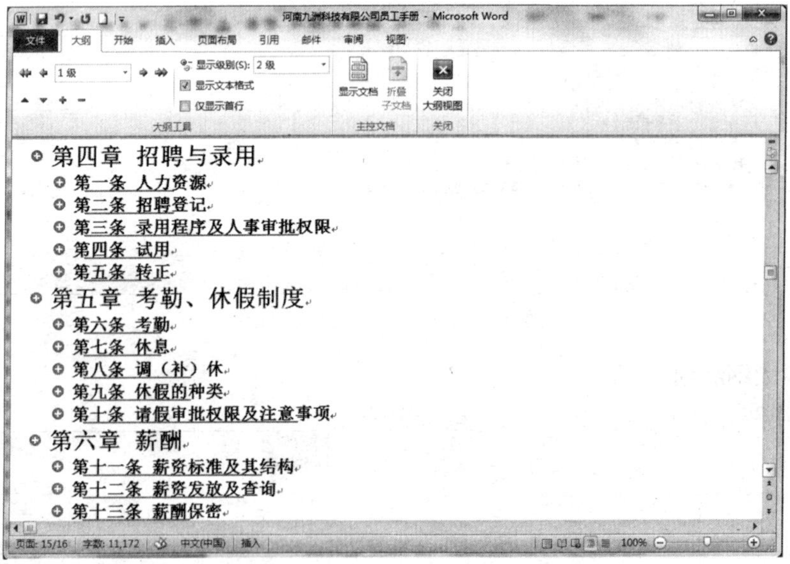

图 5-19　大纲视图的显示效果

3．退出“大纲视图”

图 5-20　关闭大纲视图

大纲视图正确设置后就可以从“大纲视图”退出，转换到“页面视图”方式下。退出“大纲视图”的方法是：单击“大纲”选项卡下“关闭”选项组中的“关闭大纲视图”按钮，如图 5-20 所示，退出大纲视图。这时的视图方式为“页面视图”。

（四）自动生成文档目录

目录的作用就是列出文档中的各级标题以及每个标题所在的页码。使用目录有助于用户迅速了解整个文档的内容，并且能够很快地查找到自己所需要的信息。

1．插入目录

利用大纲级别或样式设置好文档结构之后，就可以根据文档结构中标题的级别和对应的页码为文档自动生成目录了。自动生成目录的步骤如下。

视频：插入目录

（1）将插入点定位到需要插入目录的位置。

（2）打开“引用”选项卡，找到“目录”选项组中的“目录”按钮，如图 5-21 所示。

（3）单击“目录”按钮，打开目录集，如图 5-22 所示。

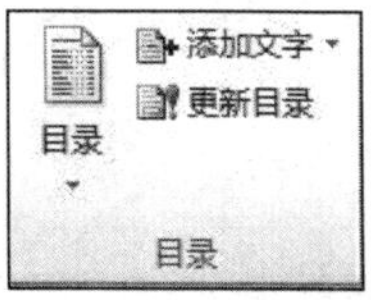

图 5-21　“目录”组

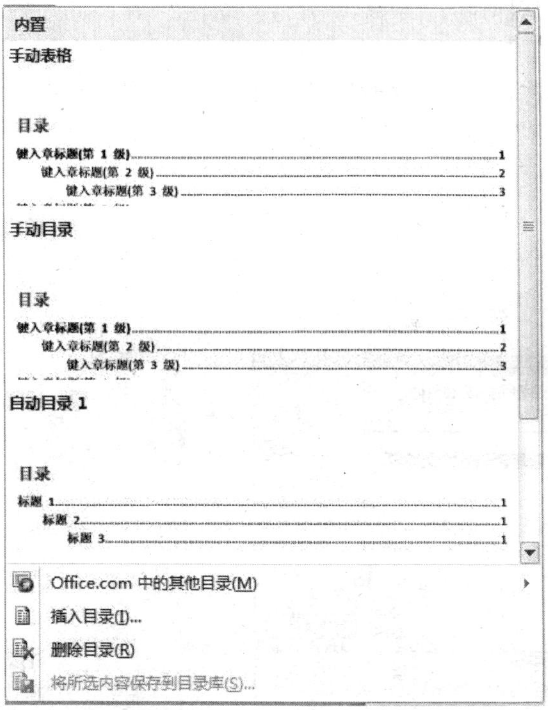

图 5-22　目录集

（4）在目录集中单击“插入目录”，打开“目录”对话框。

（5）在“目录”对话框中进行设置：勾选“显示页码”和 “页码右对齐”复选框，如图 5-23 所示。在“打印预览”下查看目录显示效果。

（6）单击“选项”按钮，设置目录选项。在打开的“目录选项”对话框中进行设置：设置目录级别为 2 级，将对应的目录级别“3”删除，并单击“确定”，如图 5-24 所示。

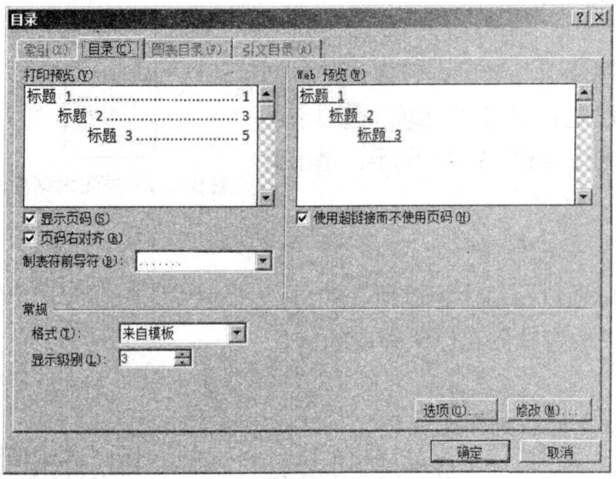

图 5-23　设置目录页码显示效果

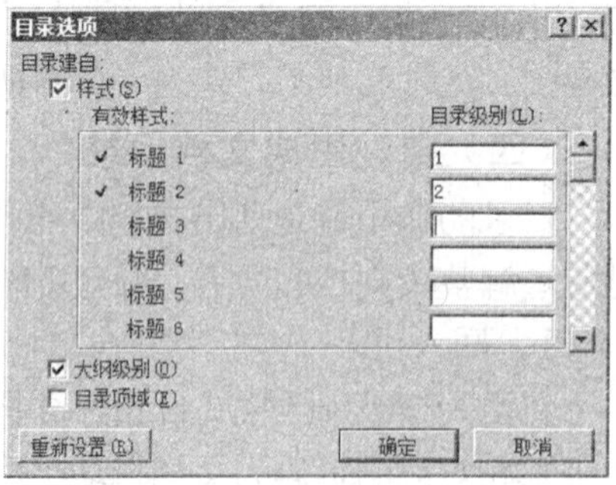

图 5-24　“目录选项”对话框

（7）返回“目录”选项卡，可以看到“打印预览”中只包含了 1 级目录和 2 级目录。单击“修改”按钮为目录设置合适的样式。

（8）在打开的“样式”对话框中设置：选择“目录 1”，在“预览”中可以查看“目录 1”当前的默认样式为“宋体”“五号”“加粗”等。如图 5-25 所示，单击“修改”按钮修改“目录 1”的样式。

（9）在打开的“修改样式”对话框中设置：可以为目录设置字体和段落的样式。这里设置“目录 1”的样式，将字体类型改为“黑体”，字体大小为“小四”。单击“确定”返回，如图 5-26 所示。

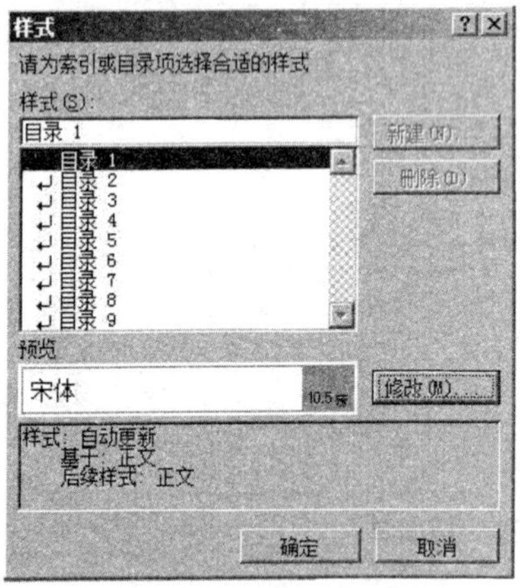

图 5-25　“样式”对话框

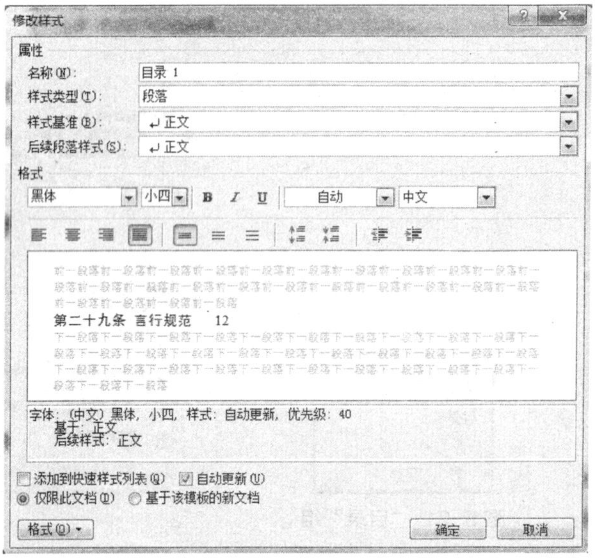

图 5-26“修改样式”对话框

（10）使用相同的方法为“目录 2”设置样式，将“宋体”改为“黑体”，可在“目录”选项卡中预览目录的效果。单击“确定”按钮在文档插入点自动生成目录，效果如图 5-27 所示。

2. 设置目录样式

目录插入之后，可以进一步设置目录的样式。设置方法是：在目录中选中需要设置的目录内容，打开“开始”选项卡，在“字体”中设置目录的字体、字形、颜色等，在“段落”组中设置行距、底纹等。

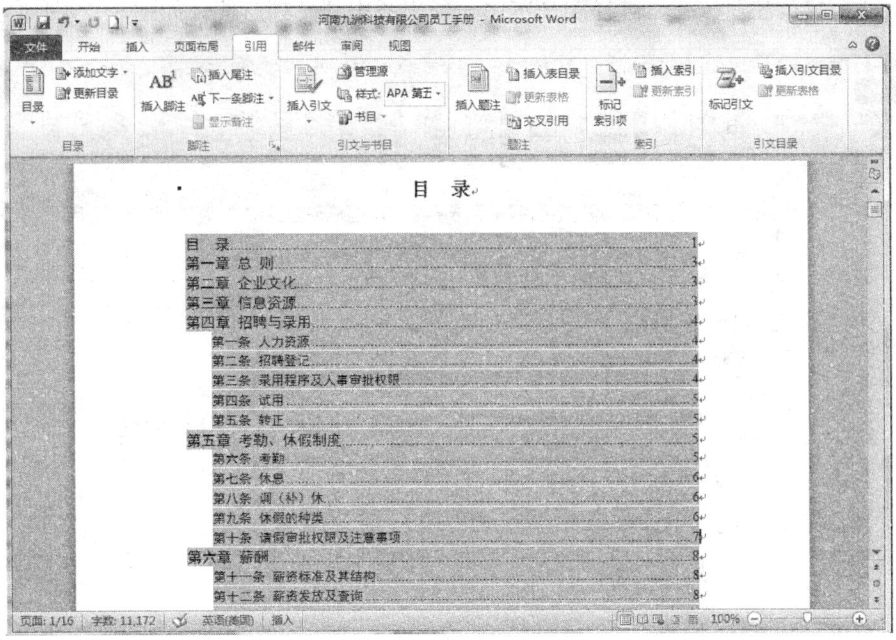

图 5-27　插入的目录效果

3. 删除目录

在生成的目录中，若有多余的内容需要删除，可单击选中该行，按 Delete 键即可删除。

4. 更新目录

插入目录以后，用户如果需要对文档进行编辑修改时，那么目录标题和页码都有可能发生变化，此时必须对目录进行更新，以便用户可以进行正确的查找。Word 2010 提供了自动更新目录的功能，使用户不需手动修改目录。更新目录主要有两种方法。

视频：更新目录

方法一：步骤如下。

（1）选中目录，打开“引用”选项卡，在“目录”组中单击“更新目录”，打开“更新目录”对话框，如图 5-28 所示。

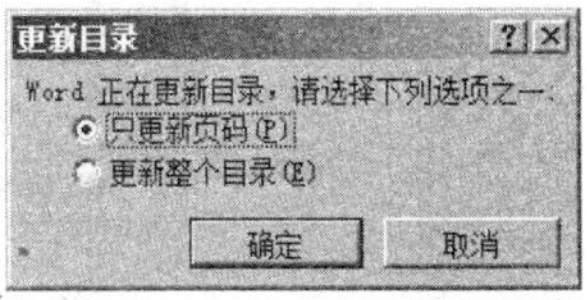

图 5-28　“更新目录”对话框

（2）在“更新目录”对话框中选择，若文档的章节标题没有变化，只需要更新目录的页码，则选择“只更新页码”；否则，选择“更新整个目录”。单击“确定”，即可完成目录的更新。

方法二：选中目录，在目录上单击鼠标右键，在弹出的快捷菜单中单击“更新域”，打开“更新目录”对话框，同方法一。在“更新目录”对话框中进行设置，即可完成目录的更新。

（五）文档的审校

“公司制度手册”文档属于公司规章类文档，在内容和格式设置上相对比较正式，下面介绍其审校方法。

1. 添加批注

批注用于在阅读时对文中的内容进行评语和注解，下面为“公司制度手册”文档添加批注，其具体操作如下。

（1）打开“公司制度手册”文档，选择要添加批注的文本，在“审阅”→“批注”选项组中单击“新建批注”按钮，选择的文本由一条引线引到文档右侧，如图 5-29 所示。

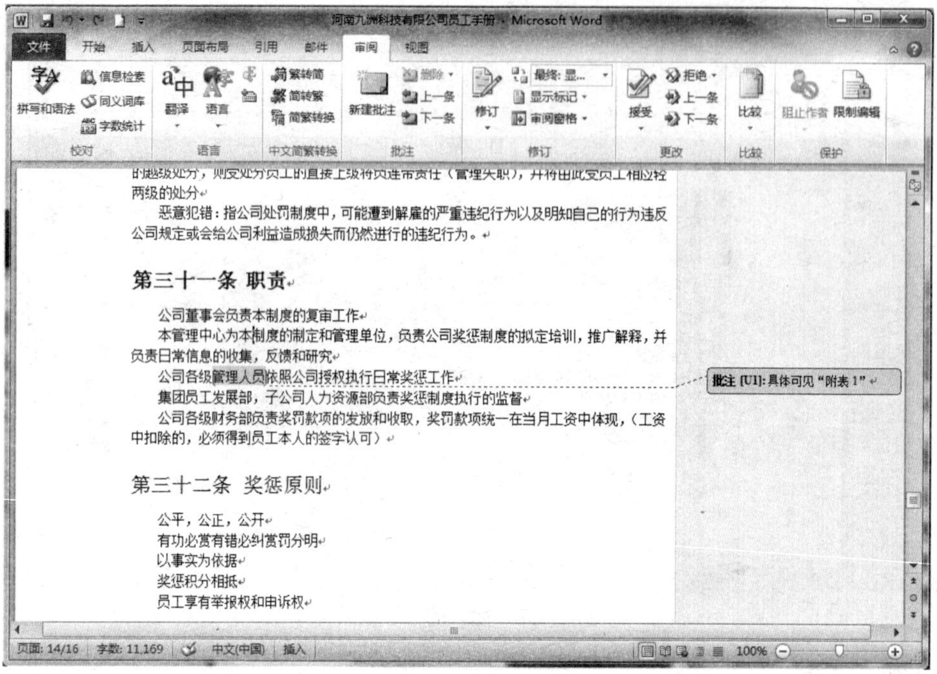

图 5-29　插入批注

（2）在批注文本框中输入文本内容，继续选择文本，单击“新建批注”按钮，插入第二条批注，输入批注文本，效果如图 5-30 所示。

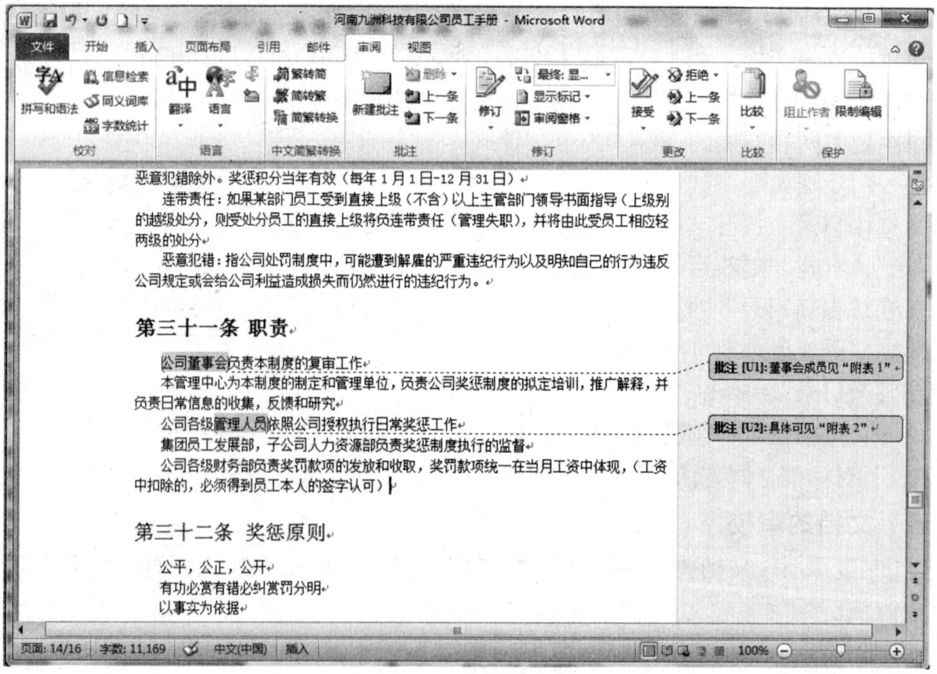

图 5-30　查看效果

小贴士

✓ 为文档添加批注后，若要删除，可通过快捷菜单完成。方法是在要删除的批注上单击鼠标右键，在弹出的快捷菜单中选择“删除批注”命令。

2．添加修订

在文档中对错误的内容添加修订，并将文档发送给制作人员予以确认，可减少文档的出错率，下面对公司制度手册文档进行修订，其具体操作如下。

（1）在“审阅”/“修订”组中单击“修订”按钮，进入修订状态，此时对文档的任何操作都将被记录下来。

（2）选择数据错误的文本，按 Delete 键删除文本“尝”，输入正确的文本“偿”，此时在文档中新输入的“偿”将呈红色显示，之前删除的错误文本“尝”将以红色被划掉的形式显示，并且在该文本所在行的左侧出现一条竖线，表示该处进行了修订，如图 5-31 所示。

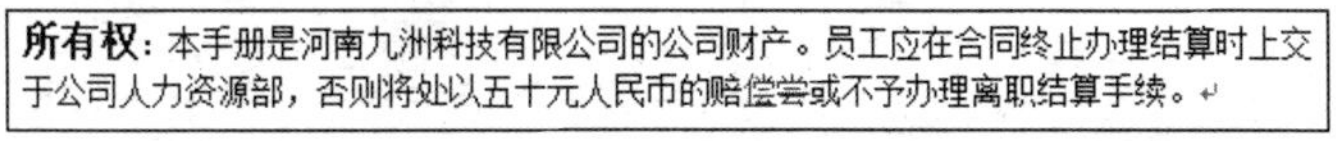

图 5-31　修订错误文本

（3）在“审阅”→“修订”选项组中单击“显示标记”命令，在打开的下拉列表中选择“批注框”→“在批注框中显示修订”选项，如图 5-32 所示。

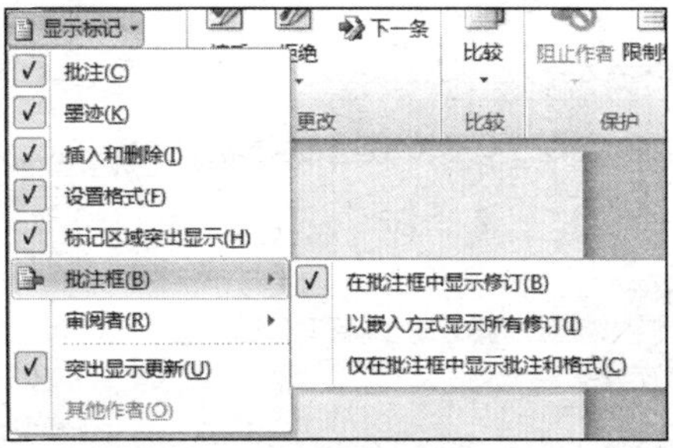

图 5-32　打开“在批注框中显示修订”选项

（4）返回操作界面，修订完成，效果如图 5-33 所示。

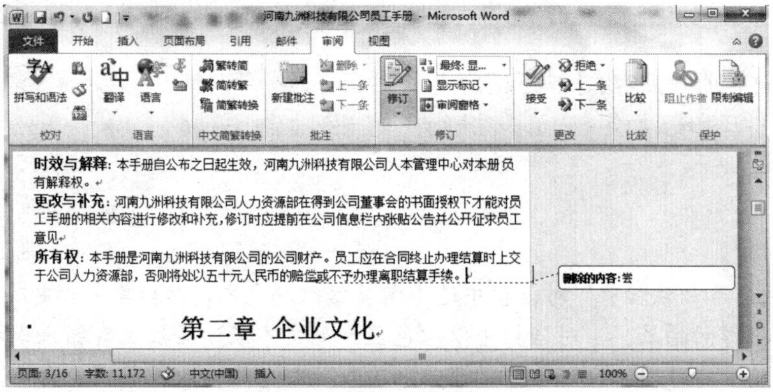

图 5-33　修订完成

3．利用检查拼写和语法校对文档

完成批注和修订后，文档中仍可能存在错别字的情况，可利用 Word 的拼写检查功能完成文档校对，下面为“公司制度手册”文档进行拼写和语法检查，其具体操作如下。

（1）在“审阅”→“校对”选项组中单击“拼写和语法”按钮，打开“拼写和语法：中文（中国）”命令。

（2）在“输入错误或特殊用法：”列表框中将显示可能出现错误的句子，且错误字词用绿色的字体显示，在“建议”列表框中显示了出现错误的原因，如图 5-34 所示。

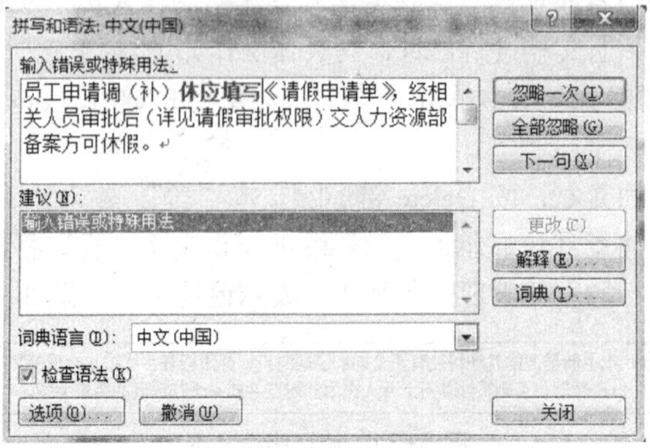

图 5-34　拼写与语法检查

（3）检查句子是否有错误，这里可以直接将“作”改为“做”，单击“下一句”按钮，进入下一个可能出现错误的句子的检查，如图 5-35 所示。

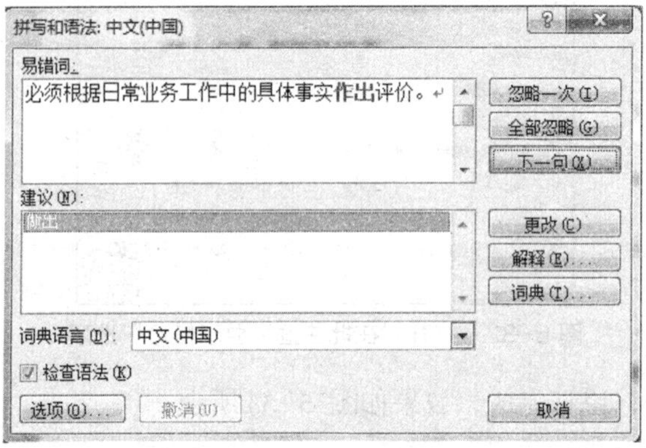

图 5-35　更改错误文本

（4）完成文档所有内容的拼写和语法检查后，打开提示对话框，提示完成拼写和语法检查，单击“确定”按钮，如图 5-36 所示。

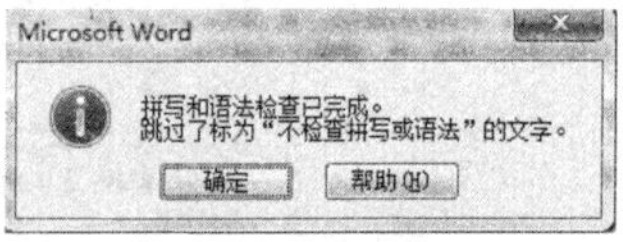

图 5-36　完成拼写检查

小贴士

✓　在“拼写和语法检查”对话框中选中需要修改的文本，然后单击“更改”按钮即可将其更改为系统推荐的结果。当对话框中以绿色显示的文本表示语法上有错误或特殊用法，如果确认该文本属于特殊用法，可单击“忽略一次”按钮忽略一次或单击“全部忽略”按钮忽略全部。

✓　在 Word 中输入文本时，可能出现带红色或绿色下画线的文本，红色下画线表示可能有拼写错误，绿色下画线表示可能有语法错误。

五、任务实施

STEP 1 打开“计算机应用基础（上册）\项目素材\项目 5\素材文件”目录下的“河南九洲科技有限公司.docx”文档，将第一章的标题设置“标题 1”样式，设置字体为宋体，字号为二号，颜色为黑色，加粗，行距为 2.5 倍行距，段前段后为 17 磅。效果如图 5-37 所示。利用“格式刷”工具将本文档中其他同级别的文本设置为相同格式。

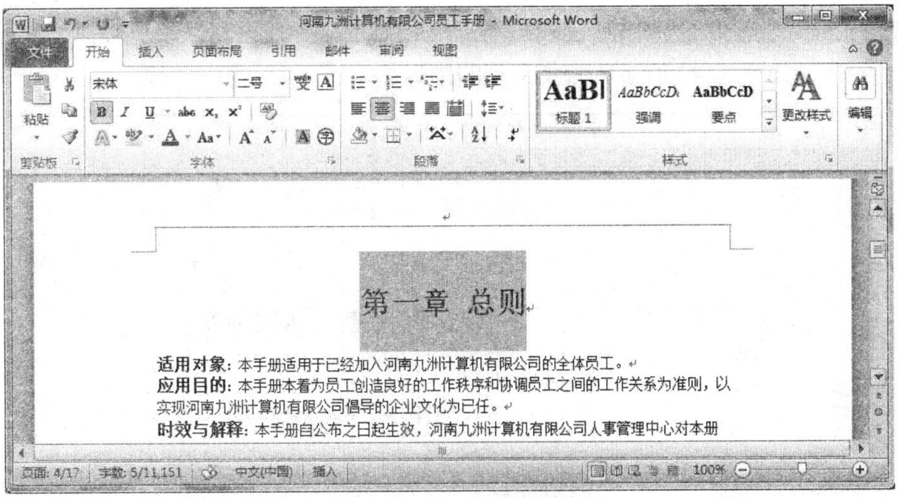

图 5-37　设置标题样式

STEP 2 将第四章中的“第一条　人力资源”的标题设置“副标题”样式，设置字体为宋体，字号为三号，颜色为黑色，加粗，行距为 1.3 倍行距，段前段后为 6 磅，如图 5-38 所示。利用“格式刷”工具将本文档中其他同级别的文本设置为相同格式。

视频：应用标题样式

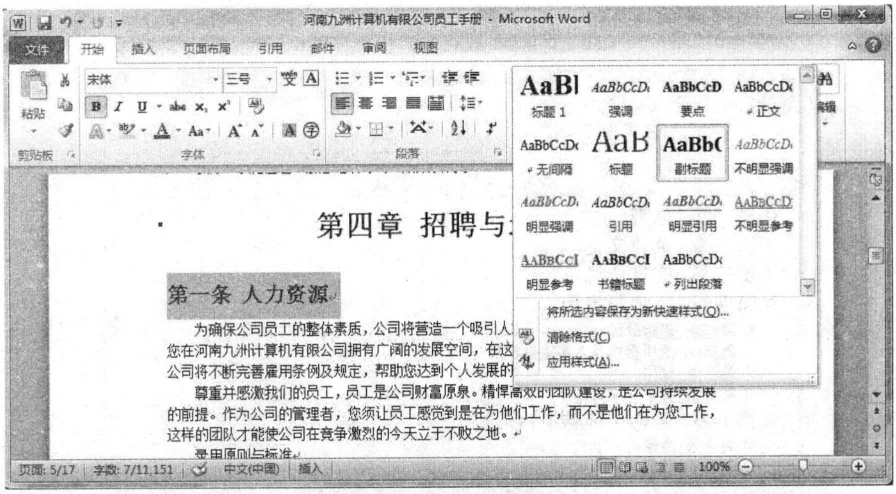

图 5-38　设置副标题格式

STEP 3 为正文中的相关文字，添加编号或项目符号，效果如图 5-39 所示。

考核工作中无论采取何种方式都将公平合理的进行，必须遵守以下原则：
1. 必须根据日常业务工作中的具体事实作出评价。
2. 必须消除个人主观偏向，防止晕轮效应和平均主义。
3. 必须排除上下级的各种顾虑，评价结论建立在自己信念的基础上。
4. 必须对被考核者进行考核结论的反馈帮助其改进绩效。

图 5-39 添加编号

STEP 4 打开“视图”选项卡，选择“显示”组中的“导航窗格”单选按钮，打开导航窗格，如图 5-40 所示，方便文档的排版和编辑。

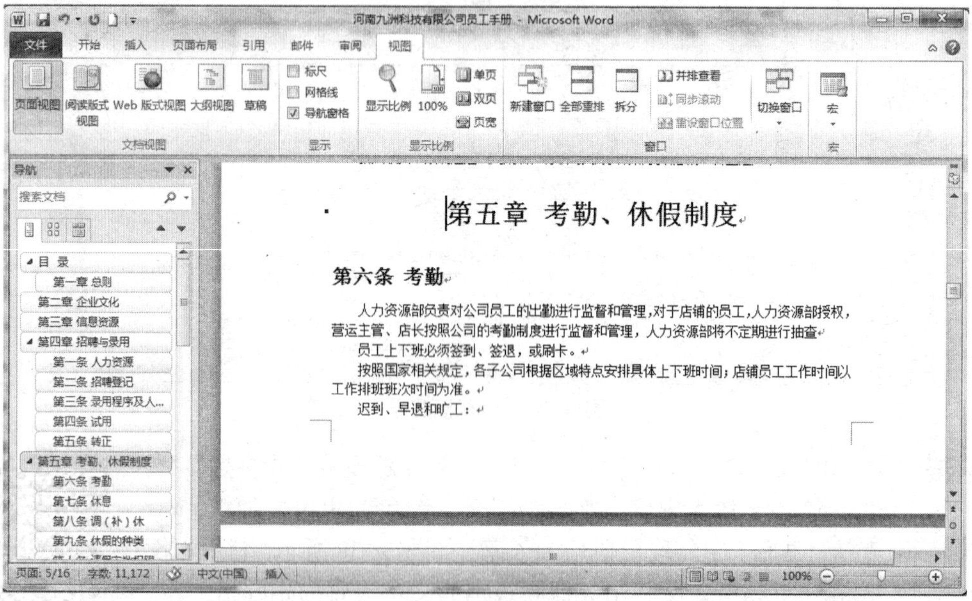

图 5-40 打开导航窗格

STEP 5 在“视图”选项卡中的“文档视图”组中单击“大纲视图”按钮，将视图模式切换到大纲视图，“显示级别”设置为“2 级”，如图 5-41 所示。设置完成后，单击“关闭大纲视图”按钮，返回页面视图。

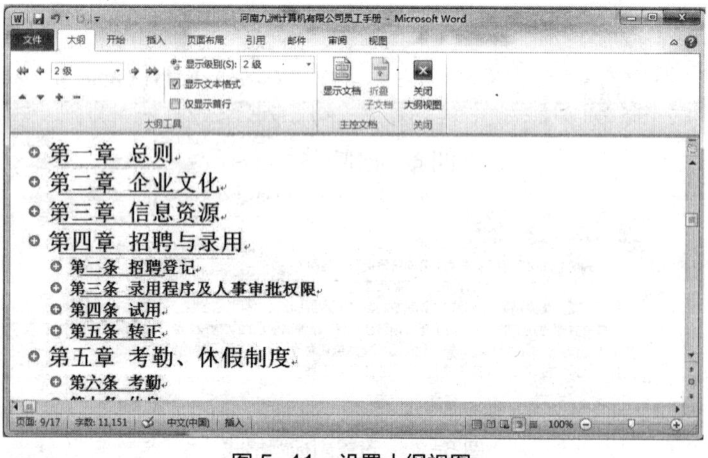

图 5-41 设置大纲视图

STEP 6 插入目录，在“引用”选项卡中的“目录”组中单击“目录”按钮，在打开的下拉列表中选择“插入目录”选项，设置目录显示级别为“2”，如图 5-42 所示。

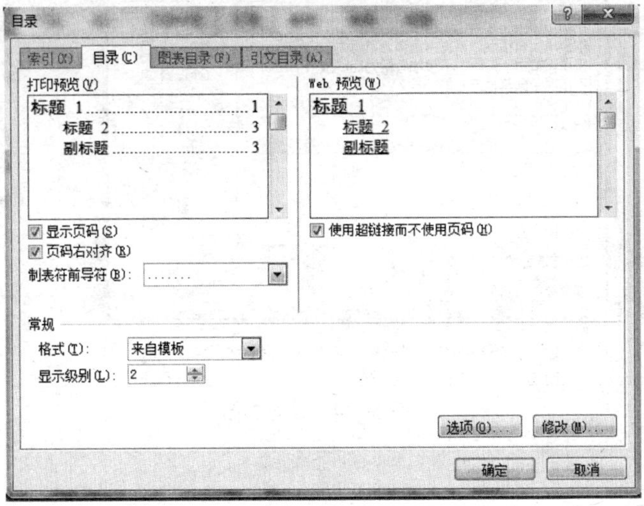

图 5-42　设置目录格式

STEP 7 插入目录后的效果如图 5-43 所示。

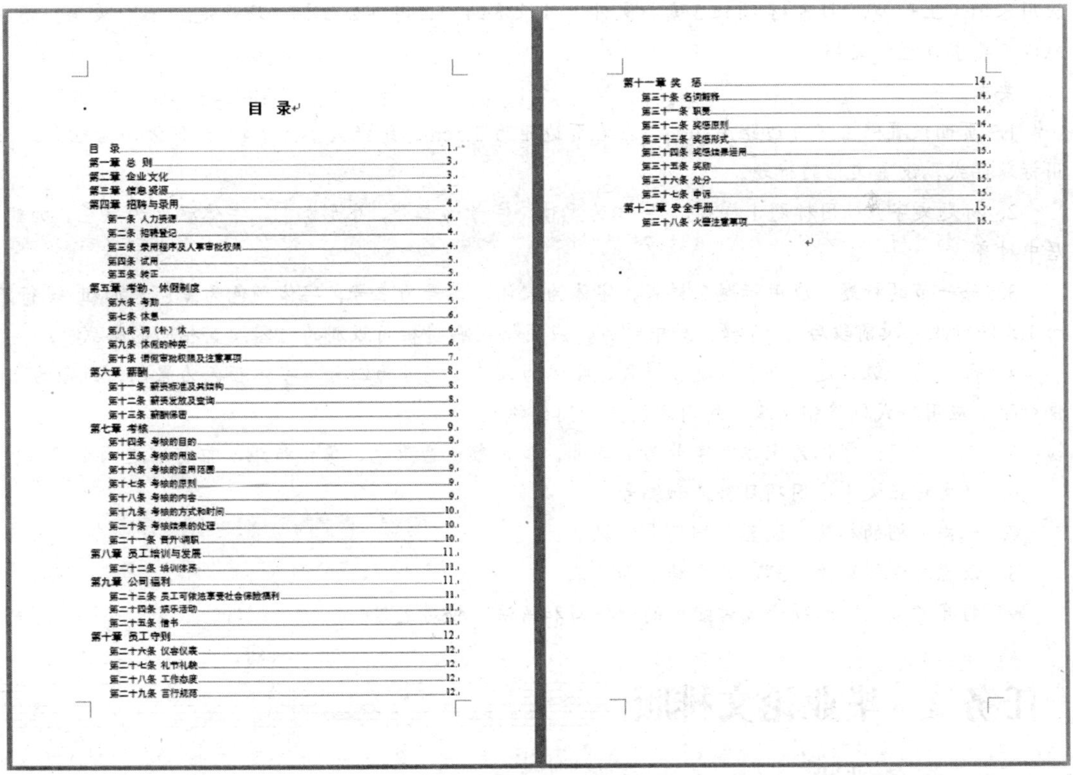

图 5-43　插入目录

STEP 8 在“审阅”选项卡中的“校对”组利用“拼写和语法”选项校对文档，如图 5-44 所示。

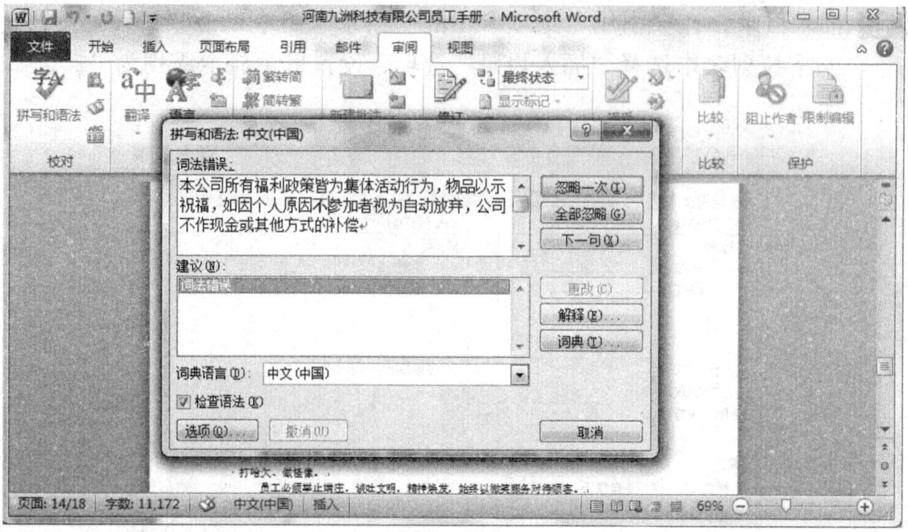

图 5-44　校对文档

牛刀小试

办公设备管理办法文档属于公司规章类文档，在内容和格式设置上相对比较正式，打开“计算机应用基础（上册）\项目素材\项目 5 素材文件”目录下的“公司办公设施管理规定.docx”文档。请按照以下要求设置该文档。

要求：

1. 页面设置：上下页边距为 2cm，左右页边距为 2.5cm，纸张大小为 A4，纸张方向为横向。应用标题样式，设置文档的标题。
2. 标题文字：应用标题 1 样式，字体为黑体，字号为二号，字形加粗，字体颜色为黑色，加粗，居中对齐。
3. 每一节的标题：应用标题 2 样式，字体为宋体，字号为三号，字体颜色为黑色，加粗，行距为 1.5 倍行距，段前段后为 13 磅，居中对齐。应用格式刷将相同级别的内容设置相同的格式。
4. 每节的一级标题：应用标题 3 样式，字体为宋体，字号为四号，字体颜色为黑色，行距为 1.5 倍行距。应用格式刷将相同级别的内容设置相同的格式。
5. 正文文字：字体为宋体，字号为小四号，字体颜色为黑色，单倍行距，首行缩进两个字符。
6. 在文档正文中应用项目符号和编号。
7. 根据文档的标题，设置文档的大纲级别。
8. 设置目录级别为“3”，为文档添加目录。
9. 打开“审阅”选项卡校对组中的“拼写和语法”校对文档。

任务 2　毕业论文排版

一、任务描述

即将完成大学学业的学生在毕业前都需要撰写毕业论文作为大学学业的一个总结，毕业论文的排版是其中的一个重要环节。河南农业职业学院计算机 13-6 班的吴彤彤完成的毕业论文如图 5-45 所示。

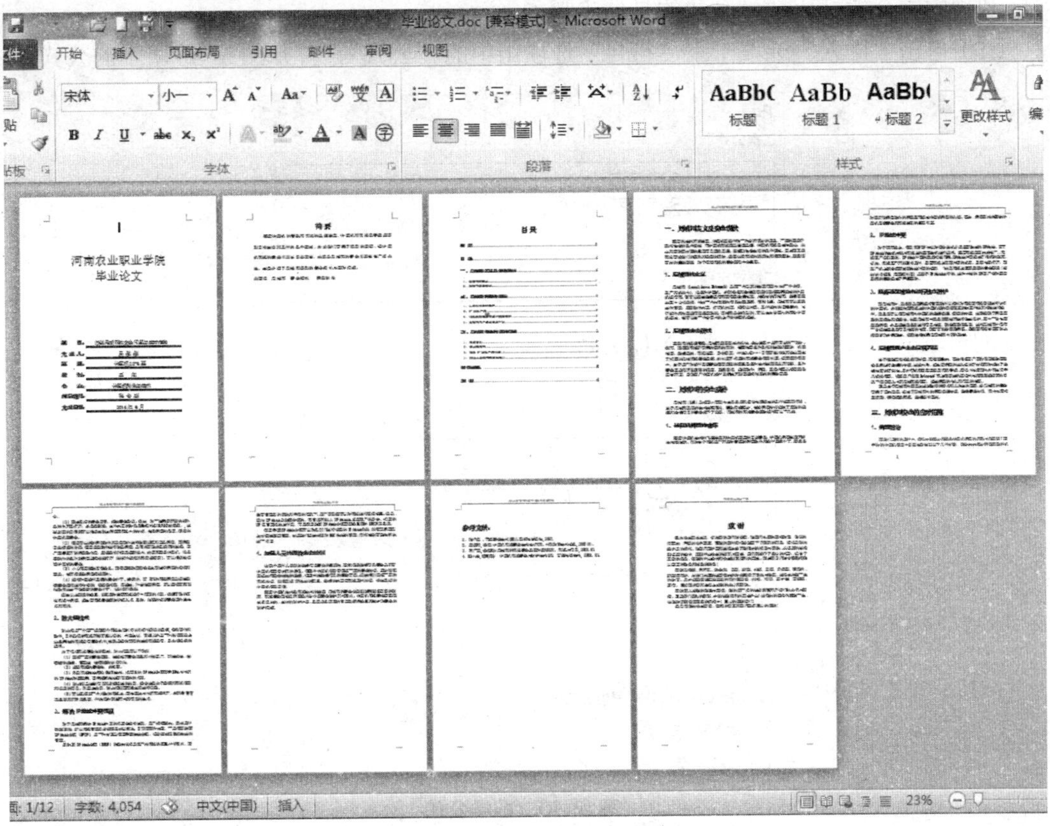

图 5-45　毕业论文排版

二、任务分析

一篇完整的毕业论文由封面、摘要、关键字、目录、正文、总结、致谢和参考文献等多个部分组成。如何为不同的组成部分进行分节、分页的设置，为正文奇偶页设置不同的页眉页脚等是 Word 2010 可以解决的问题。

三、任务目标

- 掌握数学公式的插入方法。
- 掌握使用导航窗格的方法。
- 掌握页眉页脚的设置方法。
- 掌握使文档能够自动生成目录的方法。

四、知识链接

（一）插入数学公式

在编辑有关自然科学的文章或整理试卷时，经常需要各种数学公式、数学符号等。在 Word 2010 中，有多个内置的公式可以直接插入，如二次公式、勾股定理等。若需要输入其他公式，还可以利用“插入”选项卡下“符号”组的“公式”里的“插入新公式”命令插入内置公式中没有的新公式。

1. 利用内置公式插入数学公式

利用内置公式插入数学公式的具体步骤如下。

（1）单击“插入”选项卡下“符号”选项组中的“公式”，打开图 5-46 所示的公式集。

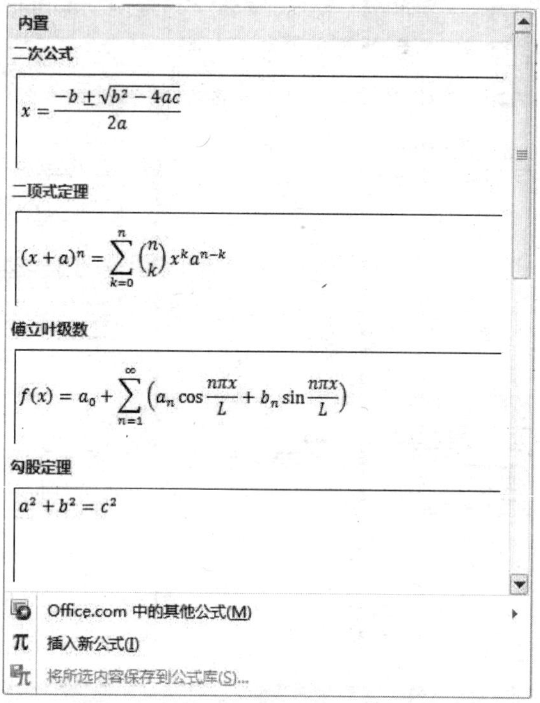

图 5-46　数学公式

（2）在公式集中单击鼠标左键选择需要的公式，如二次公式。在文本插入点会出现包含有所选公式的公式编辑框，如图 5-47 所示。

2. 插入新的公式

若需要的公式在内置公式中没有，可以利用“插入新公式”命令插入数学公式。具体步骤如下。

（1）单击“插入”选项卡下“符号”组的“公式”里的“插入新公式”命令。在文本编辑区的插入点出会出现一个空的公式编辑框，如图 5-48 所示。

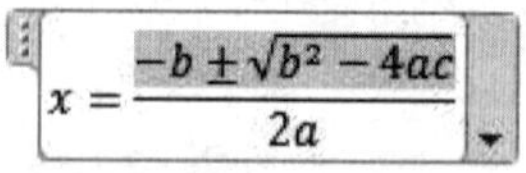

图 5-47　插入内置数学公式

图 5-48　公式编辑框

（2）选中该公式编辑框，在选项卡标签中会出现公式工具的“设计”选项卡，如图 5-49 所示。

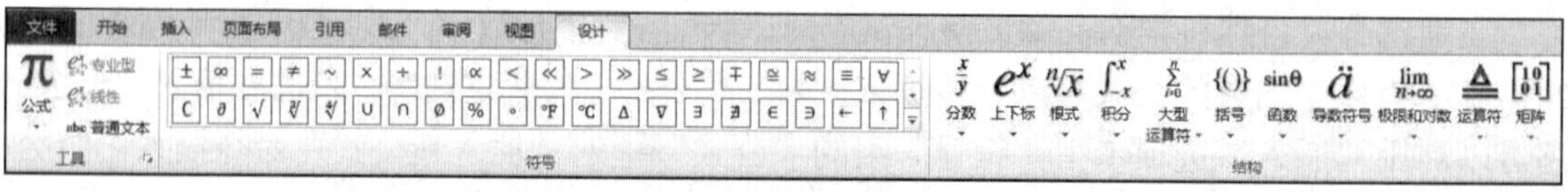

图 5-49　公式工具的“设计”选项卡

（3）利用“设计”选项卡的各组工具设置数学公式：在“符号”组可以输入键盘无法输

入的数学符号；在“结构”组中，有分数、上下标、根式、积分、大型运算符、分隔符、函数、导数符号、级数和对数、运算符和矩阵多种运算方式，在其对应的下方都有一个小箭头，可以展开各种运算方式集，从中选择需要的运算方式。

（4）公式编辑完成后， 在 Word 文档空白处单击即可返回。

（5）数学公式插入完成后，若要修改公式，单击公式，即打开“公式工具”功能区中的“设计”选项卡，进行相应的修改。

（二）使用导航窗格

用 Word 编辑文档，有时会遇到长达几十页，甚至上百页的超长文档，在以往的 Word 版本中，浏览这种超长的文档很麻烦，要查看特定的内容，必须双眼盯住屏幕，然后不断滚动鼠标滚轮，或者拖动编辑窗口上的垂直滚动条查阅，用关键字定位或用键盘上的翻页键查找，既不方便，也不精确，有时为了查找文档中的特定内容，会浪费很多时间。Word 2010 新增的“导航窗格”可以解决以上问题，为用户精确“导航”。

打开“导航窗格”的方法是：打开“视图”选项卡，对“显示”组中的“导航窗格”进行勾选，即可在 Word 2010 编辑窗口的左侧打开“导航窗格”。

Word 2010 新增的文档导航功能的导航方式有四种：标题导航、页面导航、关键字（词）导航和特定对象导航。利用导航功能可以轻松查找、定位到想查阅的段落或特定的对象。

1. 文档标题导航

文档标题导航是最简单的导航方式，使用方法也最简单，打开“导航”窗格后，单击“浏览你的文档中的标题”按钮，将文档导航方式切换到“文档标题导航”，Word 2010 会对文档进行智能分析，并将文档标题在“导航”窗格中列出，如图 5-50 所示。只要单击标题，就会自动定位到相关段落。

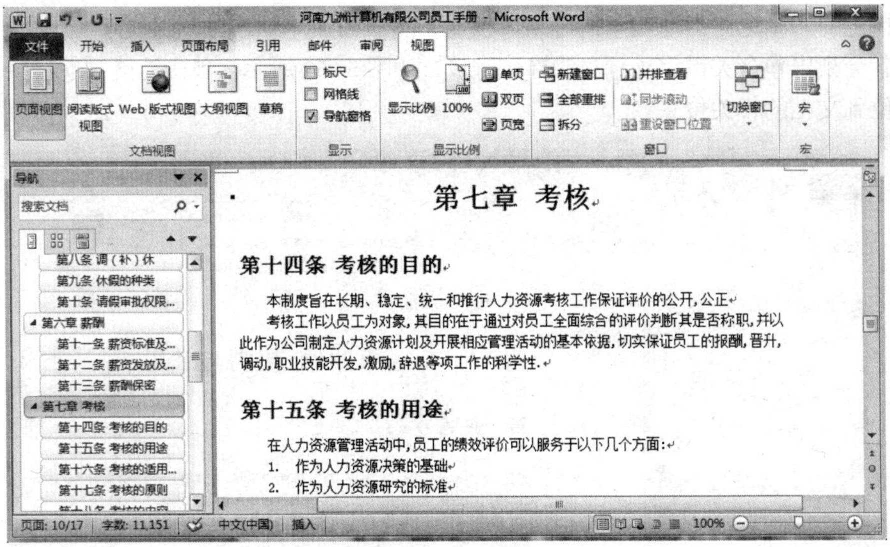

图 5-50 文档标题导航

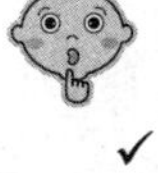

小贴士

✓ 文档标题导航有先决条件，打开的超长文档必须事先设置有标题。如果没有设置标题，就无法用文档标题进行导航，而如果文档设置了多级标题，导航效果会更好，更精确。

2. 文档页面导航

用Word编辑文档会自动分页,文档页面导航就是根据Word文档的默认分页进行导航的,单击“导航”窗格上的“浏览你的文档中的页面”按钮,将文档导航方式切换到“文档页面导航”,Word 2010会在“导航”窗格上以缩略图形式列出文档分页,如图5-51所示。只要单击分页缩略图,就可以定位到相关页面查阅。

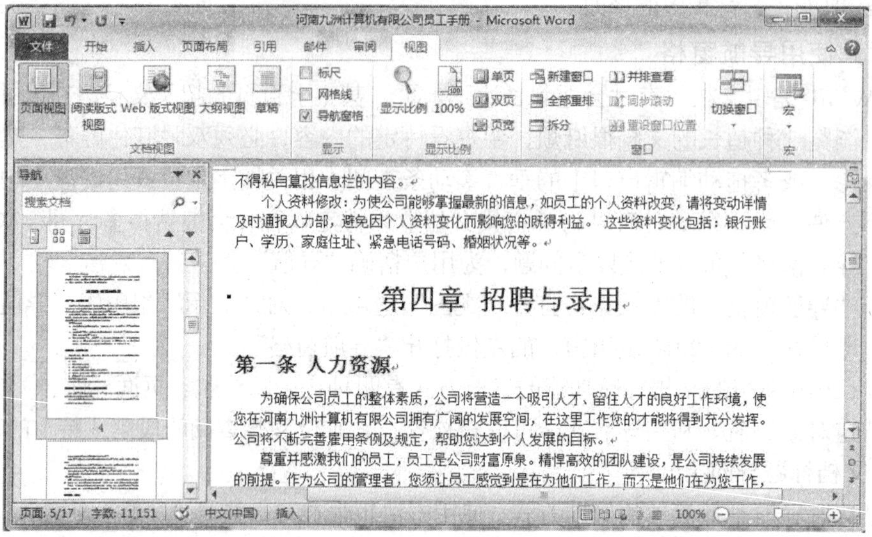

图 5-51 文档页面导航

3. 关键字(词)导航

除了通过文档标题和页面进行导航,Word 2010还可以通过关键字(词)导航。单击“导航”窗格上的“浏览你当前搜索的结果”按钮,然后在文本框中输入关键字(词),“导航”窗格上就会列出包含关键字(词)的导航链接,如图5-52所示。单击这些导航链接,就可以快速定位到文档的相关位置。

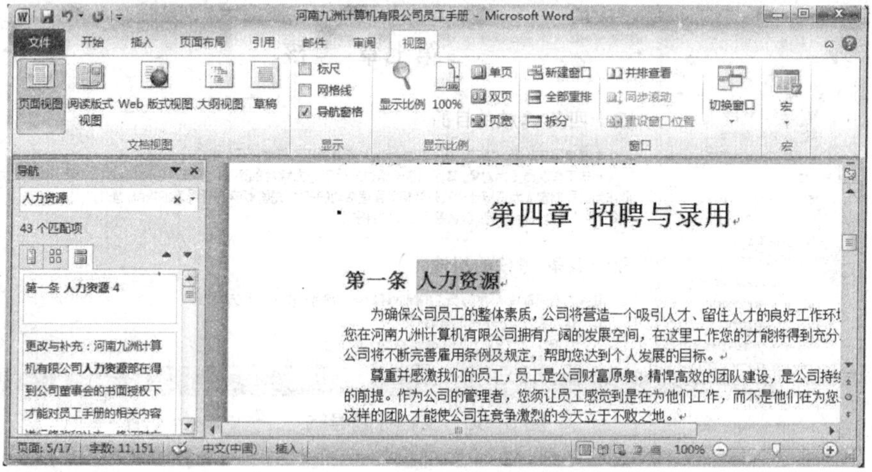

图 5-52 关键字(词)导航

4. 特定对象导航

一篇完整的文档,往往包含有图形、表格、公式、批注等对象,Word 2010 的导航功能可以快速查找文档中的这些特定对象。单击搜索框右侧放大镜后面的“▼”，选择“查找”栏中的相关选项，就可以快速查找文档中的图形、表格、公式和批注。如图 5-53 所示，选择“表格”选项后的效果。

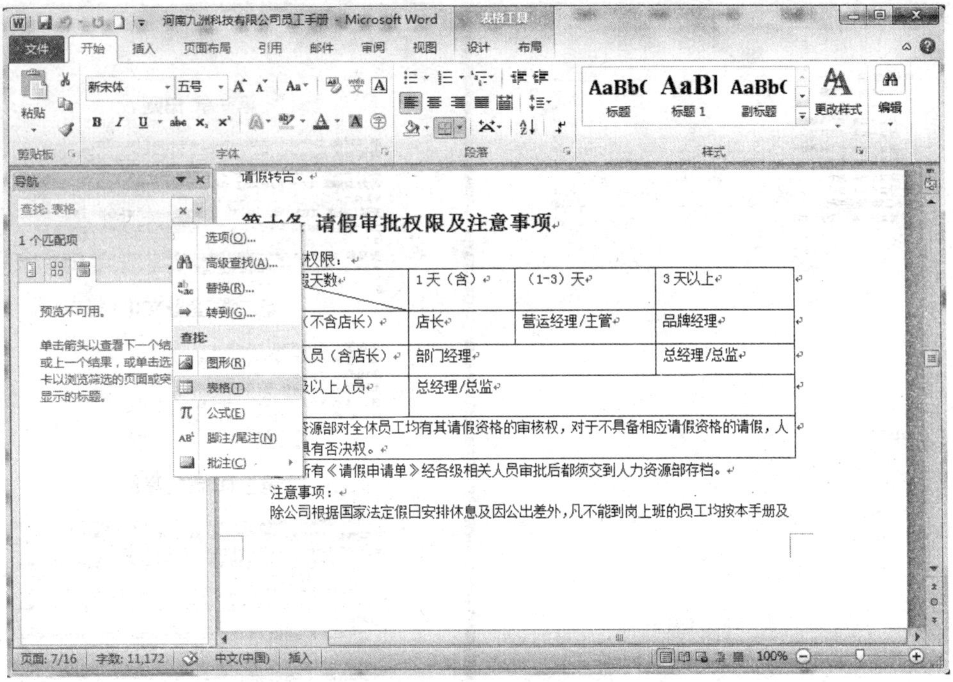

图 5-53 特定对象导航

（三）插入分节符和分页符

1．插入分节符

分节符是指为表示节的结尾插入的标记。对文档分节后，才能够设置奇偶页不同的页眉，以及与前一节不同的页码。因此要对文档设置奇偶页不同的页眉或设置不同的页码，需要先在文档的恰当位置进行分节设置。

分节符包含节的格式设置元素，如页边距、页面的方向、页眉和页脚，以及页码的顺序。分节符类型共有四种：“下一页”“连续”“奇数页”和“偶数页”。

“下一页”：插入一个分节符，新节从下一页开始。分节符中的下一页与分页符的区别在于，前者分页又分节，而后者仅仅起到分页的效果。

“连续”：插入一个分节符，新节从同一页开始。

“奇数页”或“偶数页”：插入一个分节符，新节从下一个奇数页或偶数页开始。

插入分节符的步骤如下。

（1）将插入点定位到需要分节的内容后。

（2）打开“页面布局”选项卡，单击“分隔符”按钮，在弹出菜单中单击“分节符”的“下一页”选项，此时即可在插入点处对论文进行分节，如图 5-54 所示。

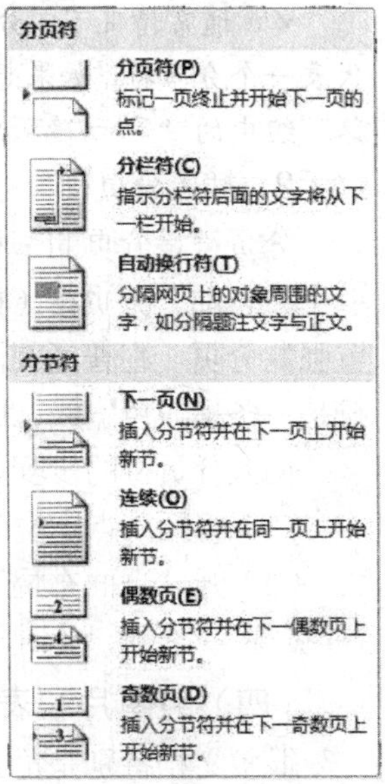

图 5-54 “分节符”

（3）在目录后插入分节符的效果如图 5-55 所示。

分节符起着分隔其前面文本格式的作用，如果删除了某个分节符，它前面的文字会合并到后面的节中，并且采用后者的格式设置。

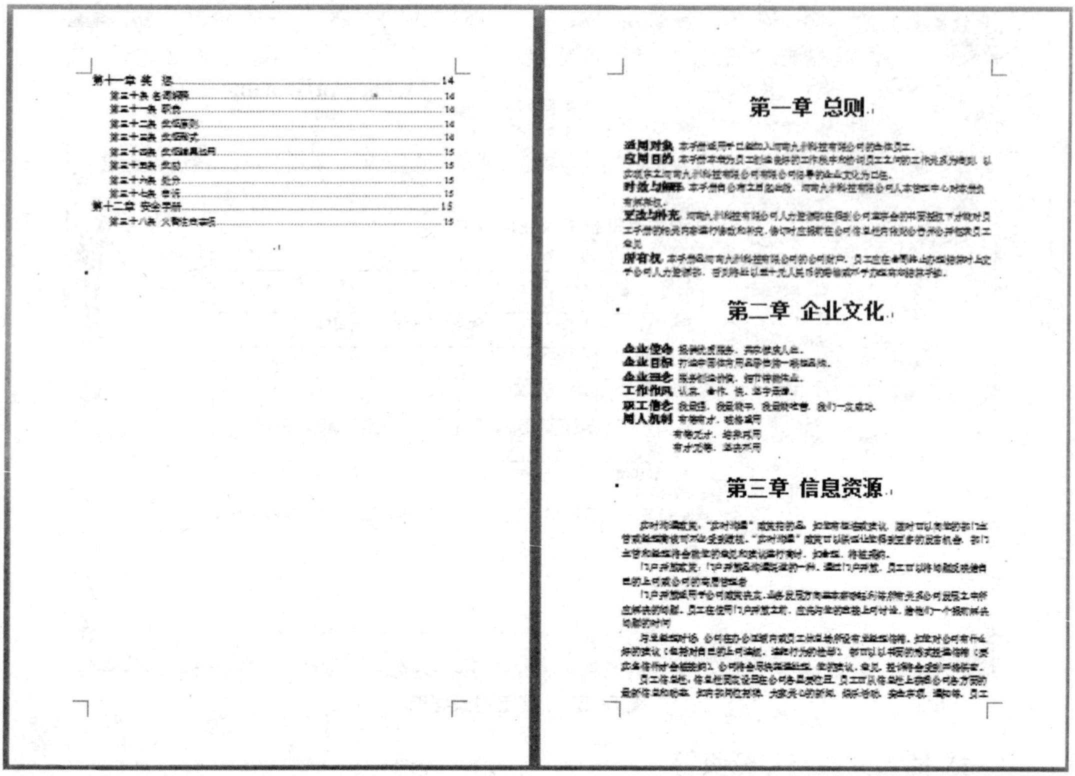

图 5-55　插入分节符的显示效果

小贴士

✓　通常情况下，分节符只能在 Word 的“草稿”视图下看到。在“草稿”视图中，双虚线代表一个分节符。如果想在页面视图或大纲视图中显示分节符，只需选中“开始”选项卡下“段落”组中的“显示/隐藏编辑标记” 即可。

2．插入分页符

分页符是分页的一种符号，在上一页结束以及下一页开始的位置。Word 2010 中可插入一个“自动”分页符（或软分页符），也可以插入“手动”分页符（或硬分页符）在指定位置强制分页。在普通视图下，分页符是一条虚线，又称为自动分页符。在页面视图下，分页符是一条黑灰色宽线，鼠标指向单击后，变成一条黑线。

插入分页符的步骤如下。

（1）将插入点定位到需要进行分页的文本之后。

（2）开“页面布局”选项卡，单击“分隔符”按钮，在弹出的菜单中单击“分页符”的“分页符” 选项，此时即可在插入点处对文档进行分页。

（四）为图片和表格设置题注

很多文档特别是论文中都包含图片、表格或图表，在插入图片、表格或图表之后，需要为其加上相应的编号和名称。编号和名称可以使图片、表格和图表的说明更加清晰、直观，但也带来了额外的工作量。例如，一篇论文中插入了多张图片，并且也为它们配上了编号和名称，如果需要在中间在加入一张图片，或删除某一张图片的时候，就需要对后边的所有图片的编号依次修改，若图片很多，工作量将很大。

这种情况下，为插入的图片、表格或图表设置题注就可以很好地解决这个问题。使用题注功能可以保证文档中图片、表格或图表等项目能够顺序地自动编号。

小贴士

✓ 如果移动、插入或删除带题注的项目时，Word 可以自动更新题注的编号。而且一旦某一项目带有题注，还可以对其进行交叉引用。

1．插入题注

插入题注之后，如需要对图片、表格等项目的编号进行修改时，题注可以自动更新。插入题注的具体步骤如下。

（1）选中需要插入题注的图片，在“引用”选项卡中的“题注”选项组中选择“插入题注”命令，打开“题注”对话框，如图 5-56 所示。

（2）在“题注”对话框中，“题注”一栏显示的即是插入题注后的内容。当前显示的为默认值的“图表 1”。如果觉得默认的这几种标签类型不合适，可单击“新建标签”按钮，在“新建标签”对话框中创建所需要的标签，如图 5-57 所示。

（3）在“标签”下拉列表中可以选择题注的类型，如果插入的是图表，可以选择“图表”。

（4）设置编号。单击“编号”按钮，打开“题注编号”对话框，从中选择需要的题注格式，可以设置编号样式，如图 5-58 所示。

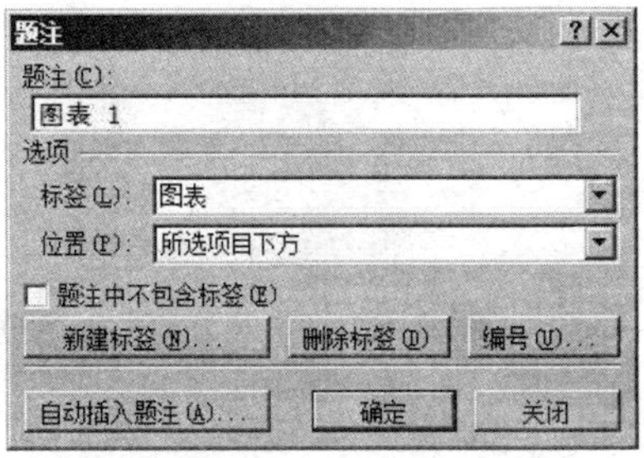

图 5-56 “题注”对话框

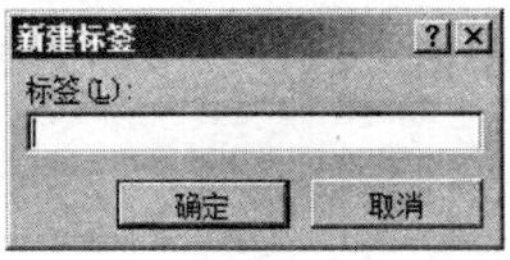

图 5-57 “新建标签”对话框

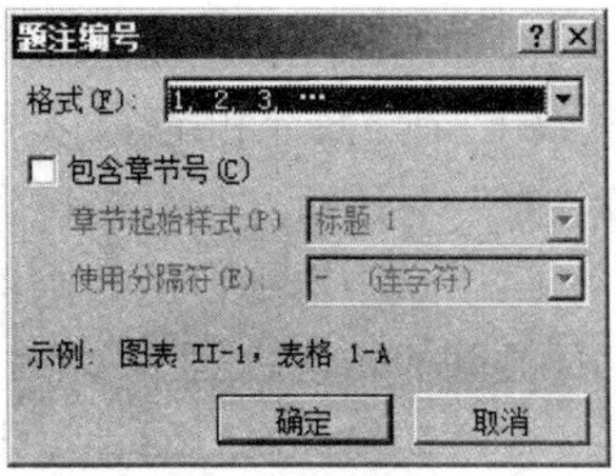

图 5-58 “题注编号”对话框

（5）设置题注的位置。在“位置”下拉列表中选择题注出现的位置，可设置题注出现在对象的上方或下方。

（6）最后单击“确定”即可自动建立好题注。

2．更新题注

题注设置完毕，若需要插入新的图片、表格或其他项目，原题注的编号都可以快速自动更新。

自动更新的方法是：选中需要更新的题注，单击鼠标右键，在弹出的快捷菜单中选择“更新域”，即可对题注进行更新。

（五）添加脚注和尾注

脚注一般位于页面底端，说明要注释的内容；尾注一般位于文档结尾处，集中解释文档中要注释的内容或标注文档中所引用的其他文章的名称。

1．插入脚注或尾注

（1）选择要插入脚注或尾注的文字。

（2）单击“引用”选项卡“脚注”组中“插入脚注”或“插入尾注”，如图 5-59 所示。或者可以单击“脚注”组中的对话框启动器，打开“脚注和尾注”对话框，如图 5-60 所示。在“脚注和尾注”对话框中设置脚注或尾注的位置、编号格式、起始编号、编号是否连续等内容。

（3）在页面底端或文档结尾，出现插入点，直接输入注释内容。

（4）双击脚注或尾注编号，即可返回到文档中的引用标记处。

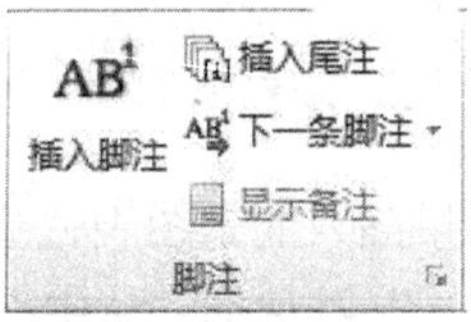

图 5-59 “脚注”组

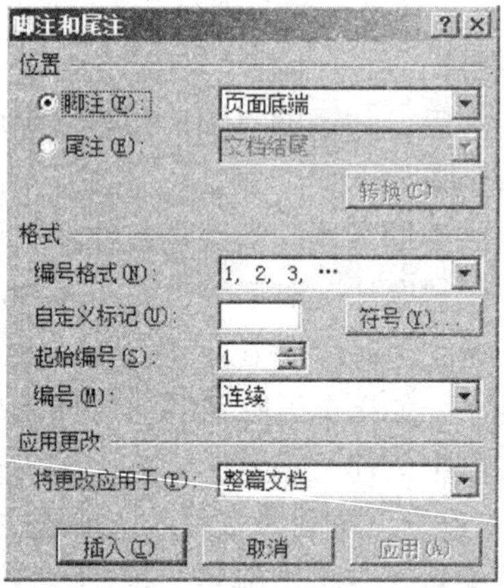

图 5-60 “脚注和尾注”对话框

2．脚注与尾注的转换

添加的脚注和尾注之间可以相互转换。转换的具体步骤如下。

（1）在“脚注和尾注”对话框中，单击“转换”按钮，打开“转换注释”对话框，如图 5-61 所示。

（2）从中选择合适的选项，单击“确定”按钮即可完成脚注和尾注间的转换。

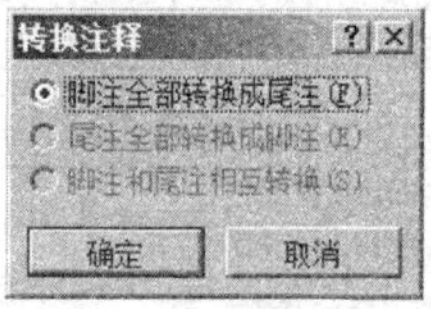

图 5-61 “转换注释”对话框

在“转换注释”对话框中为用户提供了三个选项，分别是：“脚注全部转换成尾注”，功能是将文档中的所有脚注全部转换成尾注；“尾注全部转换成脚注”，功能是将文档中的所有尾注全部转换成脚注；“脚注和尾注相互转换”，功能是将文档中的所有脚注转换成尾注，将所有尾注转换成脚注。

3．创建脚注或尾注延续标记

如果脚注或尾注的注释内容过长以致页面无法容纳，可以创建延续标记使脚注或尾注被延续到下一页。创建脚注或尾注延续标记，必须在草稿视图方式下。具体步骤如下。

（1）在“视图”选项卡的“文档视图”选项组中，单击“草稿”，把视图方式改为草稿视图。

（2）在“引用”选项卡上的“脚注”组中，单击“显示备注”，在窗口下方会显示“备注窗格”对话框。如果文档同时包含脚注和尾注，会打开“显示备注”对话框，如图 5-62 所示。

（3）单击“查看脚注区”或“查看尾注区”，然后单击“确定”按钮。

（4）在注释窗格列表中，单击“脚注延续标记”或“尾注延续标记”，如图 5-63 所示。

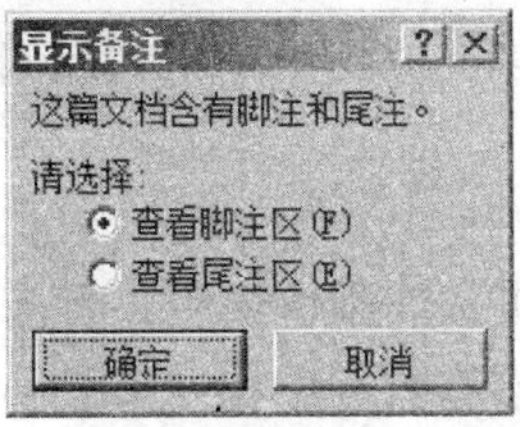

图 5-62 “显示备注”对话框

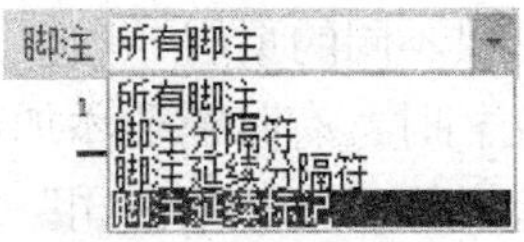

图 5-63 脚注延续标记

（5）在注释窗格中，输入延续标记所用的文字即可。

4. 删除脚注或尾注

在文档中要删除脚注或尾注时，需要删除文档窗口中的注释引用标记，而非注释中的文字。如果删除了一个自动编号的注释引用标记，Word 会自动对注释进行重新编号。删除脚注或尾注的方法有如下两种。

方法一：在文档中选中要删除的脚注或尾注的引用标记，然后按 Delete 键或 Backspace 键即可删除所选中的脚注或尾注。

方法二：把光标定位到要删除的脚注或尾注的引用标记之后，然后按两下 Backspace 键也可删除脚注或尾注。

（六）页眉页脚的应用

页眉和页脚是指在每一页顶部和底部的注释性文字或图形，通常显示文档的附加信息，常用来插入时间、日期、页码、单位名称、徽标等，页眉也可以添加文档注释等内容。其中，页眉在页面的顶部，页脚在页面的底部。

小贴士

✓ 页眉和页脚不是随文本输入的，而是通过命令设置的。页眉、页脚只能在页面视图和打印预览方式下看到。

1. 插入页眉和页脚

插入页眉和页脚的具体方法如下。

（1）打开“插入”选项卡，在“页眉和页脚”选项组中单击“页眉”或“页脚”按钮，如图 5-64 所示。

（2）在“页眉”编辑窗口中输入页眉文字，在“页脚”编辑窗口中再输入页脚文字。

（3）“页眉页脚工具”中“设计”选项卡的“关闭”选项组中，单击“关闭页眉和页脚”命令，如图 5-65 所示，完成设置并返回文档编辑区。

视频：页眉的添加

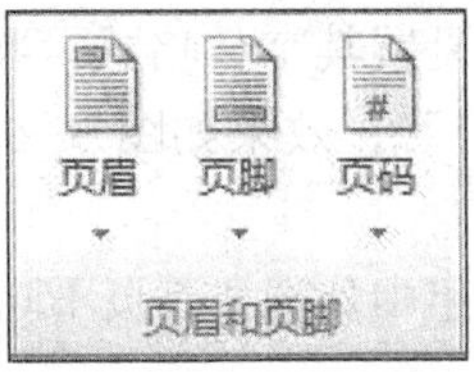

图 5-64 “页眉和页脚”组

图 5-65 “关闭”组

2. 修改和删除页眉与页脚

要删除插入的页眉或页脚，只要双击鼠标左键，选定内容按 Delete 键即可。修改页眉和页脚，只要双击页眉和页脚区域，进入页眉和页脚编辑区，再对其内容进行修改即可。

3．页眉和页脚的高级应用

（1）设置奇偶页不同的页眉

在设置长篇文档时，有时需要添加奇偶页不同的页眉。举例说明：若需要在奇数页页眉的左侧添加“河南九洲科技有限公司”，在偶数页页眉的右侧添加“员工手册”。具体的操作步骤如下。

① 将插入点定位在“正文”开始的页面上，并打开“插入”选项卡，单击“页眉”按钮，在下拉列表中选择“编辑页眉”选项后，效果如图 5-66 所示。

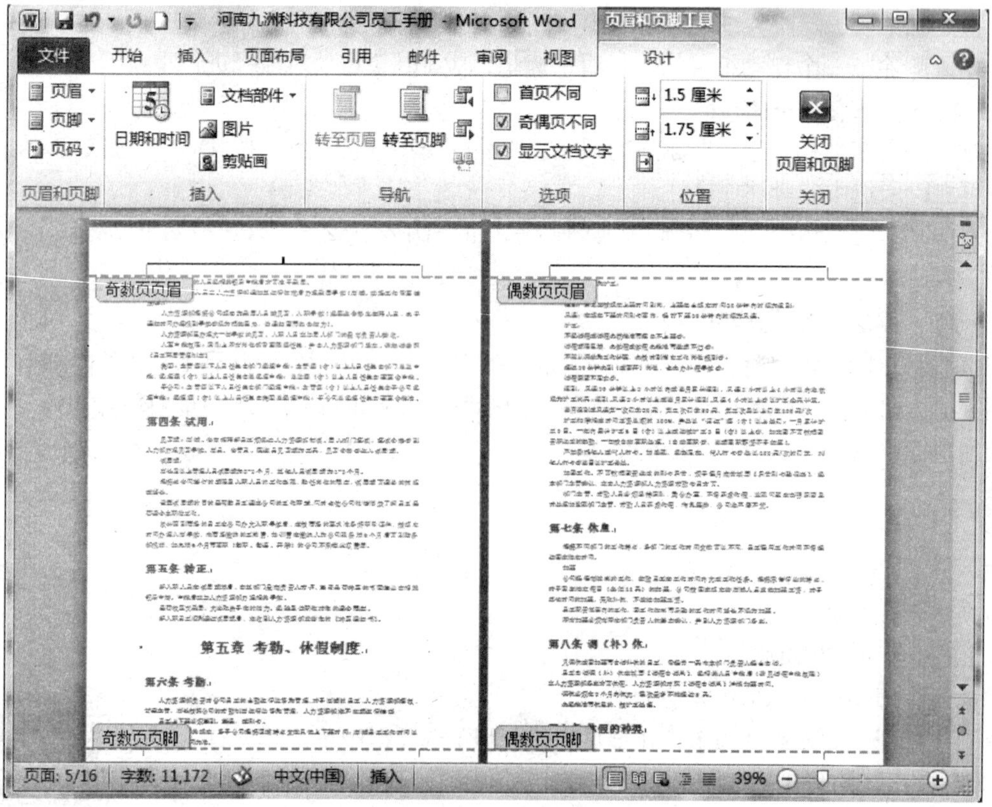

图 5-66 编辑页眉

② 在“页眉和页脚工具”的“设计”选项卡的“选项”组中勾选“奇偶页不同”复选框，如图 5-67 所示。

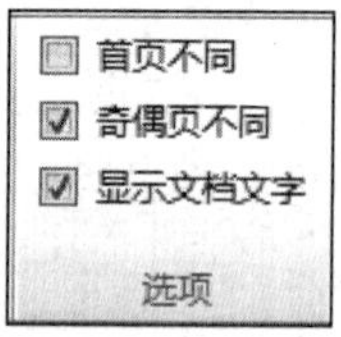

图 5-67 “选项”组

③ 光标定位在“奇数页页眉”区域中，输入“河南九洲科技有限公司”，同时可以在“开始”选项卡中“字体”组设置其字体格式。将光标切换到“偶数页页眉”区域中输入“员工手册”，效果如图 5-68 所示。

④ 返回文档“封面”的页眉区域，在“选项”组中勾选“首页不同”复选框，即可去掉封面的页眉。

⑤ 返回“摘要”的页眉区域，在“选项”组中勾选“首页不同”复选框。并在“导航”组中取消“链接到前一条页眉”，这样可以保证在修改前一节(“封面”)页眉时，当前节(“摘要”)的页眉不受影响。

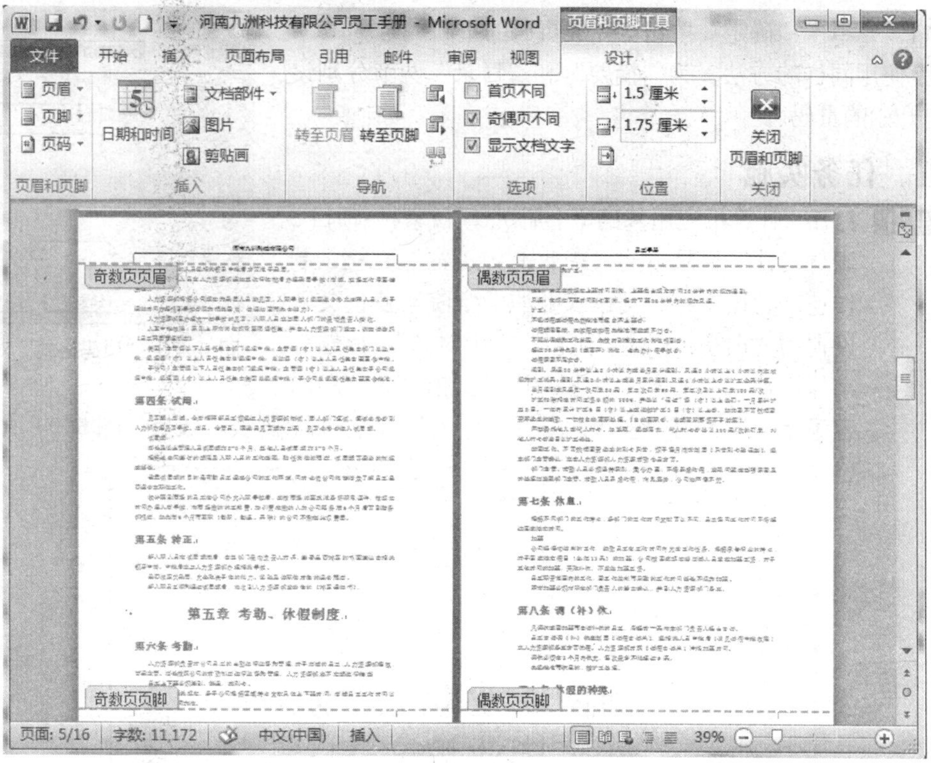

图 5-68　设置奇偶页不同的页眉

（2）设置与前一节不同的页码

排版长篇文档时，如在完成毕业论文时，会要求页码从正文开始。要完成这个要求，需要把页脚设置成“与前一节不同的页码”。完成这个任务的具体步骤如下。

① 把光标定位到“正文”的第一页的页脚区域中，找到“页眉页脚工具”菜单，在“设计”选项卡下的“导航”选项组中，单击 “链接到前一页页眉”即可取消与前一页的链接。

② 单击“页眉和页脚”组中的“页码”按钮，在下拉列表中单击“页面底端”，在下拉列表中选择“普通数字 2”选项，此时将重新插入页码，如图 5-69 所示。

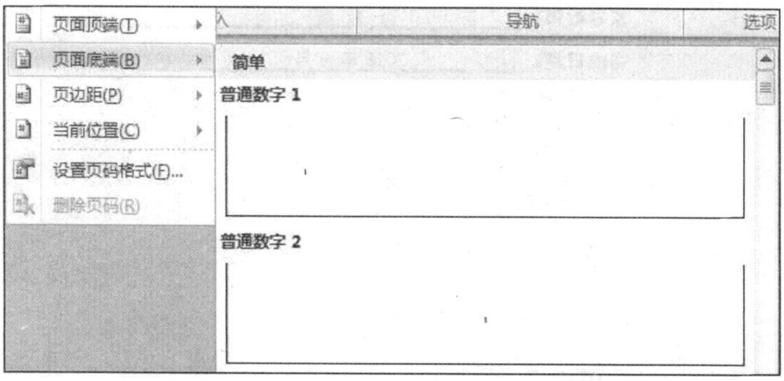

图 5-69　为“正文”偶数页添加页码

③ 单击“页眉和页脚”组中的“页码”按钮，在下拉列表中选择“设置页码格式”。打开“页码格式”对话框，如图 5-70 所示。

④ 在“页码格式”对话框中，在“页码编号”中选中“起始页码”。将“起始页码”设

置为“1”，单击“确定”按钮。完成页码的重新编号。

⑤ 使用同样的方法，为“摘要”和“目录”两节分别设置从 1 开始的页码。

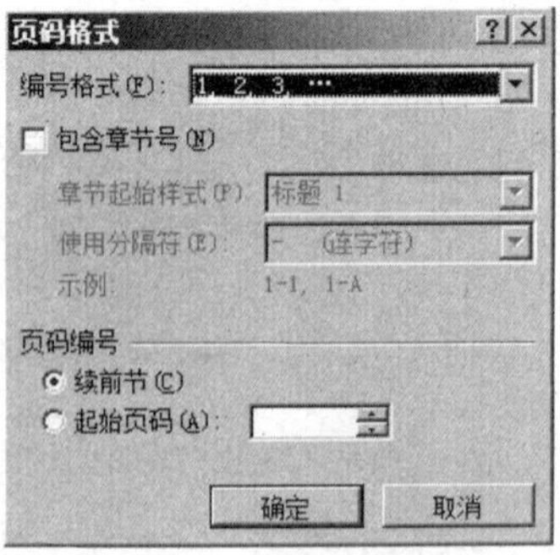

图 5-70 “页码格式”对话框

五、任务实施

STEP 1 打开“计算机应用基础（上册）\项目素材\项目 5 素材文件”目录下的“毕业论文.docx”文档，制作论文封面，将“河南农业职业学院毕业论文”设置为“小初，宋体，黑色，居中对齐”，标题等字体设置为“宋体，小三，黑色，加粗”，标题内容等字体设置为“宋体，小三，黑色”，并添加下画线。效果如图 5-71 所示。

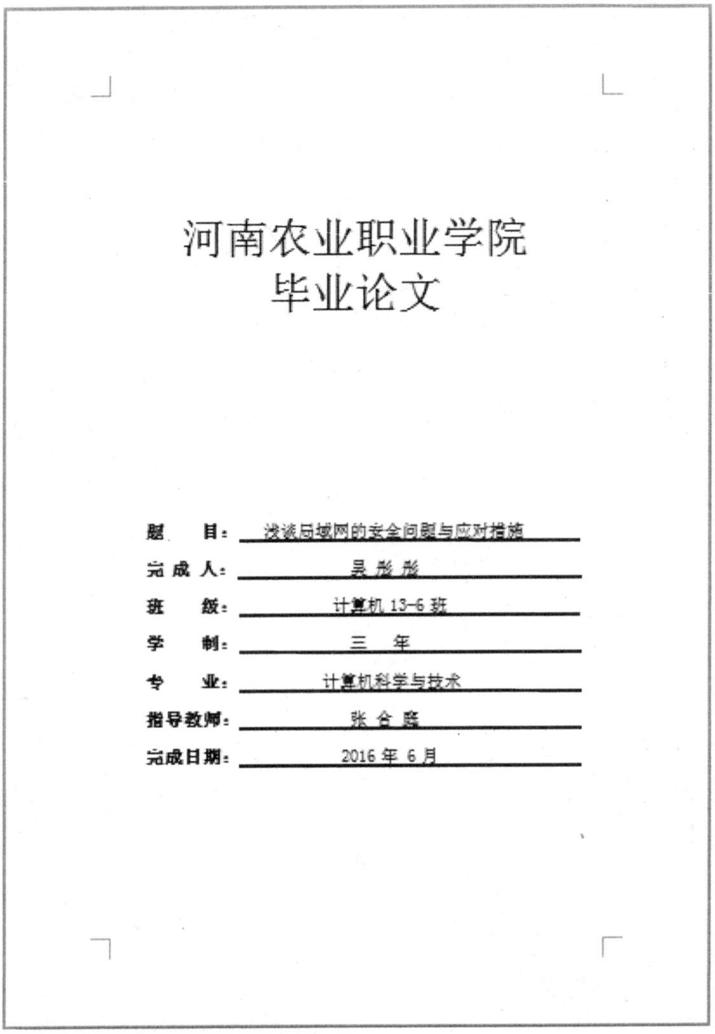

图 5-71 论文封面

STEP 2 设置标题样式。将“摘要”“目录”和每一章的标题设置为“标题 1 样式”，效果如图 5-72 所示。利用“格式刷”工具将本文档中其他同级别的文本设置为相同格式。

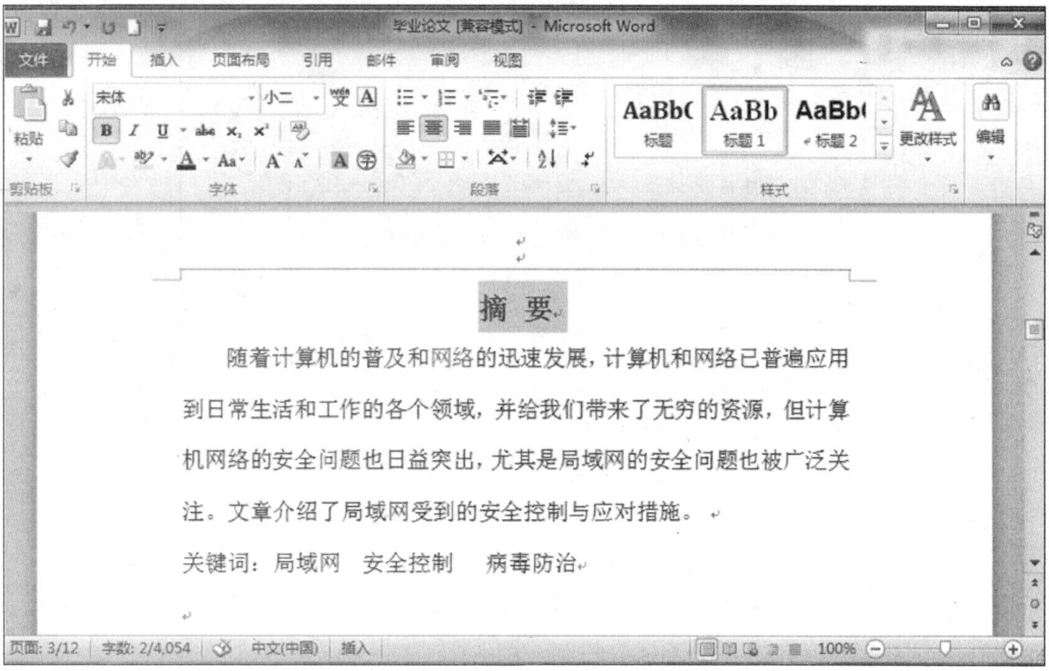

图 5-72　设置标题 1 样式

STEP 3 设置每一章的一级标题为“标题 2”样式，效果如图 5-73 所示。利用“格式刷”工具将本文档中其他同级别的文本设置为相同格式。

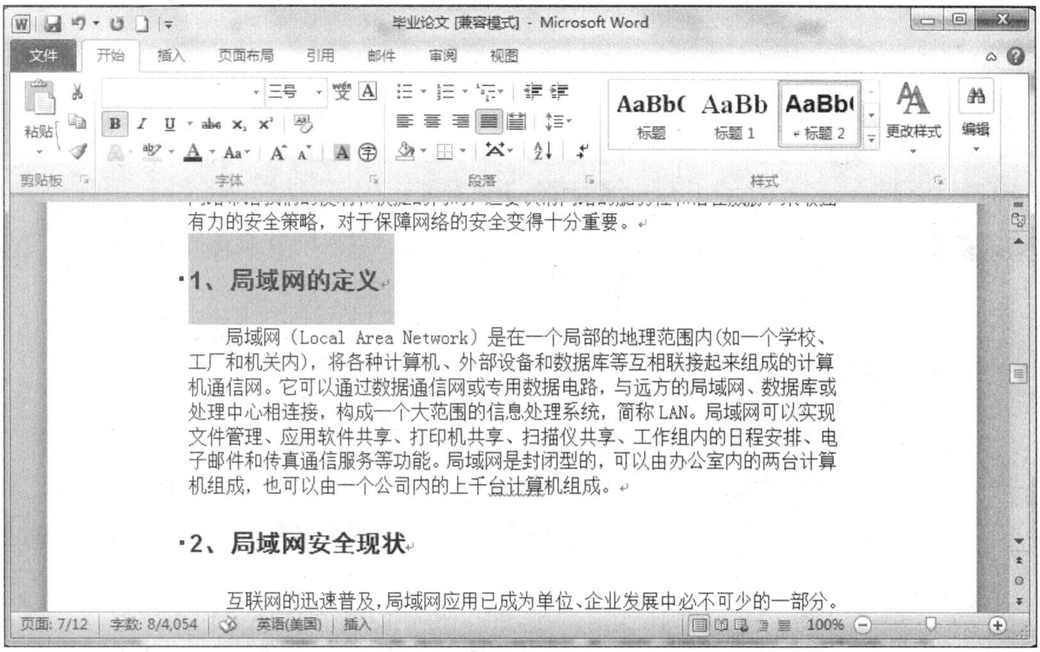

图 5-73　设置标题 2 样式

STEP 4 打开“引用”选项卡中的“目录”选项，插入目录，设置显示级别为“2”，效果如图 5-74 所示。

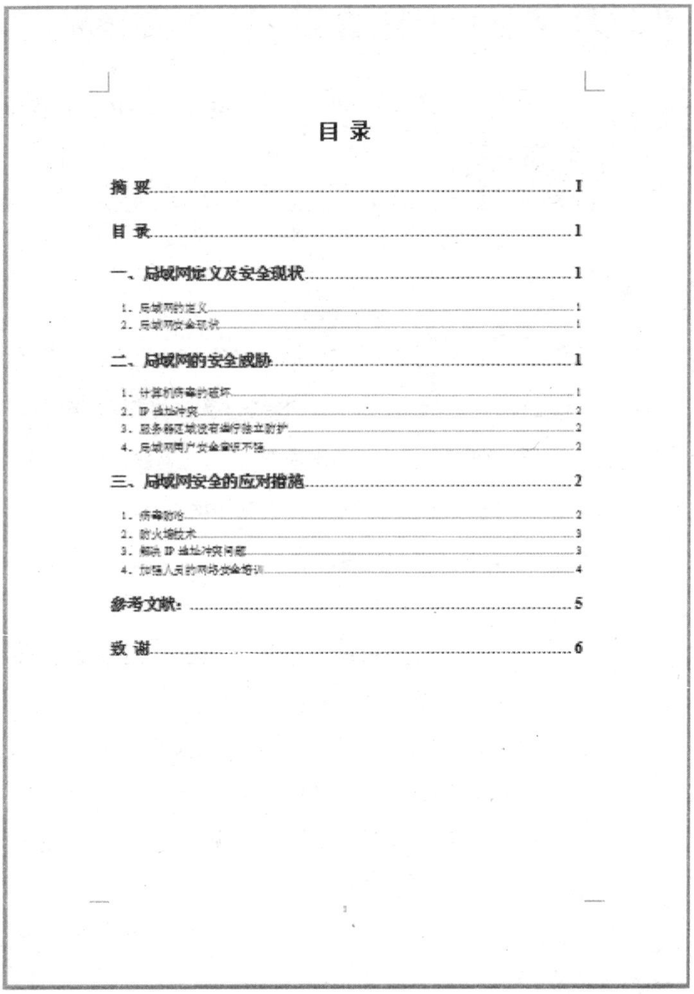

目 录

图 5-74　插入目录

STEP 5 使用导航窗格，打开“视图”选项卡，选择“显示”组中的“导航窗格”，将文档导航方式切换到“文档标题导航”，如图 5-75 所示。

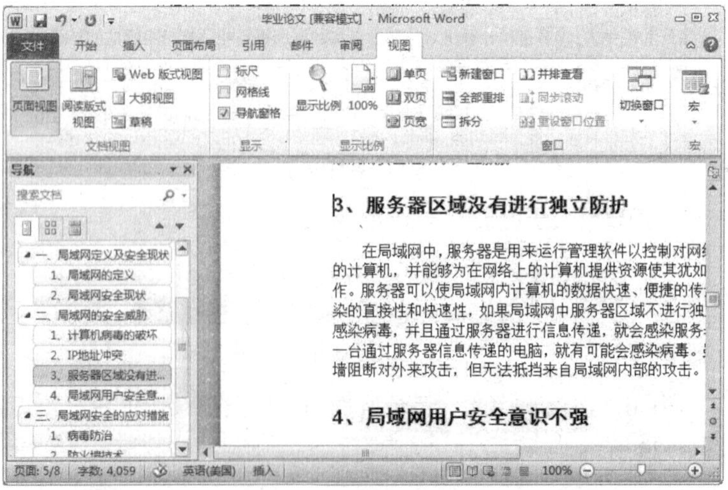

图 5-75　使用导航窗格

STEP 6 插入分节符，打开“页面布局”选项卡，单击“分隔符”按钮，在弹出菜单中单击“分节符”的“下一页”选项，此时即可在插入点处对论文进行分节，分别在论文的“摘要”“目录”等页面进行分节，将论文划分为“封面”“摘要”“目录”“正文”四部分。插入完毕的效果如图 5-76 所示。

视频：添加分节符

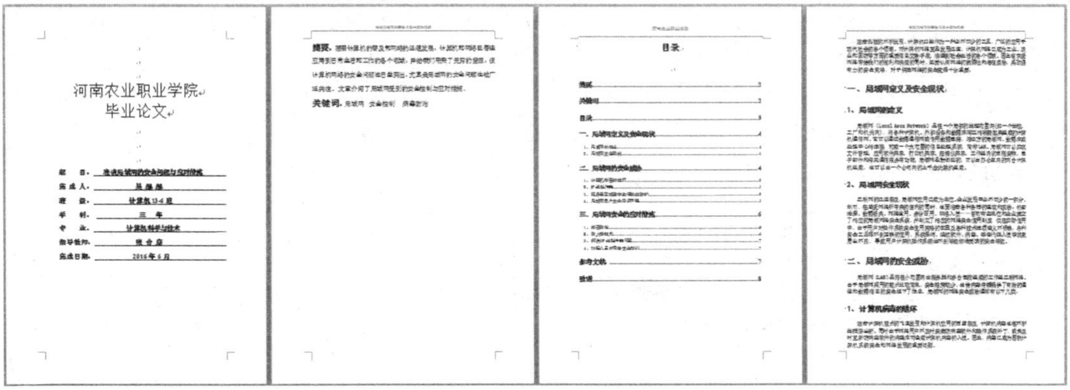

图 5-76　插入分节符的效果

STEP 7 插入分页符，打开“页面布局”选项卡，单击“分隔符”按钮，在弹出的菜单中单击“分页符” 选项，此时即可在插入点处对论文进行分页。“分页符”插入完毕后的效果如图 5-77 所示。

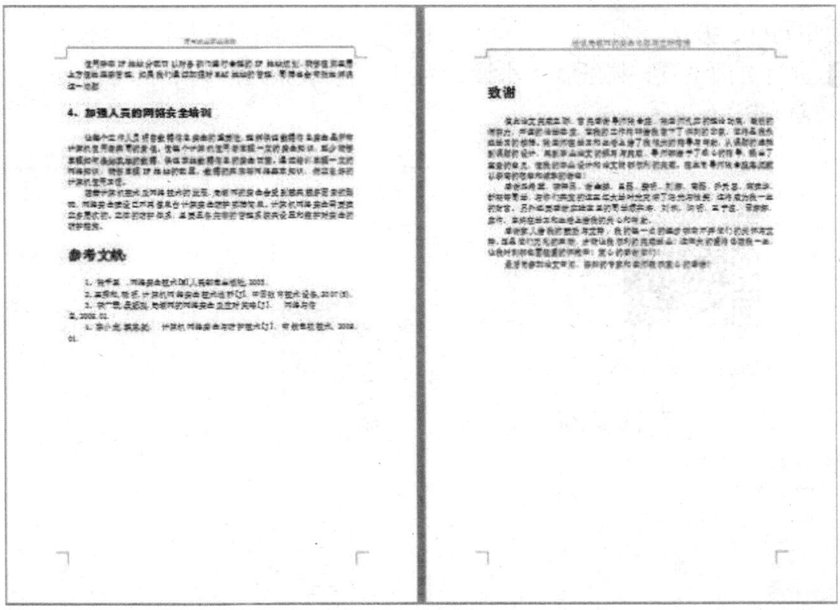

图 5-77　插入分页符的效果

STEP 8 插入页眉，打开“插入”选项卡，在“页眉和页脚”组中单击“页眉”按钮，在“页眉”编辑窗口中设置奇偶页不同的页眉，奇数页页眉为“河南农业职业学院”，偶数页页眉为“浅谈局域网的安全问题与应对措施”。

STEP 9 插入页脚，打开“插入”选项卡，在“页眉和页脚”组中单击“页脚”按钮，在“页脚”编辑窗口中设置页码。完成这个任务的具体步骤如下。

视频：设置奇偶页不同的页眉

（1）把光标定位到论文“正文”的第一页的页脚区域中，找到“页眉页脚工具”中的“设计”选项卡下的“导航”组，在“导航”组中单击取消“链接到前一页页眉”。

（2）单击“页眉和页脚”组中的“页码”按钮，在下拉列表中单击“页面底端”，在下拉列表中选择“普通数字 2”选项，如图 5-78 所示。

（3）单击“页眉和页脚”组中的“页码”按钮，在下拉列表中选择“设置页码格式”。打开“页码格式”对话框。在“页码格式”对话框中，在“页码编号”中选中“起始页码”。将“起始页码”设置为“1”，单击“确定”按钮。完成页码的重新编号，如图 5-79 所示。

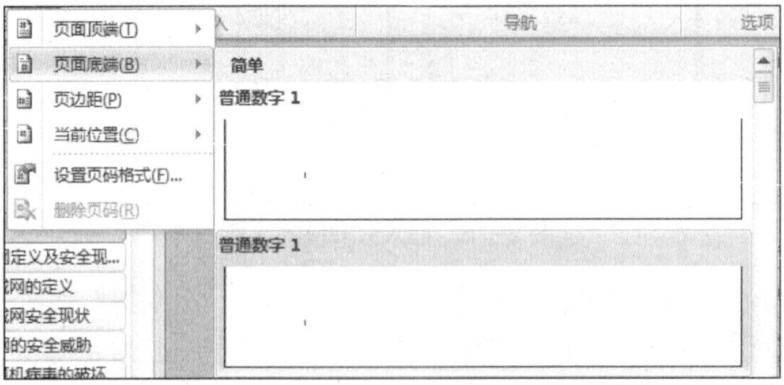

图 5-78　设置页码格式

（4）使用同样的方法，为“摘要”和“目录”两节分别设置从 1 开始的页码。

STEP 10 进行页面设置，将纸张大小设置为“A4”，纸张方向为“纵向”，页边距均为“2.5 厘米”，如图 5-80 所示。

视频：添加页码

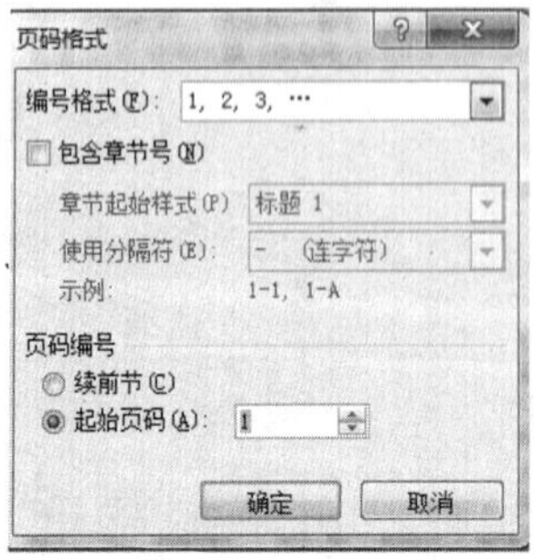

图 5-79　设置页码

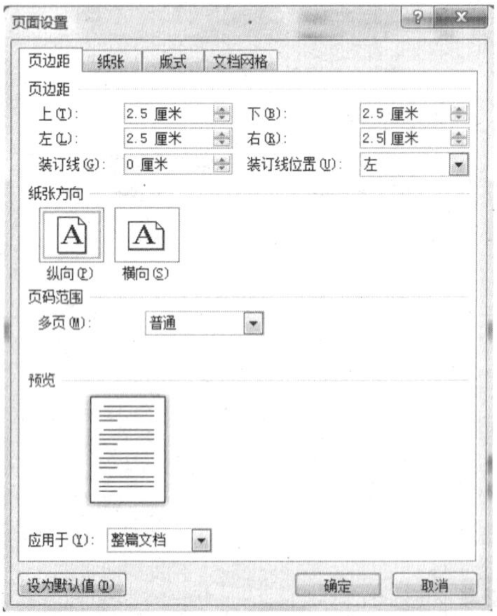

图 5-80　页面设置对话框

STEP 11 打印并左侧装订。

牛刀小试

大学毕业之前都需要毕业生完成一篇本专业的论文，请你按照所学专业完成一篇相关论文，并按如下要求设置论文。

要求：

1. 编辑论文封面。
2. 设置标题格式，标题样式要求如下。

(1) 一级标题：样式基于标题1，二号，黑体，1.5倍行距，段前为自动，段后为1行。

(2) 二级标题：样式基于标题2，三号，黑体，1.5倍行距，段前为自动，段后为自动。

(3) 三级标题：样式基于标题3，小三，黑体，1.5倍行距，段前为自动，段后为自动。

3. 正文的格式要求：小四号，宋体，首行缩进为2字符，1.25倍行距。
4. 设置论文的目录级别，为论文添加目录。
5. 文档分节为封面、目录、每章节均设为1节。
6. 封面、目录无页码，正文页码连续。
7. 为论文添加页眉和页脚，要求奇数页的页眉为论文题目，偶数页的页眉为学校名称。
8. 进行页面设置和打印。

PART 6 项目 6 使用 Word 邮件合并

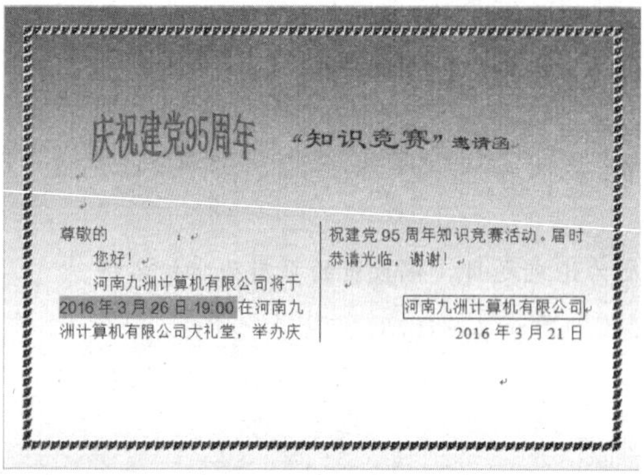

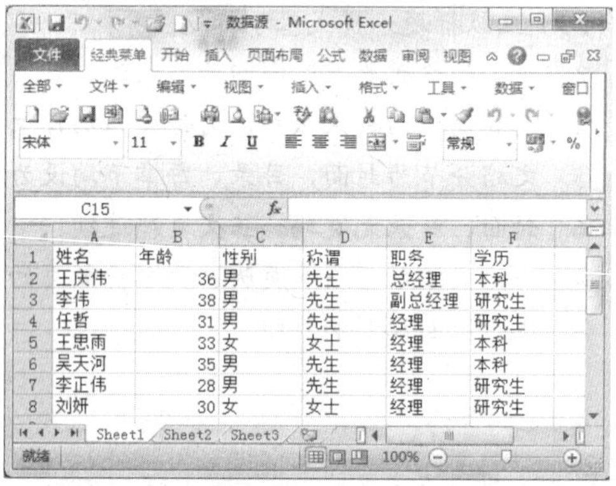

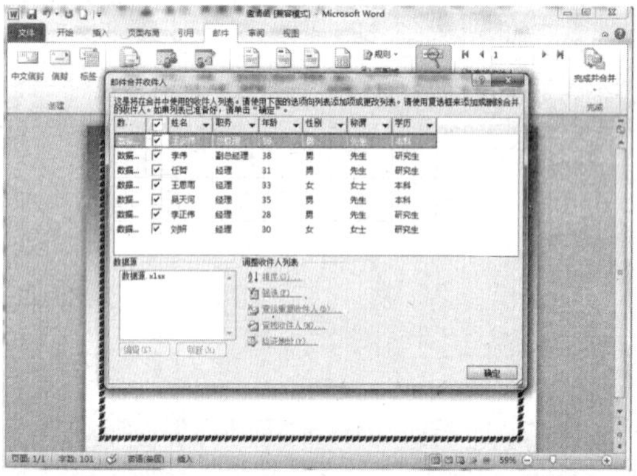

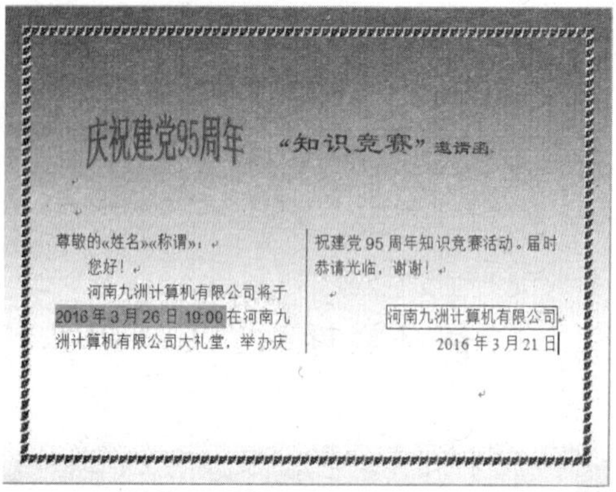

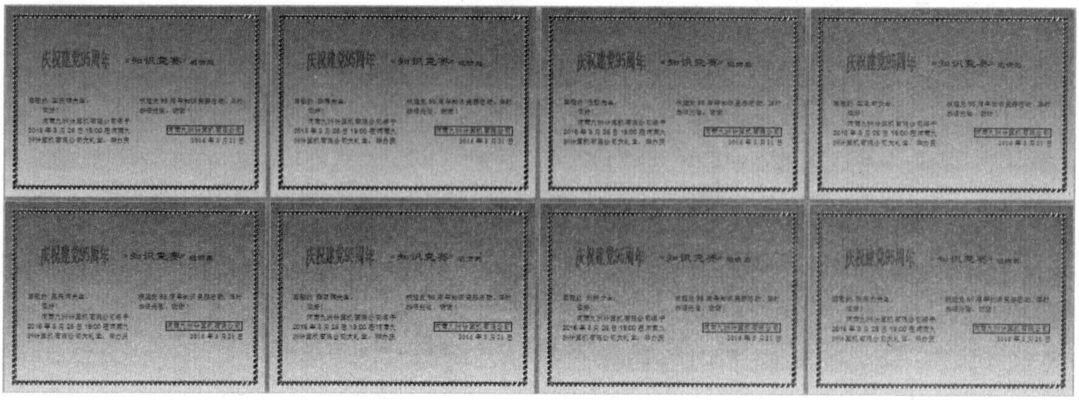

任务 制作活动邀请函

一、任务描述

河南九洲计算机有限公司举办的知识竞赛经过一系列的选拔、比赛，马上要进行决赛了。在决赛的时候需要邀请公司领导作为评委参加。行政部利用 Word 2010 中的邮件合并功能制作出了邀请函，邀请公司领导作为评委参加知识竞赛的决赛，邀请函的效果如图 6-1 所示。

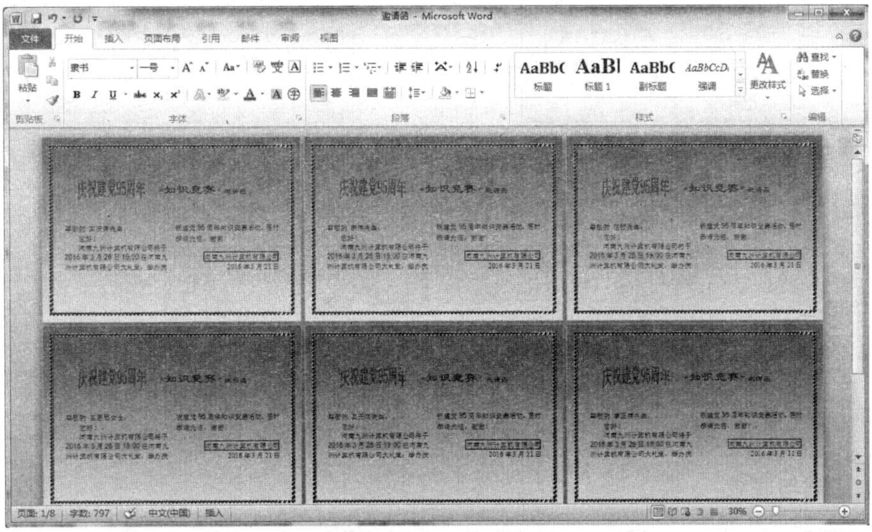

图 6-1 制作活动邀请函

二、任务分析

邀请函、感谢信、请柬等文档的姓名，邮政编码、电话号码等虽然各不相同，但形式及内容一致，此类文档经常需要制作并打印多份。使用 Word 2010 中的邮件合并功能，能批量完成制作。

三、任务目标

- 掌握文本的分栏方法。
- 掌握设置边框和底纹的方法。
- 掌握邮件合并的基本方法和技巧。

四、知识链接

（一）分栏

将某页、某部分或整篇文章的内容分成多个栏，可以使版面更加生动，更具可读性。进行分栏操作时，首先应确定进行分栏的范围。若要对局部段落进行分栏，应先选取这些段落，若要对整篇文档进行分栏，可不必选取，但应在“分栏”对话框中选取应用范围为“整篇文档”。创建分栏的具体操作步骤如下。

（1）选中要进行分栏的文本。

（2）选择“页面布局”选项卡中“页面设置”组的“分栏”，如图 6-2 所示。

（3）单击“分栏”，选择合适的栏数。

（4）也可以单击“更多分栏”，打开“分栏”对话框进行设置，如图 6-3 所示。

视频：分栏

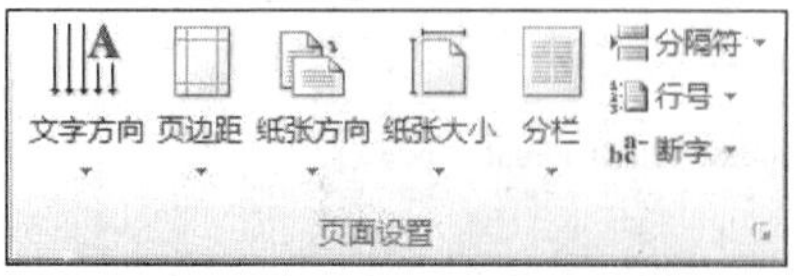

图 6-2 “页面设置”选项组

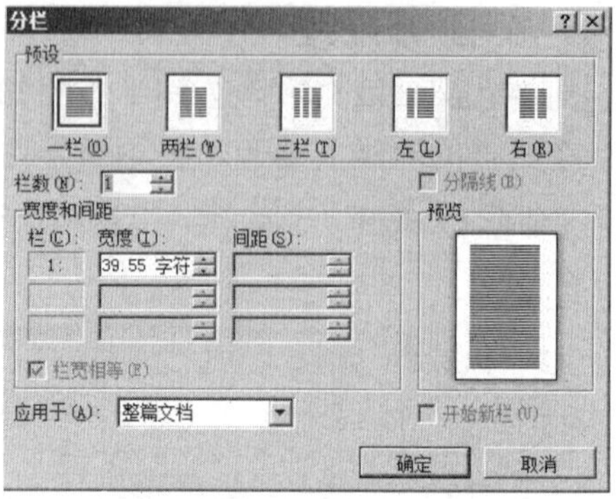

图 6-3 “分栏”对话框

（5）选择合适的栏数，添加“分隔线”，单击“确定”按钮，效果如图 6-4 所示。

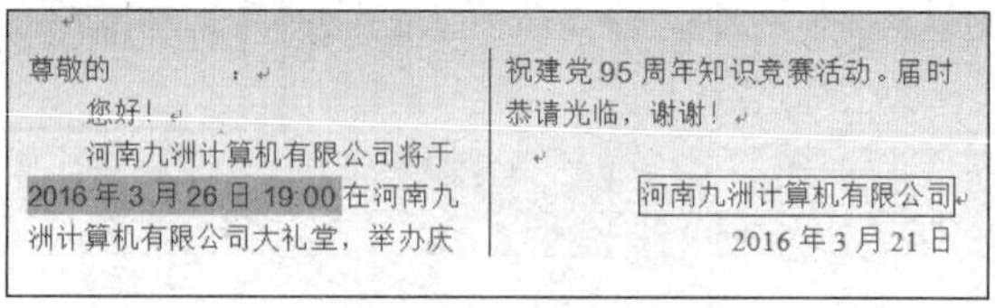

图 6-4 效果图

（二）边框与底纹

为了使页面更加美观、醒目、突出重点，有时需要给文档中的某些重要字符或段落加上边框、底纹。边框和底纹的应用范围可以是文字，也可以是段落。应用于文字时，只在有文字的地方加边框和底纹；应用于段落时，整个段落会加上边框和底纹。

1. 添加边框

给文本添加边框的步骤如下。

（1）选中要添加边框的文本。

（2）单击“开始”选项卡“段落”组中的“边框与底纹”按钮，打开“边框与底纹”对话框，如图 6-5 所示。

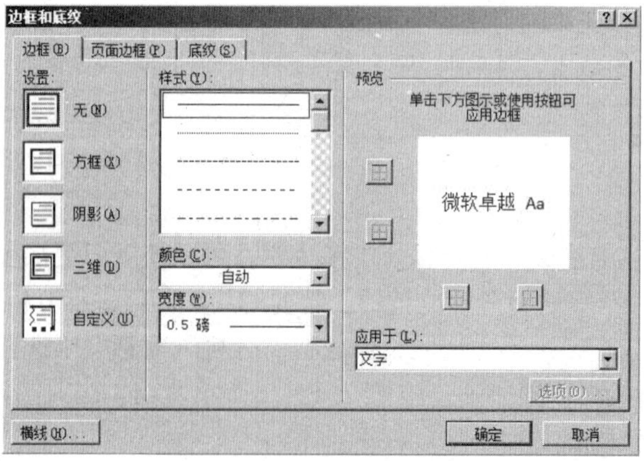

图 6-5 “边框与底纹”对话框

（3）在“边框”选项卡中设置边框的样式、颜色、宽度以及应用于，单击“确定”按钮，效果如图6-6所示。

除了给文本添加边框之外，还可以给页面添加边框。

添加页面边框的方法和添加文本的方法类似，具体步骤如下。

河南九洲计算机有限公司

图6-6 添加边框的效果图

（1）打开需要添加页面边框的文档。

（2）单击“开始”选项卡“段落”组中的“边框与底纹”按钮，打开“边框与底纹”对话框。

（3）在“页面边框”选项卡中设置边框的样式、颜色、宽度以及应用于，同时还可以选择为文档添加“艺术型”边框，如图6-7所示。

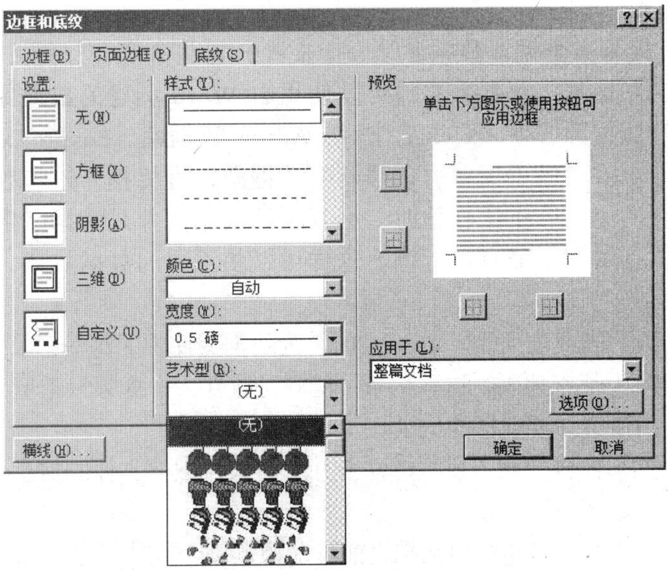

图6-7 添加页面边框

（4）设置完成后，单击“确定”即可插入页面边框。

2．添加底纹

给文本添加底纹的步骤如下。

（1）选中要添加底纹的文本。

（2）单击“开始”选项卡“段落”组中的“边框与底纹”按钮，打开“边框与底纹”对话框。在“底纹”选项卡中设置底纹的填充颜色、图案样式以及应用于，单击“确定”按钮，效果如图6-8所示。

2016年3月26日 19:00

图6-8 添加底纹的效果图

（三）制作活动邀请函

1．邮件合并的概念

在Office中，先建立两个文档，一个包含所有共有内容的Word主文档（如未填写的信封）和一个包含变化信息的表格数据源（如填写的收件人、发件人、邮政编码等），然后使用邮件合并功能在主文档中插入变化的信息，合成后的文件可以保存为Word文档、打印或者以邮件形式发送出去。

2．邮件合并的应用领域

（1）批量打印信封：按照统一的格式，将电子表格中的邮编、收件人地址和收件人姓名打印出来。

（2）批量打印信件、邀请函：称呼可通过Excel表格中的收件人来完成，信件或邀请函的内容固定不变。

（3）批量打印工资条：从电子表格调用数据，将每位员工的工资组成和明细分别打印出来。

（4）打印个人简历：从电子表格中调用不同字段数据，每人一页，对应不同信息。

3．邮件合并的实施

（1）设置主文档。主文档包含的文本和图形会用于合并文档的所有版本。例如，套用信函中的寄信人地址或称呼用语。

（2）将文档连接到数据源。数据源是一个文件，它包含要合并到文档的信息。例如，信函收件人的姓名和地址。邮件合并除可以使用由Word创建的数据源之外，还可以使用多种其他类型的数据源，像Excel工作簿、Access数据库、Foxpro文件等。只要有这些文件存在，邮件合并时就不需要再创建新的数据源，直接打开这些数据源使用即可。需要注意的是：在使用Excel工作簿时，必须保证数据文件是数据库格式，即第一行必须是字段名，数据行中间不能有空行等。这样可以使不同的数据共享，避免重复劳动，提高办公效率。

（3）调整收件人列表或项列表。Word 2010为数据文件中的每一记录生成主文档的一个副本。如果数据文件为邮寄列表，这些记录可能就是收件人。如果只希望为数据文件中的某些记录生成副本，可以选择要包括的记录。

（4）向文档添加邮件合并域。执行邮件合并时，来自数据文件的信息会填充到邮件合并域中。

（5）预览并完成合并。打印整组文档之前可以预览每个文档副本。

小贴士

✓ 创建数据源时的注意事项如下。

数据源中的一个数据记录由不同类别的域组成，通常包含姓名、称呼、电话号码等变动的信息。创建数据源时需要注意以下事项。

① 数据源一般采用表格格式，如标准Word表格、Excel表格、Outlook通讯簿、Access数据库等。

② 数据源中的域名必须是唯一的，域名是表格中的表头字段名称。域名第一个字符必须是字母或者汉字，最多只能有32个字符，可以使用字母、汉字、数字、下画线，不能有空格。

五、任务实施

STEP 1 制作主文档。新建一个Word文档，在文档中建立邀请函模板，如图6-9所示。

STEP 2 制作数据源。数据源可以以表格的形式建立在Word文档中，也可以建立在Excel工作簿中，或者数据库中。例如，在Excel中建立数据源，如图6-10所示。

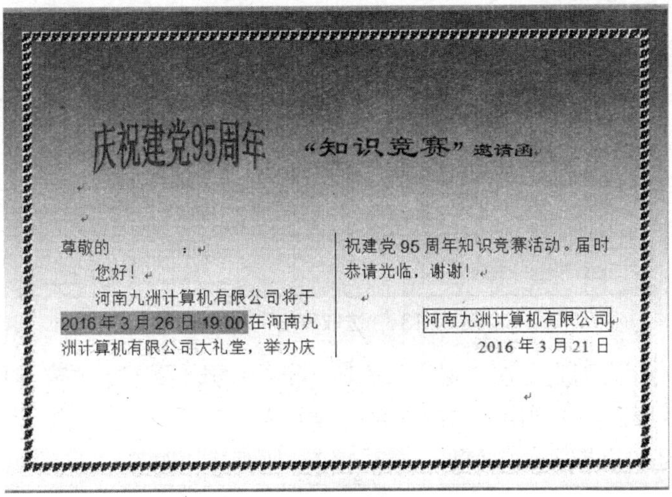

图 6-9 邀请函模板

视频：邮件合并向导 1～3

	A	B	C	D	E	F
1	姓名	年龄	性别	称谓	职务	学历
2	王庆伟	36	男	先生	总经理	本科
3	李伟	38	男	先生	副总经理	研究生
4	任哲	31	男	先生	经理	研究生
5	王思雨	33	女	女士	经理	本科
6	吴天河	35	男	先生	经理	本科
7	李正伟	28	男	先生	经理	研究生
8	刘妍	30	女	女士	经理	研究生
9	张天力	35	男	先生	经理	研究生

图 6-10 数据源

STEP 3 选择“邮件”选项卡中的“开始邮件合并”组，单击“开始邮件合并”，在列表中选择“信函”，准备编辑邀请函，如图 6-11 所示。

STEP 4 选择收件人。在“开始邮件合并”组中，单击“选择收件人”，在列表中选择“使用现有列表”，如图 6-12 所示。

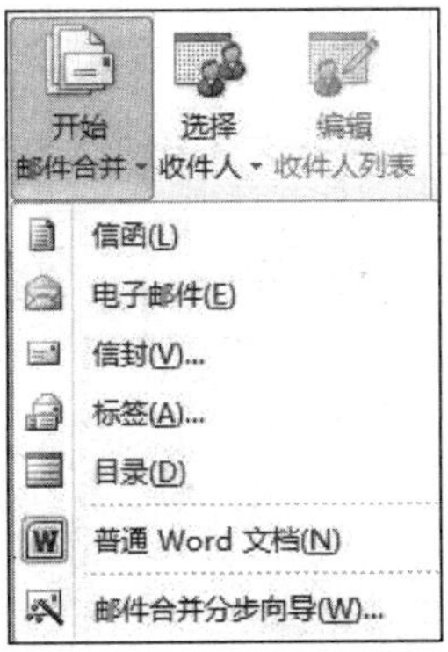

图 6-11 选择邮件类型

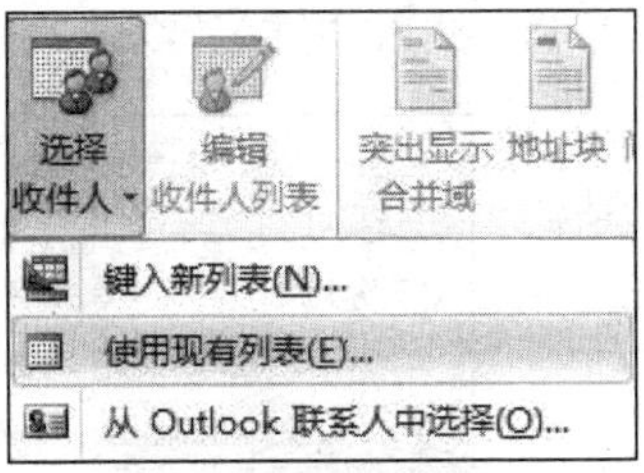

图 6-12 选择收件人

STEP 5 导入数据源。单击“使用现有列表”，打开“选取数据源”对话框，选取所需要的数据源，单击“打开”，弹出“选取表格”对话框，如图 6-13 所示。从中选择“Sheet1$”，单击“确定”按钮，将数据源导入到主文档中。

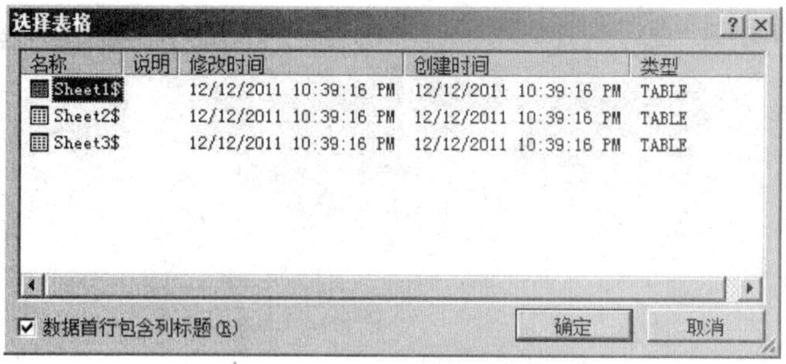

图 6-13 “选取表格”对话框

视频：邮件合并向导 4~6

STEP 6 编辑收件人列表。在“邮件”选项卡上的“开始邮件合并”组中，单击“编辑收件人列表”。在弹出的“邮件合并收件人”对话框中可以删除或添加合并的收件人，还可以取消无效信息。最后单击“确定”，如图 6-14 所示。

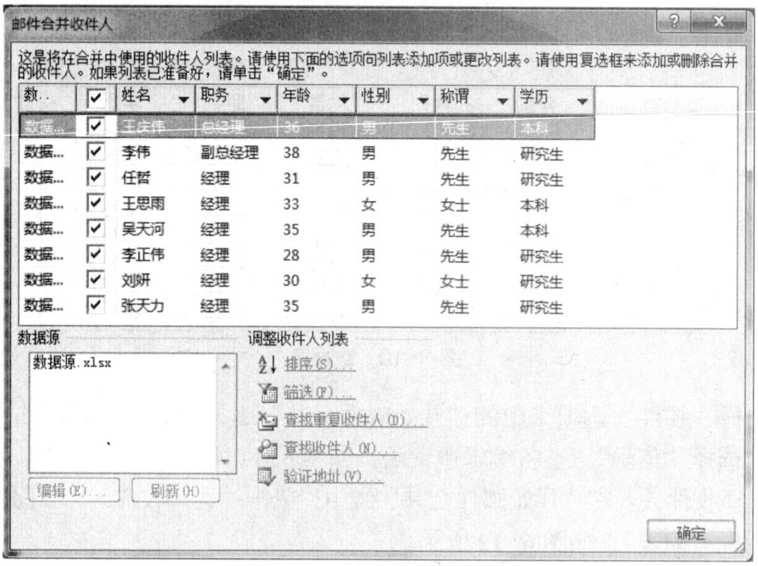

图 6-14 “邮件合并收件人”对话框

STEP 7 编写和插入域。将光标放置在主文档的合适位置，在“邮件”选项卡的“编写和插入域”组中，单击“插入合并域”，弹出“插入合并域”下拉菜单，如图 6-15 所示，插入“姓名”和“称谓”，效果如图 6-16 所示。

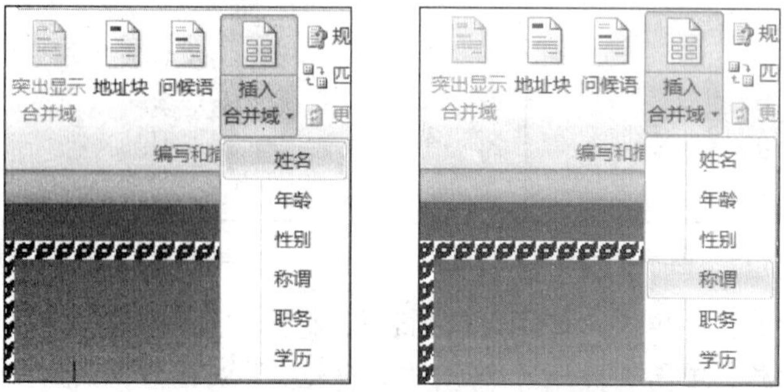

图 6-15 “插入合并域”下拉菜单

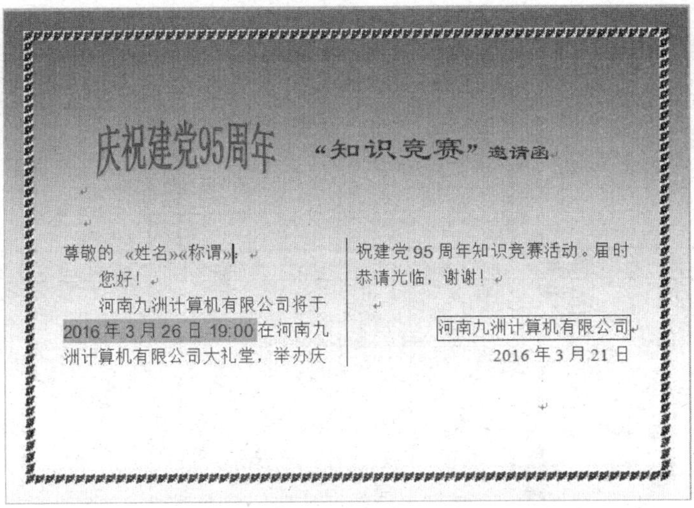

图 6-16　插入域之后的邀请函

STEP 8 预览邮件合并结果。在“邮件”选项卡中的“预览结果”组中，单击“预览结果”按钮，可以在主文档中预览插入合并域后的效果，如图 6-17 所示。预览效果如图 6-18 所示。

图 6-17　“预览结果”按钮

STEP 9 完成并合并。在“邮件”选项卡中的“完成”组中单击“完成并合并”，在下拉列表中选择“编辑单个文档”，打开“合并到新文档”对话框，如图 6-19 所示。在“合并到新文档”对话框中选择“全部”，单击“确定”按钮，会生成一个新文档，所有的相关信息将会出现在新文档中，如图 6-20 所示。

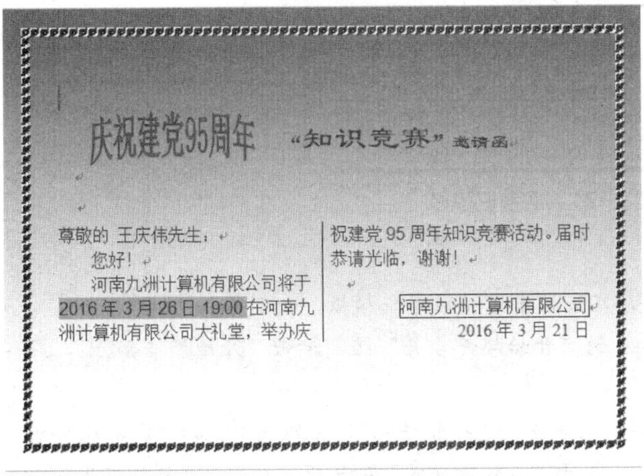

图 6-18　生成的活动邀请函

图 6-19　“合并到新文档”对话框

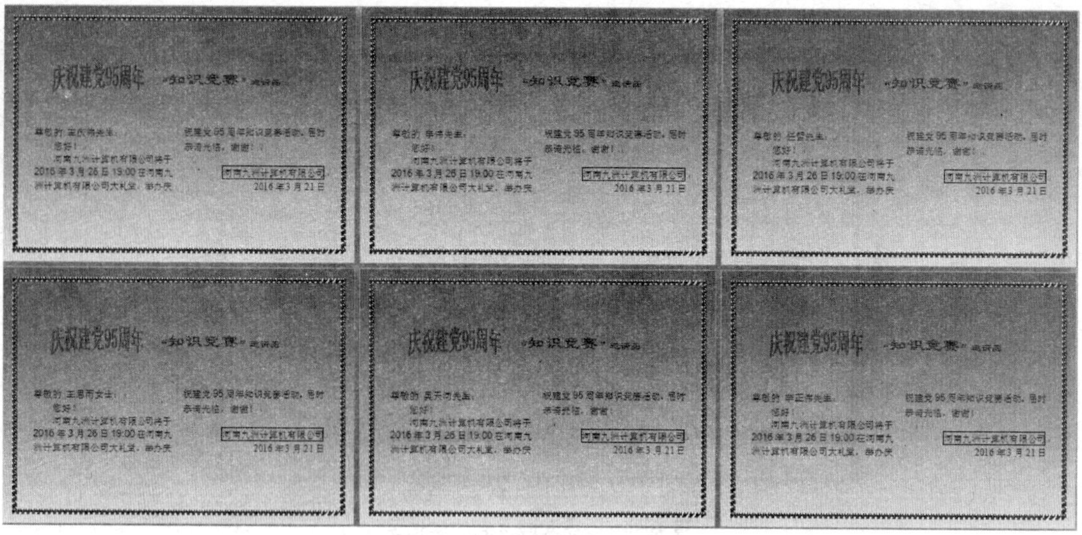

图 6-20　活动邀请函效果图

牛刀小试

马上要毕业了，在毕业前夕需要进行期末考试，请你利用邮件合并功能批量制作出本专业的准考证。打开“计算机操作“计算机应用基础（上册）\项目素材\项目 6\素材文件”目录下“考生名单”文档。按照下列步骤制作批量准考证。

准考证

<table>
<tr><td>班级</td><td colspan="2"></td><td rowspan="4">照片</td></tr>
<tr><td>姓名</td><td colspan="2"></td></tr>
<tr><td>学号</td><td colspan="2"></td></tr>
<tr><td>准考证号</td><td colspan="2"></td></tr>
<tr><td>考试日期</td><td colspan="3">2016 年 6 月 25 日~6 月 26 日</td></tr>
<tr><td>考试时间</td><td>上午
9:00~11:00</td><td colspan="2">下午
3:00~5:00</td></tr>
</table>

图 6-21　准考证模板

要求：

1. 制作主文档。新建一个 Word 文档，在文档中建立准考证模板，如图 6-21 所示。

2. 在主文档中，选择“邮件”选项卡中的“开始邮件合并”组，单击“开始邮件合并”，在列表中选择“信函”，准备编辑准考证。

3. 选择收件人。在“开始邮件合并”组中，单击“选择收件人”，在列表中选择“使用现有列表”。

4. 导入数据源。单击“使用现有列表”，打开“选取数据源”对话框，打开“计算机应用基础（上册）\项目素材\项目 6\素材文件”目录下“考生名单”文档选取所需要的数据源。从中选择“Sheet1$”，单击“确定”按钮，将数据源导入到主文档中。

5. 编写和插入域。将光标放置在主文档的合适位置，在“邮件”选项卡的“编写和插入域”组中，单击“插入合并域”，弹出“插入合并域”下拉菜单，插入准考证中相应的域。

6. 预览邮件合并结果。在“邮件”选项卡中的“预览结果”组中，单击“预览结果”按钮，可以在主文档中预览插入合并域后的效果。

7. 完成并合并。在“邮件”选项卡中的“完成”组中单击“完成并合并”，在下拉列表中选择“编辑单个文档”，打开“合并到新文档”对话框，在“合并到新文档”对话框中选择“全部”，单击“确定”按钮，会生成一个新文档，生成多张准考证。

附　录
计算机操作试题库

一、选择题

1. 完整的计算机系统由（　　）组成。
   A. 运算器、控制器、存储器、输入设备和输出设备
   B. 主机和外部设备
   C. 硬件系统和软件系统
   D. 主机箱、显示器、键盘、鼠标、打印机
2. 以下软件中，（　　）不是操作系统软件。
   A. Windows XP　　B. UNIX　　C. Linux　　D. Microsoft Office
3. 组成计算机的 CPU 的两大部件是（　　）。
   A. 运算器和控制器　　B. 控制器和寄存器
   C. 运算器和内存　　D. 控制器和内存
4. 微型计算机的内存容量主要指（　　）的容量。
   A. RAM　　B. ROM　　C. CMOS　　D. Cache
5. Windows 的目录结构采用的是（　　）。
   A. 树型结构　　B. 线型结构　　C. 层次结构　　D. 网状结构
6. 将回收站中的文件还原时，被还原的文件将回到（　　）。
   A. 桌面上　　B. “我的文档”中
   C. 内存中　　D. 被删除的位置
7. 在 Windows 的窗口菜单中，若某命令项后面有向右的黑三角，则表示该命令项（　　）。
   A. 有下级子菜单　　B. 单击鼠标可直接执行
   C. 双击鼠标可直接执行　　D. 单击鼠标右键可直接执行
8. 对处于还原状态的 Windows 应用程序窗口，不能实现的操作是（　　）。
   A. 最小化　　B. 最大化　　C. 移动　　D. 旋转
9. 在计算机上插 U 盘的接口通常是（　　）标准接口。
   A. UPS　　B. USP　　C. UBS　　D. USB
10. 计算机的存储系统一般指主存储器和（　　）。
   A. 累加器　　B. 寄存器
   C. 辅助存储器　　D. 鼠标器

11. 操作系统是一种（　　）。

A. 系统软件　　B. 操作规范
C. 编译系统　　D. 应用软件

12. 计算机在工作中尚未进行存盘操作，突然电源中断，则计算机中（　　）全部丢失，再次通电也不能恢复。

A. ROM 和 RAM 的信息　　B. ROM 中的信息
C. RAM 中的信息　　D. 硬盘中的信息

13. 计算机的内存储器比外存储器（　　）。

A. 更便宜　　B. 储存更多信息
C. 存取速度更快　　D. 虽贵，但能储存更多信息

14. 多媒体技术是指（　）。

A. 声音和图形处理技术
B. 一种新的图像和图形处理技术
C. 超文本处理技术
D. 一种基于计算机技术处理多种信息媒体的综合技术

15. 使计算机病毒传播范围最广的媒介是（　　）。

A. 硬磁盘　　B. 软磁盘　　C. 内存储器　　D. Internet

16. 现在家庭使用的计算机属于(　　)计算机。

A. 中型　　B. 微型　　C. 小型　　D. 大型

17. 网上"黑客"是指（　　）的人。

A. 从网上私闯他人计算机　　B. 只在夜晚上网
C. 匿名上网　　D. 不花钱上网

18. 计算机病毒是一种（　　）。

A. 游戏软件　　B. 特殊的计算机部件
C. 人为编制的特殊程序　　D. 具有传染性的生物病毒

19. 在 Windows 中，查看磁盘中有哪些文件最方便的是通过（　　）。

A. 任务栏　　B. 我的电脑
C. "开始"菜单　　D. 控制面板

20. 在树型目录结构中，不允许两个文件相同主要指的是（　　）。

A. 同一个磁盘的不同目录下　　B. 不同磁盘的不同目录下
C. 不同的磁盘的同一个目录下　　D. 同一个磁盘的同一个目录下

21. 计算机病毒简单地说就是（　　）。

A. 一种软件　　B. 一种程序系统
C. 一个数据文件　　D. 可自身复制的一种程序

22. 在 Windows 的资源管理器中，文件夹名字前显示加号"+"，表示（　　）。

A. 该文件夹包含多个文件　　B. 该文件夹没有任何文件
C. 该文件夹包含还没有显示的子文件夹　　D. 该文件夹不包含任何子文件夹

23. 人们常说的笔记本电脑属于(　　)。

A. 台式计算机　　B. 卧式计算机
C. 立式计算机　　D. 便携式计算机

24. Windows 自带的（　　）与 Word 的功能类似。

A. 写字板　　B. 映象　　C. 记事本　　D. 画笔

25. 每个窗口最上方有一个“标题栏”，将鼠标光标指向该处，然后“拖放”，则可以(　　)。

A. 变动窗口上缘，从而改变窗口大小　　B. 缩小该窗口

C. 放大窗口　　D. 移动该窗口

26. Windows 的菜单项前带有“√”标记的表示（　　）。

A. 选择该项将打开一个下拉菜单　　B. 选择该项将打开一个对话框

C. 该项是单选项且被选中　　D. 该项是复选项且被选中

27. 计算机辅助系统中，CAD 是指（　　）。

A. 计算机辅助制造　　B. 计算机辅助设计

C. 计算机辅助教学　　D. 计算机辅助测试

28. 在 Windows 的“资源管理器”窗口中，其左部窗口中显示的是（　　）。

A. 系统的文件夹树　　B. 当前打开的文件夹名称及其内容

C. 当前打开的文件夹的内容　　D. 当前打开的文件夹名称

29. 软件通常被分成（　　）和应用软件两大类。

A. 高级软件　　B. 系统软件

C. 计算机软件　　D. 通用软件

30. 在 Windows 下，若某个窗口无法显示所有的内容时，在窗口的右边框或下边框中就会出现一个垂直或水平方向的(　　)。

A. 滚动条　　B. 任务栏　　C. 标尺　　D. 状态栏

31. 计算机网络最突出的优点是（　　）

A. 运算速度快　　B. 存储容量大

C. 运算容量大　　D. 可以实现资源共享

32. 目前，在（　　）的迅猛发展下，世界信息化进程加快。

A. Internet　　B. Novell

C. Windows NT　　D. ISDN

33. 网络类型按通信范围分（　　）

A. 局域网、以太网、广域网　　B. 局域网、城域网、广域网

C. 电缆网、城域网、广域网　　D. 中继网、局域网、广域网

34. LAN 是（　　）的英文缩写。

A. 城域网　　B. 网络操作系统

C. 局域网　　D. 广域网

35. 一个学校组建的计算机网络属于（　　）

A. 城域网　　B. 局域网

C. 内部管理网　　D. 学校公共信息网

36. 接入 Internet 的计算机必须共同遵守（　　）

A. CPI/IP 协议　　B. PCT/IP 协议

C. PTC/IP 协议　　D. TCP/IP 协议

37. Internet 网站域名地址中的 gov 表示（　　）

A. 政府部门　　B. 商业部门

C. 网络服务器　　D. 一般用户

38. 电子信箱地址的格式是（　　）

A. 用户名@主机域名　　B. 主机名@用户名

C. 用户名、主机域名　　D. 主机域名、用户名

39. 从网址 www.ctbu.edu.cn 可以看出它是中国的一个（　　）站点。

A. 商业部门　　B. 政府部门

C. 教育部门　　D. 科技部门

40. Internet 上计算机的名字由许多域构成，域间用（　　）分隔。

A. 小圆点　　B. 逗号　　C. 分号　　D. 冒号

41. 中文 Word 是（　　）。

A. 文字处理软件　　B. 系统软件　　C. 硬件　　D. 操作系统

42. 工具栏中↶按钮的功能是（　　）。

A. 撤销上次操作　　B. 加粗

C. 设置下画线　　D. 改变所选择内容的字体颜色

43. 在 Word 中，如果已有页眉，需在页眉中修改内容，只需双击（　　）。

A. 工具栏　　B. 菜单栏　　C. 文本区　　D. 页眉区

44. 全选所有文档用（　　）快捷键。

A. Ctrl+A　　B. Ctrl+V　　C. Shift+A　　D. Shift+V

45. 在以下功能中，Word 具有的功能有（　　）。

A. 表格处理　　B. 绘制图形　　C. 自动更正　　D. 以上 3 项

46. 一位同学正在撰写毕业论文，并且要求只用 A4 规格的纸输出，在打印预览中，发现最后一页只有一行，她想把这一行提到上一页，最好的办法是（　　）。

A. 改变纸张大小　　B. 增大页边距

C. 减小页边距　　D. 把页面方向改为横向

47. 在使用 Word 进行文字编辑时，下面叙述中（　　）是错误的。

A. Word 可将正在编辑的文档另存为一个纯文本（txt）文件

B. 使用“文件”菜单中的“打开”命令可以打开一个已存在的 Word 文档

C. 打印预览时，打印机必须是已经开启的

D. Word 允许同时打开多个文档

48. Word 在编辑一个文档完毕后，要想知道它打印后的结果，可使用（　　）功能。

A. 打印预览　　B. 模拟打印

C. 提前打印　　D. 屏幕打印

49. 将插入点定位于句子“飞流直下三千尺”中的“直”与“下”之间，按一下 Delete 键，则该句子（　　）。

A. 变为“飞流下三千尺”　　B. 变为“飞流直三千尺”

C. 整句被删除　　D. 不变

50. 能显示页眉和页脚的方式是（　　）。

A. 普通视图　　B. 页面视图　　C. 大纲视图　　D. 全屏幕视图

二、判断题

1. 计算机只要硬件不出问题，就能正常工作。（　　）

2. 字节是计算机存储单位中的基本单位。 ( )
3. PC 机突然停电时，RAM 内存中的信息全部丢失，硬盘中的信息不受影响。 ( )
4. 一个完整的计算机系统应包括系统软件和应用软件。 ( )
5. 计算机的速度完全由 CPU 决定。 ( )
6. 利用自己的知识进入国家安全机关的网络中心不算是违法。 ( )
7. 内存的存取速度比外存储器要快。 ( )
8. 没有安装操作系统的计算机和已安装操作系统计算机一样方便有效。 ( )
9. 单击“开始”菜单的“关闭系统”，计算机就立刻自动关闭。 ( )
10. 任何情况下，文件和文件夹删除后都放入回收站。 ( )
11. 为新建的文件夹取名时可以用喜欢的任意字符。 ( )
12. 改变窗口大小可以按左右、上下方向拖动，但不可以按对角线方向拖动。 ( )
13. 在 Windows 中若菜单中某一命令项后有…，则表示该命令有对话框。 ( )
14. 当我们设置一个文件为“只读”属性时，我们就无法修改它。 ( )
15. 一般情况下，CPU 的档次越高，计算机的性能就越好。 ( )
16. 当删除文件夹时，它的所有子文件夹和文件也被删除。 ( )
17. 一个汉字在计算机中用两个字节来储存。 ( )
18. 可以通过拖动窗口的大边框来改变窗口的大小。 ( )
19. 同一文件夹中可以存在两个相同的文件。 ( )
20. 当运行程序的窗口最小化时，程序便停止运行。 ( )
21. 冯·诺依曼原理是计算机的唯一工作原理。 ( )
22. 计算机掉电后，ROM 中的信息会丢失。 ( )
23. 计算机掉电后，外存中的信息会丢失。 ( )
24. 字节是计算机中常用的数据单位之一，它的英文名字是 byte。 ( )
25. 计算机发展的各个阶段是以采用的物理器件作为标志的。 ( )
26. CPU 是由控制器和运算器组成的。 ( )
27. 1GB 等于 1000MB，又等于 1000000KB。 ( )
28. 键盘和显示器都是计算机的 I/O 设备，键盘是输入设备，显示器是输出设备。 ( )
29. 鼠标可分为机械式鼠标和光电式鼠标。 ( )
30. 个人计算机属于微型计算机。 ( )
31. 如果需要对文本格式化，则必须先选择被格式化的文本，然后再对其进行操作。 ( )
32. 在 Word 中可以使用在最后一行的行末按下 Tab 键的方式在表格末添加一行。 ( )
33. Word 编辑状态中，可以从当前输入汉字状态切换到输入英文字符状态的组合键是 Ctrl+空格键。 ( )
34. 用 Word 编辑一个文档之前，必须先给这个文档命名，否则不能编辑。 ( )

三、填空题

1. 计算机的软件系统通常分成________软件和________软件。
2. 1MB=________KB； 1GB =________MB；1TB=________ GB。

3. 计算机中，中央处理器 CPU 由________和________两部分组成。

4. 完整的文件名由________和________组成。

5. 文件名中不能出现________等字符。

6. 世界上第一台计算机的结构由________提出。

7. 第一台电子计算机是 1946 年在美国研制成功的，该机英文缩写名是________。

8. 字长是计算机________次能处理的________进制数。

9. 在计算机领域中，英文单词“byte”的含义是________。

10. 计算机辅助设计的英文缩写是________。

11. 计算机辅助教学的英文缩写是________。

12. 计算机辅助制造的英文缩写是________。

13. 当选定文件或文件夹后，若要改变其属性设置，可以用鼠标右键单击该文件或文件夹，然后在弹出的快捷菜单中选择________命令。

14. 在 Windows XP 操作系统中，被删除的文件或文件夹将存放在________。

15. 格式化磁盘时，可以在资源管理器中通过单击鼠标右键，在弹出的快捷菜单中选择________命令进行。

16. 选择连续多个文件时，先单击要选择的第一个文件名，然后在键盘上按住________键，移动鼠标单击要选择的最后一个文件名，则一组连续文件被选定。

17. 间隔选择多个文件时，应按住________键不放，然后单击每个要选择的文件名。

18. 通过________，可恢复被误删除的文件或文件夹。

19. 用户可以在 Windows 操作系统中，使用________组合键来启动或关闭中文输入法，还可以使用________组合键在英文及各种中文输入法之间进行切换。

20. 启动“画图”程序，应选择________菜单中的所有程序中的________命令。

21. Word 2010 格式栏上的 B、I、U，代表字符的粗体、________、下画线标记。

22. Word 2010 中复制的快捷键是________。

23. Word 2010 文档缺省的扩展名为________。

24. Word 是美国________公司推出的办公应用软件的套件之一。

25. 在 Word 中，按键________与工具栏上的粘贴功能相同。

26. 在 Word 中，按________键可以选定文档中的所有内容。

27. 在 Word 文档编辑区中，要删除插入点右边的字符，应该按________键。

28. 在 Word 中，如果要选定较长的文档内容，可先将光标定位于其起始位置，再按住________键，单击其结束位置即可。

四、简答题

1. 计算机有哪些特点？

2. 多媒体一般包含有哪些媒体？

3. 计算机受到病毒感染后，常常会表现出哪些异常现象？可采取哪些预防措施？

4. 计算机主要应用在哪些领域？

五、Word 操作技能题

说明：操作题需要的素材均在“计算机应用基础（上册）\项目素材\附录\素材文件”文件夹下。

试题一 制作下图所示效果图

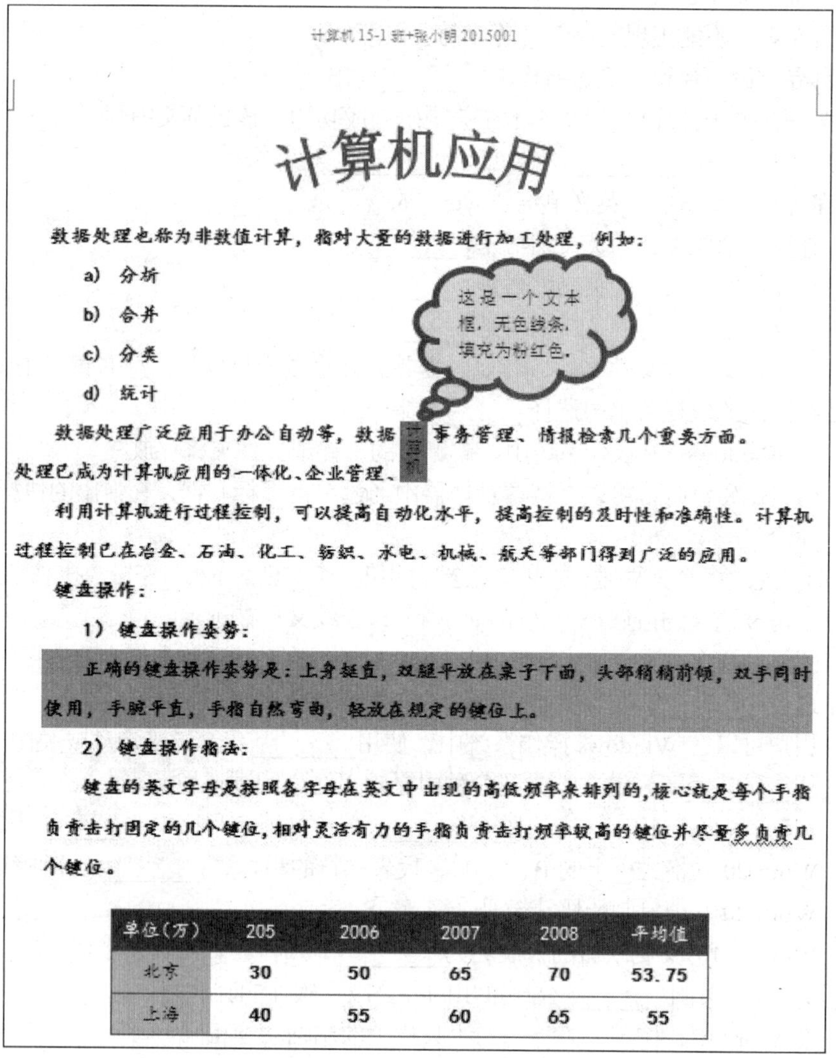

计算机 15-1 班+张小明 2015001

计算机应用

数据处理也称为非数值计算，指对大量的数据进行加工处理，例如：

a) 分析

b) 合并

c) 分类

d) 统计

这是一个文本框，无色线条，填充为粉红色。

数据处理广泛应用于办公自动等，数据处理已成为计算机应用的一体化、企业管理、事务管理、情报检索几个重要方面。

计算机

利用计算机进行过程控制，可以提高自动化水平，提高控制的及时性和准确性。计算机过程控制已在冶金、石油、化工、纺织、水电、机械、航天等部门得到广泛的应用。

键盘操作：

1）键盘操作姿势：

正确的键盘操作姿势是：上身挺直，双腿平放在桌子下面，头部稍稍前倾，双手同时使用，手腕平直，手指自然弯曲，轻放在规定的键位上。

2）键盘操作指法：

键盘的英文字母是按照各字母在英文中出现的高低频率来排列的，核心就是每个手指负责击打固定的几个键位，相对灵活有力的手指负责击打频率较高的键位并尽量多负责几个键位。

单位（万）	205	2006	2007	2008	平均值
北京	30	50	65	70	53.75
上海	40	55	60	65	55

要求如下。

（1）设置标题为艺术字、居中。

（2）设置纸张为 A4 页面，段落首行缩进 2 字符，行间距设置为 1.5 倍，正文字体为楷体、小四号、加粗。

（3）对正文“数据处理广泛……重要方面。”所在的段落文字分 2 栏、无分隔线。

（4）把“计算机”几个文字以竖排文本框的形式放在两栏中间，设置文本框上下左右内边距为 0、无线条颜色、填充色为粉色。

（5）把“正确的键盘操作姿势……”这一段加底纹。

（6）插入页眉：班级+姓名+学号，其中班级、姓名和学号均换成考生本人的班级、姓名和学号。

（7）插入“云形标注”并填入样图中的文字，设置“云形标注”的线条颜色为蓝色、4 磅线型、填充色为茶色。

（8）制作如图表格，表格内字体为楷体、小四号、加粗。

（9）为表格内第 1 行加紫色底纹，第 1 列加浅蓝色底纹。

（10）为表格添加浅紫色边框。

试题二 制作下图所示效果图

因特网的形成和发展

1. Internet 的形成

1969 年美国国防部高级研究计划署作为军事试验网络，建立了 ARPANET。1972 年 ARPANET 发展到几十个网点，并就不同计算机与网络的通信协议取得一致。19 年产生了 IP 互联网协议和 TCP 传输控制协议。1980 年美国国防部通信局和高级研究计划署将 TCP/IP 协议投入使用。1987 年 ARPANET 被划分成民用网 ARPANET 和军用网 MILNET。它们之间通过 ARPAINTERNET 实现连接，并相互通信和资源共享。简称 Internet，标志着 Internet 的诞生。

2. 因特网在中国

早在 1987 年，中国科学院高能物理研究所便开始通过国际网络线路使用 Internet，后又建立了连接 Internet 的专线。90 年代中期，我国互联网建设全面展开，到 1997 年底已建成中国公用计算机网（ChinaNET）、中国教育和科研网（CERNET）、中国科学和技术网（CSTNET）和中国金桥信息网（ChinaGBN），并与 Internet 建立了各种连接。

3. 163 和 169 网

163 网就是“中国公用计算机互联网”，ChinaNET，它是我国第一个开通的商业网。由于它使用全国统一的特服号 163，所以通常称其为 163 网。169 网是“中国公众多媒体通信网”的俗称，CninfoNET。因为它使用全国统一的特服号 169，所以就称其为 169 网。它们是国内用户最多的公用计算机互联网，是国家的重要信息基础设施。

要求如下。

（1）设置页面为 16 开纸，页边距：上、下、左、右均为 2 厘米。

（2）将文档第 1 行的“因特网的形成和发展”作为标题，标题居中，黑体加粗、三号字（红色），加下画线（蓝）。

（3）将小标题 1～3 各标题行设置为仿宋体、四号字、加粗。

（4）将小标题 1 下面的第一自然段设置为悬挂缩进 2 个字符，行距为 18 磅，左对齐，中文字体仿宋体、五号字。

（5）小标题 2、小标题 3 下面的自然段分别设置为首行缩进 2 个字符，行距为 18 磅，左对齐，中文字体仿宋体、五号字。

（6）在文档中插入一剪贴画（老虎），按如下要求进行设置。图片大小：取消锁定纵横比，设置高度为 4 厘米，宽度为 5 厘米，紧密型环绕，放到合适的位置。

（7）给图片加实线边框，边框颜色为蓝色，粗细为 3 磅。

（8）在图片上插入一文本框，文本框中写入文字（兽中之王）， 文字为楷体、二号字，黄色，水平居中。文本框设置为无填充色、去掉边框线。

（9）为小标题 2 下面的自然段分栏宽不等的两栏并加分栏线。

（10）给“163 网就是‘中国公用计算机互联网’”这句话加上双下画线，紫色。

试题三 制作下图所示效果图

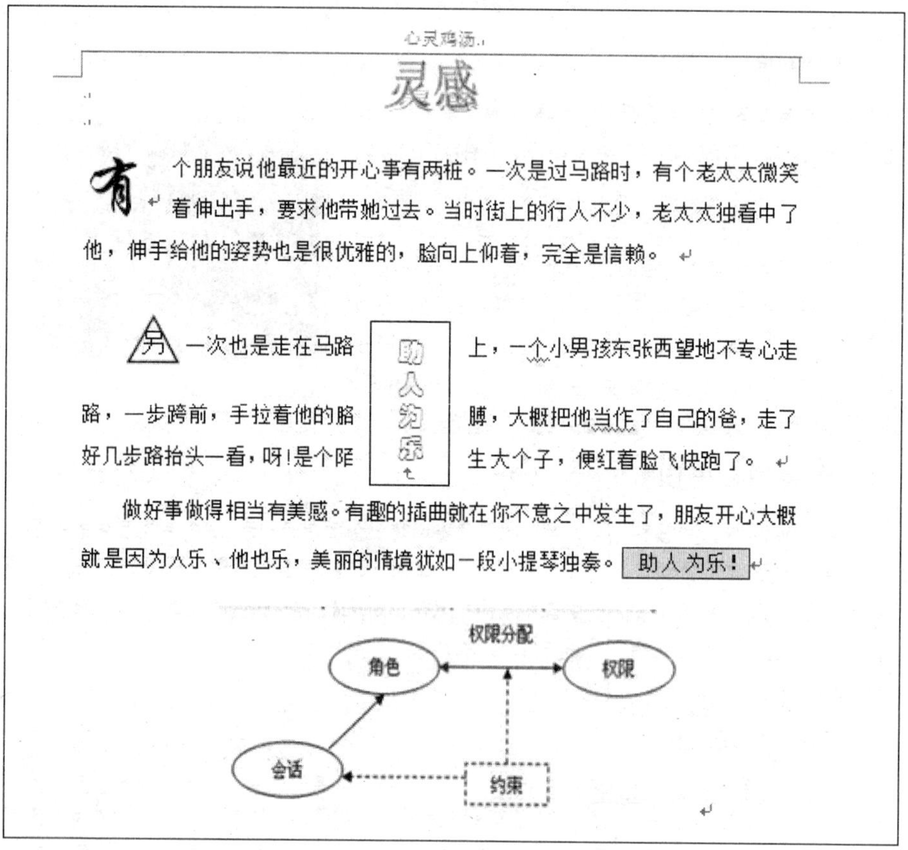

要求如下。

插入标题 “灵感”为艺术字，艺术字样式和形状样式任选一种，艺术字的环绕方式为穿越型。

（1）纸张大小：选用 A4，上下左右页边距均为 2.3 厘米。

（2）将正文设置为新宋体、小四、1.5 倍行距。

（3）设置第 1 段的首字下沉 2 行，距正文 0.5 厘米，下沉字体为华文行楷。

（4）设置第 2 段、第 3 段的首行缩进为 2 个字符。

（5）将最后一段“助人为乐”添加蓝色边框、填充黄色底纹。

（6）请把文档中的“他”利用查找和替换功能全部替换为“她”。

（7）在文档中插入竖排的文本框，输入文字“助人为乐”，字体为华文彩云，小四号、 红色，居中、紧密型环绕，位置如图所示。

（8）把第 2 段第 1 个字设置为带圈的字符。

（9）添加页眉：心灵鸡汤；添加页脚： 现代型奇数型。

（10）做效果图所示流程图。

试题四 制作下图所示效果图

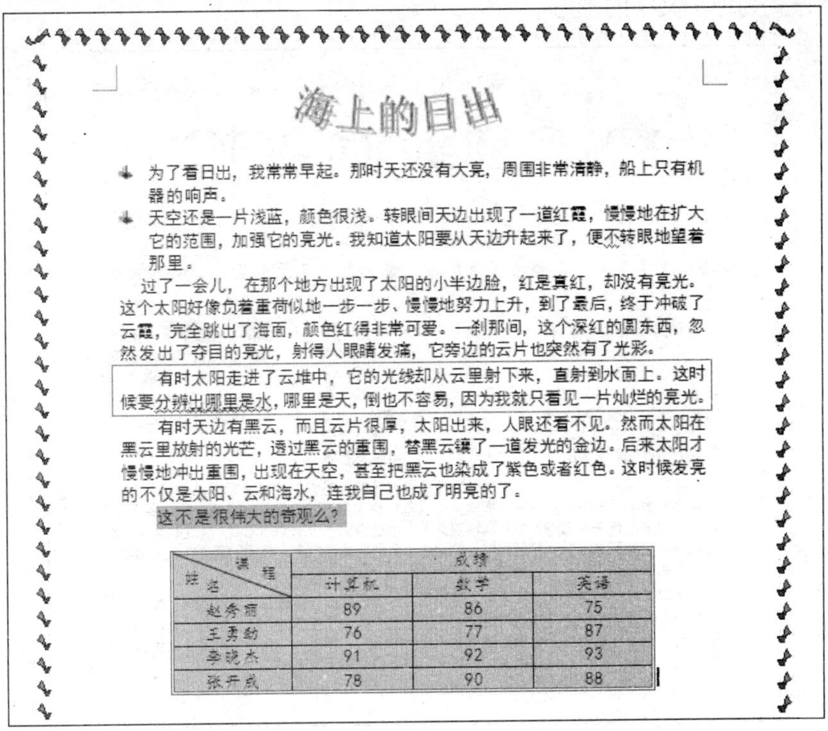

海上的日出

- 为了看日出，我常常早起。那时天还没有大亮，周围非常清静，船上只有机器的响声。
- 天空还是一片浅蓝，颜色很浅。转眼间天边出现了一道红霞，慢慢地在扩大它的范围，加强它的亮光。我知道太阳要从天边升起来了，便不转眼地望着那里。

过了一会儿，在那个地方出现了太阳的小半边脸，红是真红，却没有亮光。这个太阳好像负着重荷似地一步一步、慢慢地努力上升，到了最后，终于冲破了云霞，完全跳出了海面，颜色红得非常可爱。一刹那间，这个深红的圆东西，忽然发出了夺目的亮光，射得人眼睛发痛，它旁边的云片也突然有了光彩。

有时太阳走进了云堆中，它的光线却从云里射下来，直射到水面上。这时候要分辨出哪里是水，哪里是天，倒也不容易，因为我就只看见一片灿烂的亮光。

有时天边有黑云，而且云片很厚，太阳出来，人眼还看不见。然而太阳在黑云里放射的光芒，透过黑云的重围，替黑云镶了一道发光的金边。后来太阳才慢慢地冲出重围，出现在天空，甚至把黑云也染成了紫色或者红色。这时候发亮的不仅是太阳、云和海水，连我自己也成了明亮的了。

这不是很伟大的奇观么？

课程 / 姓名	成绩		
	计算机	数学	英语
赵秀丽	89	86	75
王勇动	76	77	87
李晓杰	91	92	93
张开成	78	90	88

要求如下。

（1）设置纸张大小为 16 开，上、下页边距为 2.4 厘米，左、右页边距为 3.2 厘米。

（2）设置标题“海上日出”的格式为艺术字，艺术字形状自选。

（3）正文设置为小四号、黑体，单倍行距。

（4）为第 1、2 段加项目符号，第 4 段加上边框。

（5）把最后一段的文字加上底纹。

（6）给页面加上艺术边框。

（7）给“分辨出哪里是水”加下画线。

（8）制作如效果图所示表格，为表格加红色外边框，底纹颜色为浅绿色。

（9）表格中的字体为楷体、小四号且居中显示。

（10）为表格设置斜线表头。

（11）为表格添加标题“学生成绩单”，小三号、黑体字。

试题五 制作下图所示效果图

要求如下。

（1）给文章添加标题，“抬头是片蓝蓝的天”，字体为楷体、二号、加粗，红色，居中并设为带圈字符，样式为圆圈，增大圈号。

（2）将第 1 段字体设为华文行楷，四号，字体为蓝色。

（3）在标题的左边插入一剪贴画，将环绕方式设置为“穿越型”，加 4.5 磅浅绿色边框。

（4）第 2 段分为三栏，栏间距为 3 个字符，加分隔线并填充灰色底纹。

（5）将第 3 段和第 4 段互换位置。

（6）利用查找和替换把文章中的“中年人”全部替换成“中年男人”。

（7）在第 3 段和第 4 段之间添加一艺术字，内容为“自己的天堂”，艺术字样式和形状自定，将环绕方式为浮于文字的上方。

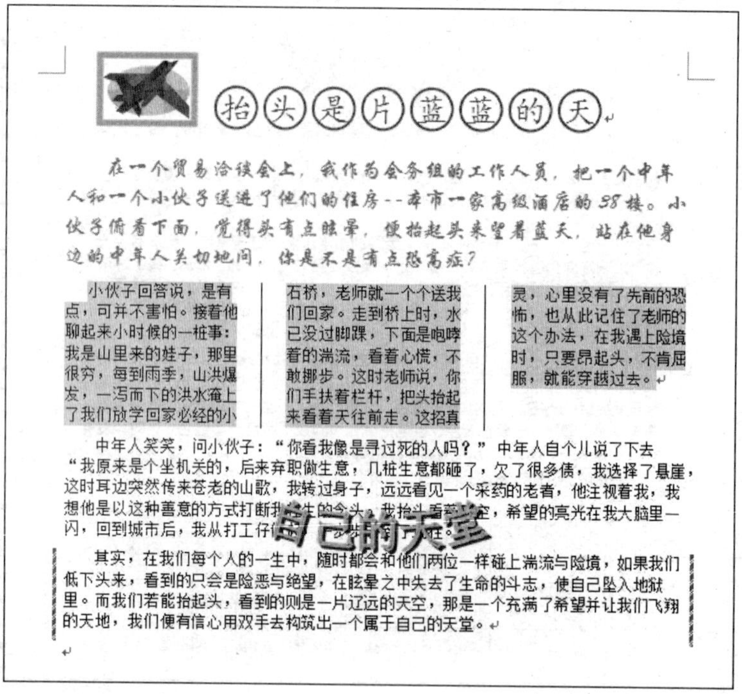

抬头是片蓝蓝的天

在一个贸易洽谈会上，我作为会务组的工作人员，把一个中年人和一个小伙子送进了他们的住房--本市一家高级酒店的38楼。小伙子俯看下面，觉得头有点眩晕，便抬起头来望着蓝天，站在他身边的中年人关切地问，你是不是有点恐高症？

小伙子回答说，是有点，可并不害怕。接着他聊起来小时候的一桩事：我是山里来的娃子，那里很穷，每到雨季，山洪爆发，一泻而下的洪水淹上了我们放学回家必经的小石桥，老师就一个个送我们回家。走到桥上时，水已没过脚踝，下面是咆哮着的湍流，看着心慌，不敢挪步。这时老师说，你们手扶着栏杆，把头抬起来看着天往前走。这招真灵，心里没有了先前的恐怖，也从此记住了老师的这个办法，在我遇上险境时，只要昂起头，不肯屈服，就能穿越过去。

中年人笑笑，问小伙子：“你看我像是寻过死的人吗？”中年人自个儿说了下去“我原来是个坐机关的，后来弃职做生意，几桩生意都砸了，欠了很多债，我选择了悬崖，这时耳边突然传来苍老的山歌，我转过身子，远远看见一个采药的老者，他注视着我，我想他是以这种善意的方式打断我[illegible]，希望的亮光在我大脑里一闪，回到城市后，我从打工仔[illegible]。

自己的天堂

其实，在我们每个人的一生中，随时都会和他们两位一样碰上湍流与险境，如果我们低下头来，看到的只会是险恶与绝望，在眩晕之中失去了生命的斗志，使自己坠入地狱里。而我们若能抬起头，看到的则是一片辽远的天空，那是一个充满了希望并让我们飞翔的天地，我们便有信心用双手去构筑出一个属于自己的天堂。

（8）每段段前、段后间距全部设为 0.5 行 。

（9）为最后一段的左右加边框。

（10）统计出全文共有多少字符，将结果放置文章最后。

试题六　制作下图所示效果图

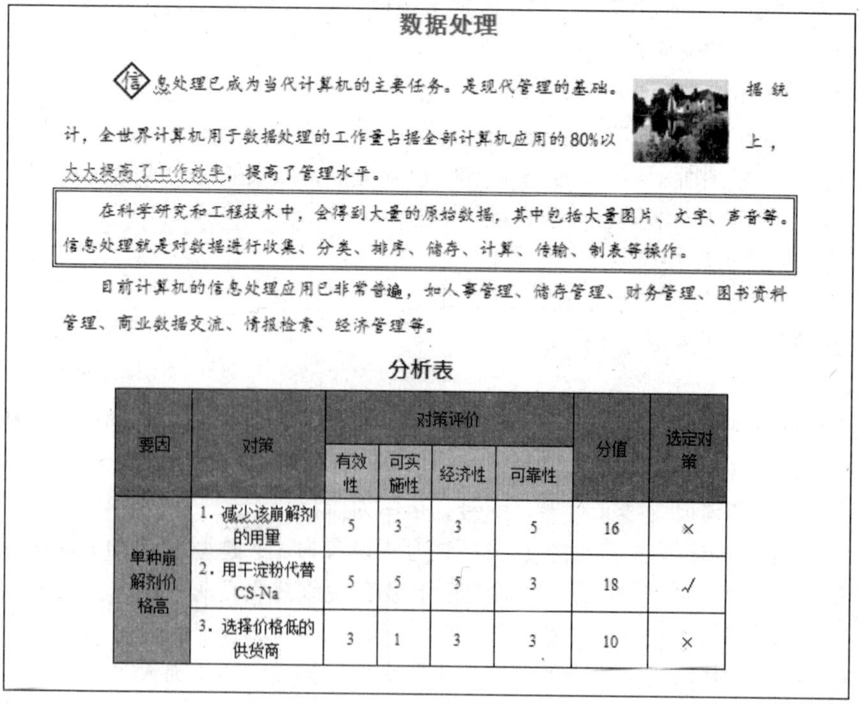

数据处理

信息处理已成为当代计算机的主要任务。是现代管理的基础。据统计，全世界计算机用于数据处理的工作量占据全部计算机应用的 80%以上，大大提高了工作效率，提高了管理水平。

在科学研究和工程技术中，会得到大量的原始数据，其中包括大量图片、文字、声音等。信息处理就是对数据进行收集、分类、排序、储存、计算、传输、制表等操作。

目前计算机的信息处理应用已非常普遍，如人事管理、储存管理、财务管理、图书资料管理、商业数据交流、情报检索、经济管理等。

分析表

要因	对策	对策评价				分值	选定对策
		有效性	可实施性	经济性	可靠性		
单种崩解剂价格高	1. 减少该崩解剂的用量	5	3	3	5	16	×
	2. 用干淀粉代替 CS-Na	5	5	5	3	18	√
	3. 选择价格低的供货商	3	1	3	3	10	×

要求如下。

（1）设置纸张大小为A4，上、下页边距为2.4厘米，左、右页边距为2.3厘米。

（2）设置标题“数据处理”的字体为黑体，字号三号、加粗、蓝色，对齐方式为居中。

（3）设置正文字体为楷体、小四号、1.5倍行距，首行缩进2个字符。

（4）将第1段中的“大大提高了工作效率”文字加下画线并设置字体的颜色。

（5）将第1段的第1个字设置为带圈的字符。

（6）为第2段加边框，如图所示。

（7）为文档插入剪贴画，调整适当的大小，环绕方式为四周型。

（8）制作如上表格 表格的标题“分析表”为幼圆、四号字。

（9）表格中的文字是五号、宋体字。

（10）为部分单元格添加底纹。

试题七 制作下图所示效果图

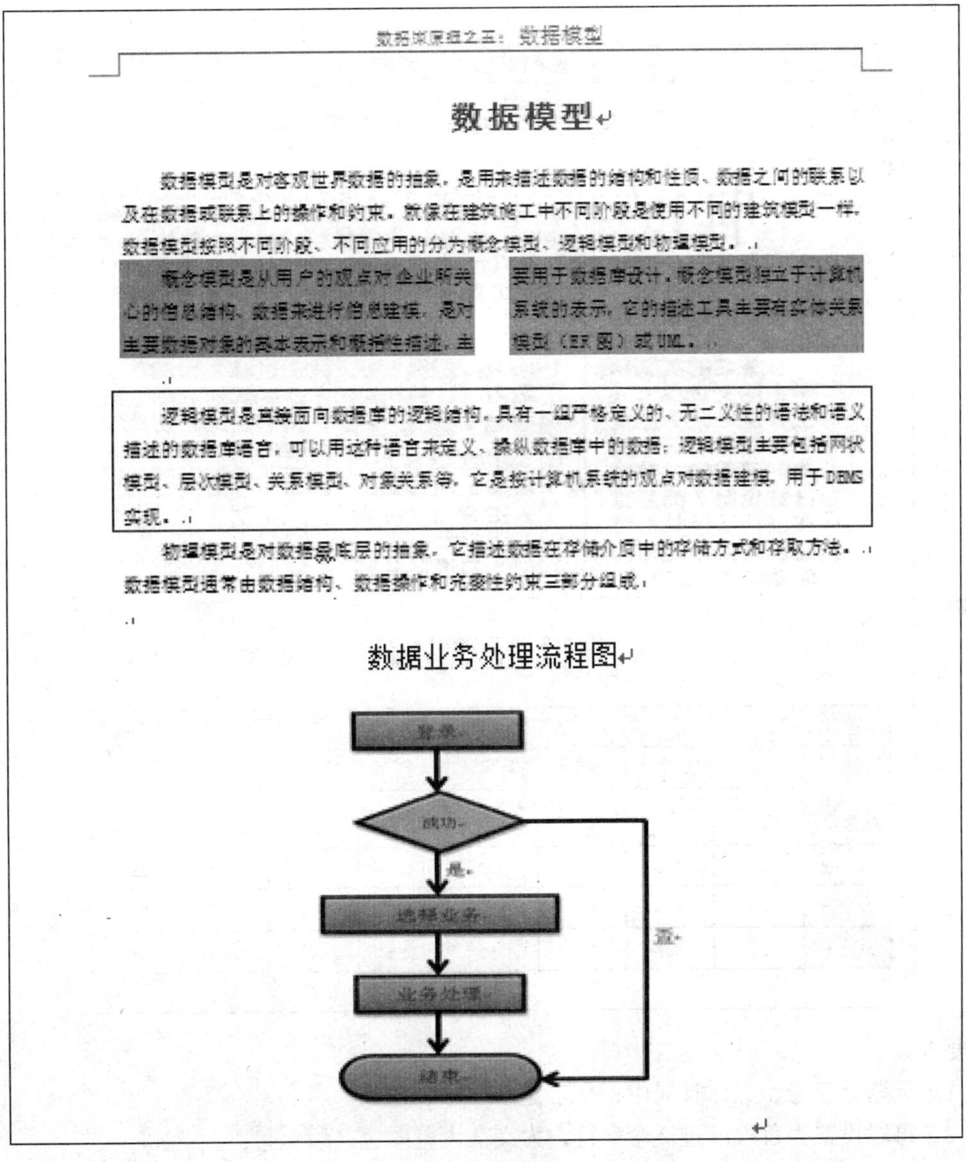

数据库原理之五：数据模型

数据模型

数据模型是对客观世界数据的抽象，是用来描述数据的结构和性质、数据之间的联系以及在数据或联系上的操作和约束。就像在建筑施工中不同阶段是使用不同的建筑模型一样，数据模型按照不同阶段、不同应用的分为概念模型、逻辑模型和物理模型。

概念模型是从用户的观点对企业所关心的信息结构、数据来进行信息建模，是对主要数据对象的基本表示和概括性描述，主要用于数据库设计，概念模型独立于计算机系统的表示，它的描述工具主要有实体关系模型（ER图）或UML。

逻辑模型是直接面向数据库的逻辑结构，具有一组严格定义的、无二义性的语法和语义描述的数据库语言，可以用这种语言来定义、操纵数据库中的数据；逻辑模型主要包括网状模型、层次模型、关系模型、对象关系等，它是按计算机系统的观点对数据建模，用于DBMS实现。

物理模型是对数据最底层的抽象，它描述数据在存储介质中的存储方式和存取方法。

数据模型通常由数据结构、数据操作和完整性约束三部分组成。

数据业务处理流程图

要求如下。

（1）纸张大小：选用 A4。

（2）文章标题“数据模型”设置为黑体、二号、加粗，段后间距 0.5 行。

（3）正文文字：宋体、五号，每段首行缩进 2 个字符，行距设置为 18 磅。

（4）第 2 段按图所示进行分栏并设置底纹。

（5）为第 3 段加边框，如图所示。

（6）页眉页脚：页眉为宋体、小四号字，内容如图所示，页脚设置为黑体、四号，页脚的内容为“计算机等级考试”，并加边框。

（7）“数据业务处理流程图”标题设置为黑体、小三号。

（8）流程图中字体为宋体、小五号、红色。

（9）为流程图形填充颜色。

（10）用箭头连接形状图形，如图所示。

试题八 制作下图所示效果图

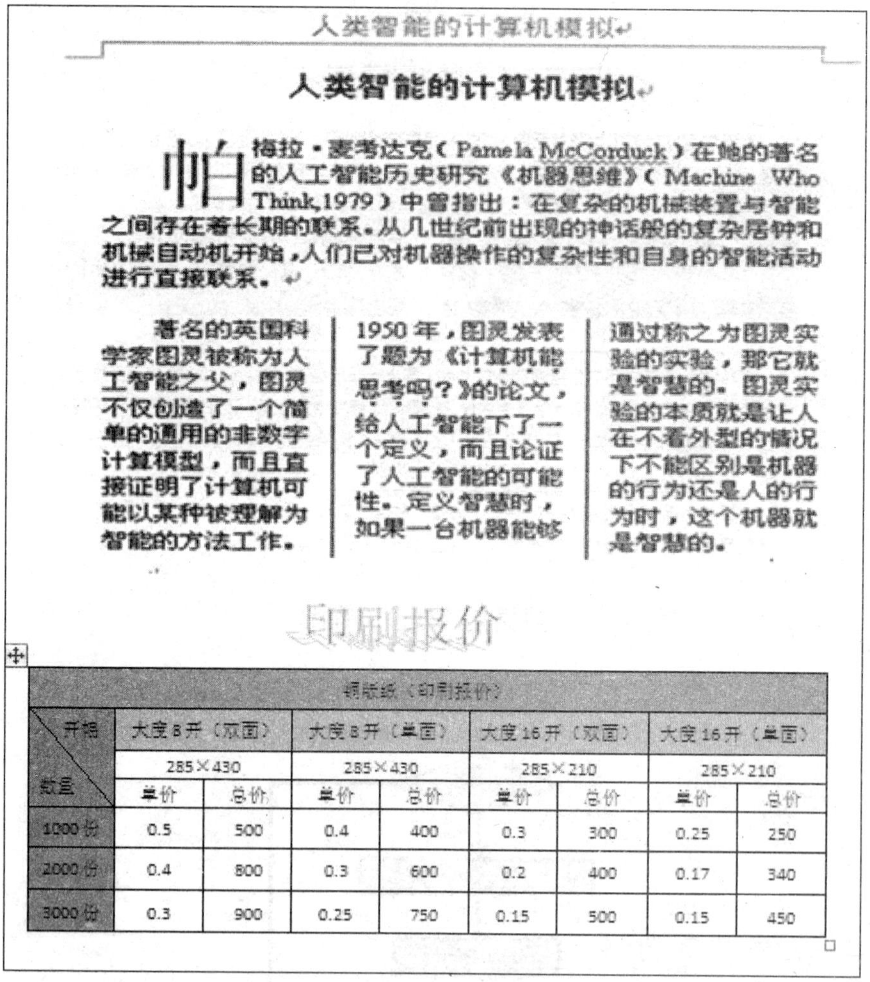

人类智能的计算机模拟

人类智能的计算机模拟

帕梅拉·麦考达克（Pamela McCorduck）在她的著名的人工智能历史研究《机器思维》（Machine Who Think,1979）中曾指出：在复杂的机械装置与智能之间存在着长期的联系。从几世纪前出现的神话般的复杂居钟和机械自动机开始，人们已对机器操作的复杂性和自身的智能活动进行直接联系。

著名的英国科学家图灵被称为人工智能之父，图灵不仅创造了一个简单的通用的非数字计算模型，而且直接证明了计算机可能以某种被理解为智能的方法工作。1950 年，图灵发表了题为《计算机能思考吗？》的论文，给人工智能下了一个定义，而且论证了人工智能的可能性。定义智慧时，如果一台机器能够通过称之为图灵实验的实验，那它就是智慧的。图灵实验的本质就是让人在不看外型的情况下不能区别是机器的行为还是人的行为时，这个机器就是智慧的。

印刷报价

铜版纸（印刷报价）								
开损 数量	大度 8 开（双面）		大度 8 开（单面）		大度 16 开（双面）		大度 16 开（单面）	
	285×430		285×430		285×210		285×210	
	单价	总价	单价	总价	单价	总价	单价	总价
1000 份	0.5	500	0.4	400	0.3	300	0.25	250
2000 份	0.4	800	0.3	600	0.2	400	0.17	340
3000 份	0.3	900	0.25	750	0.15	500	0.15	450

要求如下。

（1）标题是三号、黑体且居中；文字是小四号、宋体。

（2）每段设置为首行缩进 2 个字符，为文字设置颜色、着重号。

（3）文档选用纸型的宽度为 18 厘米，高度为 26 厘米。

（4）"段前""段后"间距均设为"自动"；"行距"设为"单倍行距"。

（5）在第 1 段落中设置"首字下沉"，下沉量为 3 行。

（6）将第 2 段落分为三栏，且带分隔线。

（7）页眉设定为文章的标题，页脚设定为自己姓名，页眉、页脚均为小四号、黑体字，且居中对齐显示。

（8）制作效果图所示表格，表格的标题"印刷报价"是艺术字（可以是"艺术字库"中的任意一种"式样"）。

（9）为表中相应的单元格加底纹。

（10）表格中的文字是小四号、楷体字，制作斜线表头。

试题九 制作下图所示效果图

考号：×××××××××× 姓名：×××

计算机网络

计算机网络是利用现代通讯技术和计算机技术，把分布在不同地点且具有独立功能的众多计算机连接起来，配以功能完善的网络软件，以实现网络中软、硬件资源的共享。目前使用最广泛的 Internet，是 20 世纪 80 年代初以 ARPANet（1969 年美国国防部高级研究计划局主持研制的计算机网络）为基干逐步演变和发展而来的。

计算机网络综合了计算机软件、硬件及通信等多方面的技术，涉及面宽，应用范围广，对信息技术的发展有着深刻的影响。相信在不久的将来，所有的计算机，包括个人计算机和家用电脑都会以某种形式连接到计算机网络上，以便在更大的范围内，以更快的速度相互交换信息、共享资源和协同工作。

员工简历								
姓名	×××	性别	×	年龄	××	学历		
职称		工作单位						
家庭住址						联系电话		
奖惩								
备注								

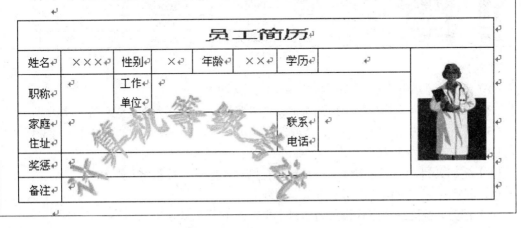

要求如下。

（1）纸张大小：选用 A4，上下左右边距均为 2.5 厘米。

（2）文章标题"计算机网络"设置为华文行楷、二号、加粗，黄色底纹、红色文字，段后 0.5 行。

（3）正文文字：宋体、五号，每段首行缩进 2 个字符。

（4）在第 1 段落中设置为首字下沉，2 行。

（5）为图片中的文字添加边框。

（6）为图片中的文字添加下画线。

（7）页眉：宋体、小五号。输入考号、姓名（均为自己的真实信息）。

（8）制作效果图所示表格，表格标题为“员工简历”，宋体、三号，蓝色。

（9）表格：宋体、小五号。照片可选择任意图片，大小适当。其中标记“×××”处须填写本人信息。

（10）艺术字：“计算机等级考试”，衬于文字下方，样式、颜色、位置等参考效果图。

试题十　制作下图所示效果图

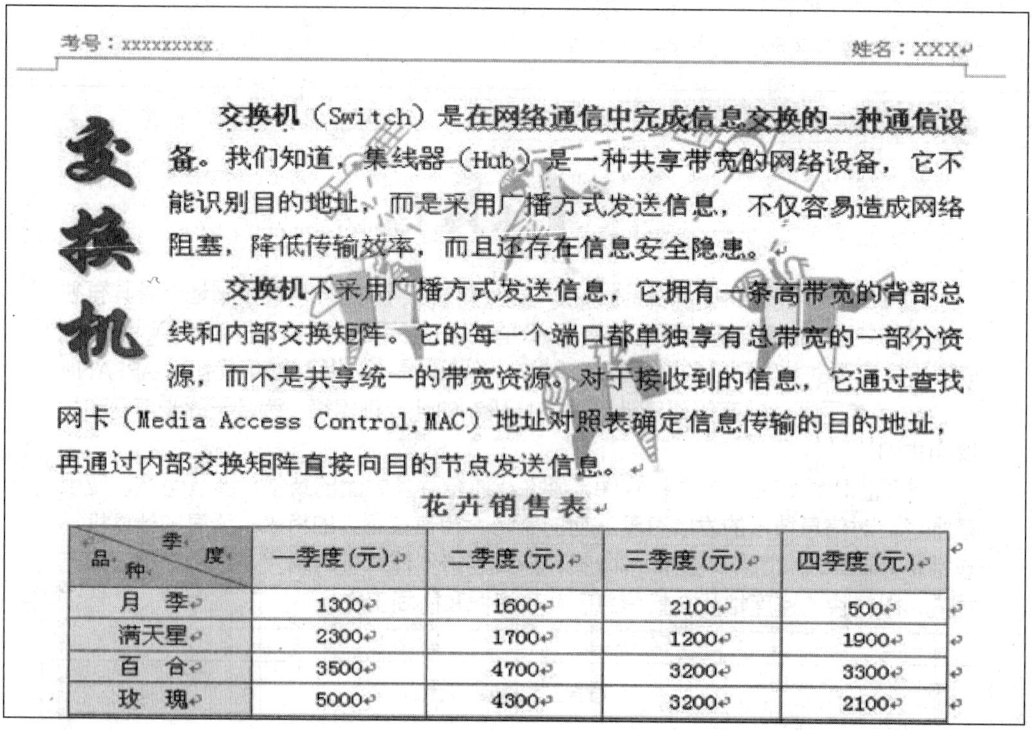

考号：xxxxxxxxx　　姓名：XXX

交换机

交换机（Switch）是在网络通信中完成信息交换的一种通信设备。我们知道，集线器（Hub）是一种共享带宽的网络设备，它不能识别目的地址，而是采用广播方式发送信息，不仅容易造成网络阻塞，降低传输效率，而且还存在信息安全隐患。

交换机不采用广播方式发送信息，它拥有一条高带宽的背部总线和内部交换矩阵。它的每一个端口都单独享有总带宽的一部分资源，而不是共享统一的带宽资源。对于接收到的信息，它通过查找网卡（Media Access Control，MAC）地址对照表确定信息传输的目的地址，再通过内部交换矩阵直接向目的节点发送信息。

花卉销售表

季度 / 品种	一季度（元）	二季度（元）	三季度（元）	四季度（元）
月　季	1300	1600	2100	500
满天星	2300	1700	1200	1900
百　合	3500	4700	3200	3300
玫　瑰	5000	4300	3200	2100

要求如下。

（1）纸张大小为 16 开，上下左右边距均为 2.2 厘米。

（2）文章标题“交换机”采用艺术字，要求竖排，位置、大小、颜色等参考效果图。

（3）正文文字为宋体、小四号，每段首行缩进 2 个字符。文字中的修饰参考效果图设置。

（4）正文行距为 22 磅，其中第 1 段文字的段为空 0.5 行。

（5）添加页眉，文字为宋体、小五号。左侧输入考号，右侧输入姓名。

（6）插入一张剪贴画（图形自选），调整图片的大小。

（7）把剪贴画的环绕方式设置为“衬于文字的下方”，如图所示。

（8）表格的标题，文字为宋体、小四号，字符间距为 1.5 磅。

（9）表格中的文字为宋体、五号。参考效果图设置表格中的底纹。

（10）为表格设置斜线表头，其中的文字为宋体、小五号。